ELECTRON BEAM WELDING

电子束焊接技术

[德] Helmut Schultz ◻ 著　　周山山 ◻ 译

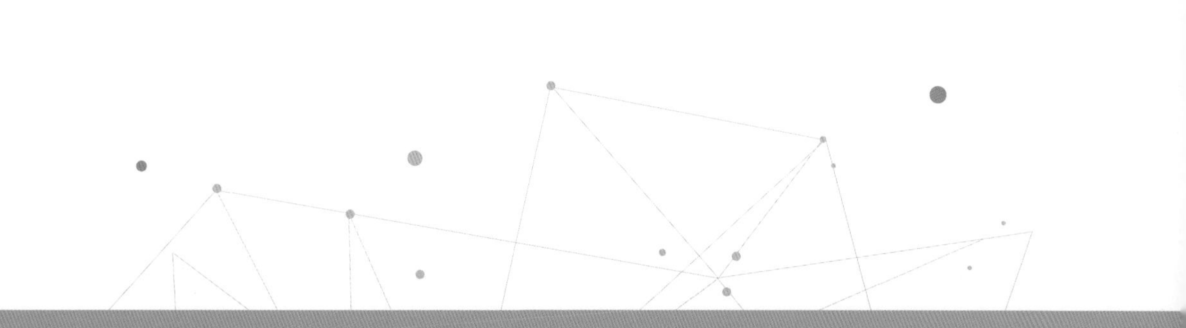

華中科技大學出版社
http://www.hustp.com
中国 · 武汉

内 容 简 介

本书详细介绍了电子束焊接的历史，电子束的产生、成形和偏转，电子束的特点以及电子束穿透金属的行为，重点介绍了电子束焊接设备及其控制、电子束焊接工艺、待焊工件准备以及各种金属材料的可焊性，并且用大量生动的实例对具体焊接过程进行了详细说明。最后还围绕电子束焊接介绍了焊缝测试、焊缝缺陷评定、设备的验收、操作人员和设置人员的资格测试、焊接工艺规程和工艺评定、焊接质量保证、工厂成本计算及盈利能力等相关内容，并介绍了电子束加工的未来发展。

本书是对电子束焊接行业七十多年发展的总结，非常全面地反映了电子束焊接领域的现状。本书叙述深入浅出、层次分明，具有全面、专业、系统的特点，可供电子束焊接领域的相关从业人员学习和培训使用，也可供相关专业的在校学生作为教材使用。

湖北省版权局著作权合同登记图字：17－2020－155

图书在版编目(CIP)数据

电子束焊接技术/(德) 赫尔穆特・舒尔茨著；周山山译. —武汉：华中科技大学出版社，2020.7(2022.2重印)

ISBN 978-7-5680-6191-9

Ⅰ. ①电…　Ⅱ. ①赫… ②周…　Ⅲ. ①电子束焊　Ⅳ. ①TG456.3

中国版本图书馆 CIP 数据核字(2020)第 127891 号

电子束焊接技术　　Helmut Schultz 著

Electron Beam Welding　　周山山 译

策划编辑：余伯仲

责任编辑：姚同梅

封面设计：廖亚萍

责任监印：周治超

出版发行：华中科技大学出版社(中国・武汉)　电话：(027)81321913

武汉市东湖新技术开发区华工科技园　邮编：430223

录　　排：武汉三月禾文化传播有限公司

印　　刷：湖北新华印务有限公司

开　　本：787mm×1092mm　1/16

印　　张：14.5　插页：4

字　　数：375 千字

版　　次：2022 年 2 月第 1 版第 2 次印刷

定　　价：99.80 元

前　　言

真空电子束焊接是一门非常成熟的工业技术，目前已经在许多领域成功应用了超过60年，尤其是在高端工业如航空、航天、航海、核能、半导体、汽车工业等领域，以及科学研究中有着非常广泛且深入的应用。但是，目前世界上关于电子束焊接的系统性的知识读本不多，国内相关中文书籍也比较欠缺。27年前Helmut Schultz先生所著的*Electron Beam Welding*是业内最系统最完整的专业书籍，给从业人员带来了很大的帮助，随着科技的发展，新技术的发展极大地拓展了电子束焊接在现代制造业中的应用，因此Helmut Schultz先生在2018年对这本著作进行了修订，删减了陈旧过时的内容并增加了对新技术应用的介绍，重新付梓。

译者在电子束焊接行业从业多年，深感国内从业人员对系统性专业知识的渴望之情，因此在2018年与身在德国的Helmut Schultz先生取得联系，希望能够对该书进行中文翻译并出版，以方便广大中国从业者学习和参考。当时恰逢新版的*Electron Beam Welding*刚刚修订完成。Helmut Schultz先生对此欣然赞同，希望他的作品能给广大中国读者提供帮助。之后通过努力，译者获得了此书版权所有者——DVS Media GmbH出版社的中文授权。经过两年的准备，如今*Electron Beam Welding*中文版终于能与广大读者见面了。

本书的出版得到了Steigerwald Strahltechnik Gmbh公司和PTR Strahltechnik GmbH公司的大力支持。Steigerwald Strahltechnik Gmbh公司和PTR Strahltechnik GmbH公司在电子束焊接和打孔领域有超过55年的经验，在电子束的应用方面进行着持续创新，为宇航和汽车工业提供了大量的解决方案。谨向Steigerwald Strahltechnik Gmbh公司和PTR Strahltechnik GmbH公司表示衷心感谢！

在此也非常感谢北京艾捷默机器人系统有限公司能为本书的出版提供经费赞助。作为Global Welding Technologies（全球焊接技术集团）的一员，北京艾捷默机器人系统有限公司服务于中国工程机械、铁路机车车辆、国防等行业已经超过20年，在机器人弧焊、机器人激光焊接方面提供了大量解决方案并且实现大范围应用。再次向北京艾捷默机器人系统有限公司表示衷心感谢！

在本书的翻译过程中，Helmut Schultz先生针对书中知识点进行了耐心解释，在此向

Helmut Schultz 先生致以诚挚的谢意！德国 SST 公司和北京艾捷默机器人系统有限公司的同事为本书的出版提供了积极帮助。余伟进行了第 1 章、第 2 章的校对工作，孔令森进行了第 3 章的校对工作，李强进行了第 5 章的校对工作，亓宝梁进行了第 7 章、第 14 章的校对工作，沈金柱进行了对第 10 章的校对工作，周春明进行了第 13 章的校对工作，黄金城进行了第 18 章的校对工作，王松松进行了第 20 章的校对工作，在此谨致谢意！

非常感谢华中科技大学出版社有限责任公司出版团队的耐心、细致和专业服务，在 2020 年这个不平凡之年非常高效、完美地完成了图书的出版工作！

由于本书内容较多，涉及的知识面较广，涵盖相关物理原理以及光学、电学、电磁学、机械、材料、管理等众多学科，同时由于译者专业知识、英文水平所限，本书在结构体系、文字叙述、表达方式和内容理解等方面未能臻于完善，缺点和错误在所难免，希望广大读者不吝批评指正（邮箱：zhoushanshan1986@163. com），以利于今后改进。

译者：周山山

2020 年 5 月

作者简介

赫尔穆特·舒尔茨　工程硕士，1932 年生于柏林，1952 年通过钢结构钳工的职业技工考试，1953—1956 年就读于柏林国立工程学院并获得机械工程学位。1956 年在柏林 SLV 公司担任焊接工程师，1956—1957 年在戴姆勒奔驰公司的电阻焊的设备部门担任设计工程师，1958—1963 年担任林德公司气体保护焊实验室主任，1963—1970 年在 SST 公司担任电子束焊接实验室主任，1970—1995 年在 IABG 公司担任管理助理，1991—2004 年作为德国焊接学会的代表根据 DIN 和 EN 标准对电子束焊接设备和操作人员进行测试，1971—1995 年担任德国焊接学会“电子束焊接”工作组主席。1971 年发表著作《特种金属焊接》；1989 年发表著作《电子束焊接》(德文版现已出第 3 版)。

译者简介

周山山　1986 年生于湖北省荆门市，毕业于哈尔滨工业大学，2009 年获得焊接技术与工程学士学位，2011 年获得材料加工工程硕士学位，国际焊接工程师。现居北京，多年来一直从事电子束焊接的相关工作，有非常丰富的理论知识和一线实操经验。

作者推荐

For decades, the book by Helmut Schultz has been the only comprehensive textbook for principles, equipment and applications of electron beam welding. Now the 3rd edition is published. This publication is an update of the technical and technological developments of the last years. These include the influences of the various beam parameters as well as the numerous possibilities of superfast beam deflections and controls. On the other hand, the book also contains an extensive description of the drilling, the surface layer treatments and the additive manufacturing processes with the electron beam.

Particularly noteworthy is the equally balanced explanation of the physical, technological and welding metallurgical aspects for the practitioner. In order to ensure weld quality, the maximum deviations(welding seam defects) are described and the cost factors are compiled for the calculation of cost-effectiveness. This book is not only aimed at welding engineers, but also at designers and production planners. They will be shown how high-quality components can now be manufactured cost-effectively using with electron beam welding.

Helmut Schultz

May 2020

目　录

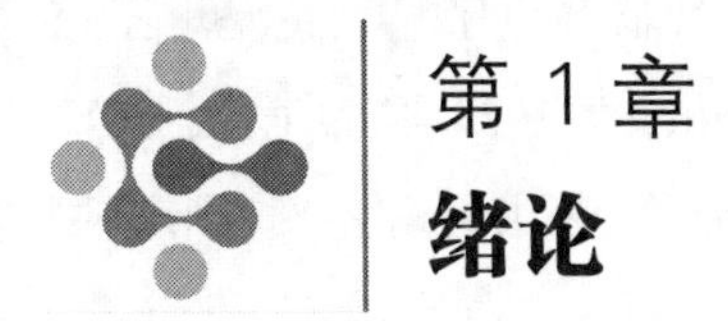

第 1 章 绪论

1.1 历史

在现代社会,人们常常认为,一些使我们生活变得更加容易和更加便利的技术成就的出现是理所当然的,但是我们可能忽略了,这些技术成就其实是许多不同的天才前辈们经过辛苦的发明、开发和测试后得出的最有用的东西。虽然电子束焊接设备不是我们日常生活中经常可以用到的一个产品,但它所生产的产品有助于提高我们的生活水平。从 1871—1872 年英国物理学家 Hittorf 和 Crooks 的开创性工作——在气体和熔化金属中产生阴极射线,到现代航空航天工业的计算机控制制造设备的成功生产,这期间经过了一条漫长的道路[1]。

阴极射线最早被其发现者 Wilhelm Rontgen(1895 年)、Thompson(1897 年)和 Milikan(1905 年)描述为"快速移动的电子"。阴极射线的产生被视为一种特殊类型的辐射现象,它是一种令人感兴趣的物理现象,但被认为无法用于材料加工。相反,在所有会产生阴极射线的实验中,电子在阳极或靶子上碰撞所产生的热量会给实验带来极大的不便,因此需要采用水冷的方式来防止阳极或靶子被高温熔化[2]。Marcello von Piirani(德国物理学家,1880—1968 年,见图 1-1)是第一个把电子在阳极或靶子上碰撞产生的热量利用起来的人,他在电子束真空炉中建造了一个 X 射线管(见图 1-2)来熔化钽粉和其他金属,并在 1905 年和 1907 年申请了该工艺的专利。

图 1-1 德国物理学家 Marcello von Piirani

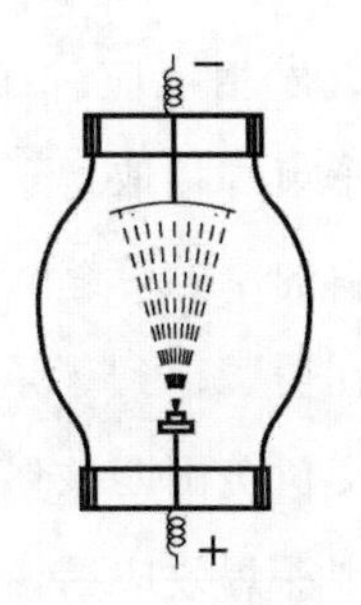

图 1-2 X 射线管

在接下来的几十年里，许多科学家研究了电子束的特性。Langmuir、Child、Dushman 和 Wehnelt 等人探讨了电子束产生的参数等，而 Bush、Rogowski、Flegler、Davisson 和 Calbrik 等人则通过一些具体的实例，得出了电子光学的基本原理。示波器和电子显微镜是电子束在技术上第一次真正有意义的应用。虽然 Von Ardenne 和 Rühle 在 1938 年已开始通过蒸发和熔化来对金属进行钻孔，但由于当时缺乏足够强大的真空泵，电子束暂时还没有形成更大规模的工业应用。

1949 年，德国物理学家 Karl-Heinz Steigerwald（见图 1-3）开创了一个利用电子束进行材料加工的新时代。他在从事高性能电子显微镜开发工作的过程中发现真空中的电子束可作为热源工具，用来对钟表制造中的珠宝进行钻孔和对模具进行挤压加工，也可用于真空下的钎焊、金属熔化和焊接。Steigerwald 开发出的第一款电子束打孔设备如图 1-4 所示[3,4]。

图 1-3　德国物理学家 Karl-Heinz Steigerwald

图 1-4　Steigerwald 开发出的第一款电子束打孔设备

他开发的第一款电子束打孔设备的使用情况证明此项技术具有非常广阔的发展前景，这就直接促使他与美国投资者签订了基于此项技术的最新设备的销售合同[5]。当时人们普遍认为，与利用电弧或气体火焰产生的热量来进行热传导焊接相比，利用电子束产生的热量来进行焊接的唯一优点是，焊接诸如铌、钽或钛等气敏材料时由于受到真空保护，这些材料不会与大气发生反应。1958 年，Steigerwald 成功地完成了 5 mm 厚的锆板[6]的对接焊，至此工业电子束焊接取得了突破性的进展。利用逐渐增大的电子束电流，可以产生非常深的、出乎人意料的窄的焊缝。这些深且窄的焊缝在世界范围内引起了新的兴趣。这一技术的重要性首先在美国得到了承认。在德国，Steigerwald 成功制造了第一批的两台电子束焊机，其中一台交付美国匹兹堡的海军部队工厂用于焊接潜艇部件，另一台在德国运行多年。

在发现深焊效应后，新设备（基于此项技术而开发出来的新的焊接加工设备）[7]开始蓬勃发展，特别是在法国和英国。由于电子束能焊接较薄的工件，也能够通过提高功率密度和电子束电流来增大熔深，因此电子束焊接的第一个实际应用出现在航空航天和核工业领域。

电子束焊接在设备和工艺技术发展史上的里程碑事件包括：

(1) 实现电子枪无绝缘油的高压电缆连接方式；

(2) 使用专用工装实现对阴极加热灯丝的精密更换；

(3) 实现电子枪与真空室的真空隔离；

(4) 采用大型真空室和真空泵组的焊接设备出现；

(5) 用于大批量生产的转移和循环型焊接设备出现。

这些创新促进了许多新的电子束焊接技术的应用。今天，即使是电子束焊接方面的专家，也很难对工业化国家的电子束加工技术的应用情况进行全面的概述。

1.2 电子束焊接的工艺特点

与其他传统熔焊方法相比，电子束加工的技术特点见表1-1。

表1-1 电子束加工的技术特点

特点	描述
电子束功率密度	电子束功率密度极高，焦点处的功率密度超过 10^5 W/mm^2
电子束功率	研发中的为0.5～300 kW，工业中使用的为1～30 kW
热输入	加速将电子的动能转化为材料汽化的热能(深焊效应)，非热传导焊接
焊接环境	一般在真空中进行；在大气中焊接时使用防护气体
控制	使用计算机控制机械运动和焊接参数，电子光学摄像系统实现了电子束自动对焦校正和焊缝跟踪
熔深	在3～30 kW的功率下，单道焊缝熔深为0.5～100 mm
坡口	采用对接接头形式时，在所有焊深下都不需要开坡口
焊缝形状	形成狭窄的熔合区和热影响区，焊缝宽深比为1∶10到1∶50
工件和束流的运动	使用计算机控制工件和束流的运动，从而进行纵向焊接，以及圆形和3D曲面的焊接
能量分布	通过束流扫描的振荡形状、方向、振幅和频率的无惯性运动来控制焊缝的熔化和凝固过程
多束技术	使用极快(达到数千赫兹)的电子束运动可以对许多材料进行加工，通过局部分离的电子束可以同时实现点固、焊接和热处理
填充材料	不需要填充材料，因此减少了工件的准备时间(熔覆焊接和电子束冶金除外)
可焊金属	广泛用于多种金属，如碳钢、合金钢、有色金属(铝、铜、钛等)的焊接
变形	与其他熔焊工艺相比，纵向、横向变形和角变形较小。焊缝的变形极小，可以满足公差要求，很少或根本不需要返工
焊接束流的使用	可以焊接具有狭窄间隙(1～2 mm宽)、使用常规焊接方法难以焊接的焊缝，并可用于工作距离可变(50～1000 mm)的情况
工件结构	为了降低制造成本，复杂部件可分解为结构简单的部件，进行焊接，得到最终或接近最终尺寸的工件

续表

特　点	描　述
工作室	可以通过调整工作室的形状、大小和工件的数量，将抽真空时间减少到几秒或零（连续系统）
质量控制	焊接参数的可还原性和稳定性高，可通过焊接数据的自动监测保证焊接质量

电子束焊接设备的设计和生产可根据不同的生产任务要求进行，见表 1-2。

表 1-2　电子束焊接设备的分类概念

分类特征	分　类	备　注
加速电压	最高 60 kV	低压设备
	100～150 kV	高压设备
	最高 175 kV	非真空设备
工作气压	大约 10^{-4} mbar	高真空设备
	大约 10^{-2} mbar	低真空设备
工件形状和束流	通用型设备	大多数的零件
	循环和传输设备	齿轮零件
	多腔室设备	小型零件
	连续流动设备	双金属刀片（锯片生产）
电子枪	固定在真空室上和可在真空室内运动	大多数的零件
	电子枪执行全部或部分的焊接运动	特定的大型零部件

电子束焊接已经在工业上成功应用了近 60 年。今天，凭借其灵活性、可靠性和盈利能力，它在与其他的高能束流焊接方法之间的激烈竞争中占有较大的优势。

1.3　其他的高能束流焊接工艺

在早期的实验室测试中，非相干光束和离子束等高能束流的焊接工艺得到了研究，但未有实际应用[1-8]。

相比之下，激光束已经在数据传输、通信、医学、仪器仪表等领域得到了广泛的应用。它已经成为切割和焊接的重要工具，并在材料表面加工中得到了广泛的应用。激光是单色（单波长）和相干（相位）的，可以用各种介质（气、液、固相）产生。在电子束焊接中，电子的动能绝大多数都以热量的形式被工件表面下 0～0.06 mm 以内的材料吸收，而激光束只被工件表面下 0～0.01 μm 以内的材料吸收。此外，激光还会被反射和被焊缝上方的电离金属蒸气（等离子体）吸收，因此与电子束焊接相比，激光用于焊接时能量传递效率和整体效率较低[1-9]。

与电子束一样，激光聚焦后可以达到10^5 W/mm^{2}的功率密度，也可以用于较深焊缝的焊接，产生大深宽比的焊缝。激光由于其特殊的光学特性而具有极低的光束发散特性，因此它可以进行长距离的传播而不会显著地扩大光束直径。激光的这个优点使得它通常可以在大气中进行焊接或切割。当与电子束焊接（通常在真空中进行）进行比较时，这个事实也总是被反复强调。尽管激光束焊接不需要真空室，但是焊接时，必须使用氩气或氦气等惰性气体混合物来防止熔池与氧气和氮气接触。

最近的研究表明，激光也可在真空中使用。在10～50 mbar(1 bar＝10^5 Pa)的工作压力下，可以实现比在大气下更窄更深（类似于电子束焊接）的焊缝的焊接[10]。通过高频振荡无惯性的电子束可以很容易地改变熔池动力学和微观结构的凝固特性，但这对于激光束是不可能的，因此必须采取其他措施。

文献[11]报道了真空下纯钛和镍使用激光和电子束焊接后焊缝气孔率分布的研究。激光同时在10^{-1}mbar的工作压力和氩气保护下进行焊接。在大约80 kV的加速电压下，电子束焊接产生的焊缝宽度与之相当。因为焊缝都是部分焊透的，所以焊缝背面没有焊瘤。经研究发现，这两种焊接方式在真空中具有非常相似的熔化效率，即转移到基材中的能量相等。真空下的激光焊接焊缝气孔率明显低于保护气体下激光焊接焊缝的气孔率。在多种束流振荡模式和不同的散焦组合下，电子束焊接也可以得到同样的结果。

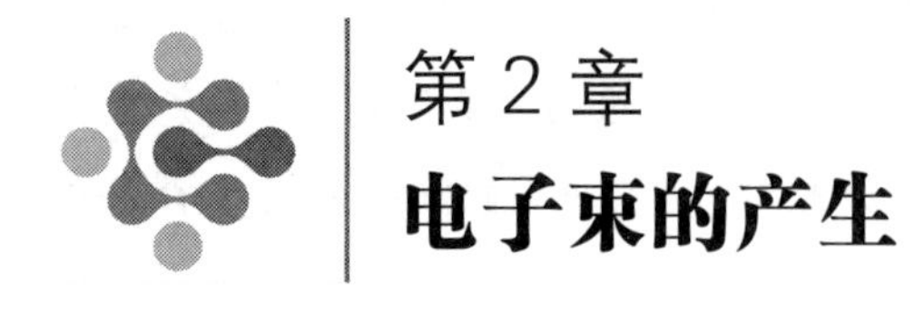

第2章 电子束的产生

2.1 自由电子

起初人们在思考电子束加工材料的基本物理原理时，电子这种最轻的粒子可以以其充足的动能来作为热源这一点并不引人注目。和所有原子质量的数量级一样，电子 9.1×10^{-28} g 的静止质量超出了我们的理解(带正电荷的质子质量大约是电子质量的 1836 倍)。在动能转换中，电荷弥补了电子质量小的缺点。电子束电流的来源是 1.6×10^{-19} C 的基本负电荷。电荷的优点是，利用电场可以使电子加速到焊接所需的高能量速度。如图 2-1 所示，在真空度大于 10^{-4} mbar 的真空中，典型的焊接加速电压 $U_A=150$ kV $=1.5\times10^5$ V，可使电子的速度达到 2×10^8 m/s，约为光速的三分之二。根据相对论，在此高速下电子的质量会增加，从而使得其牛顿动能($\frac{1}{2}mv^2$)也增加约 35%[13]。

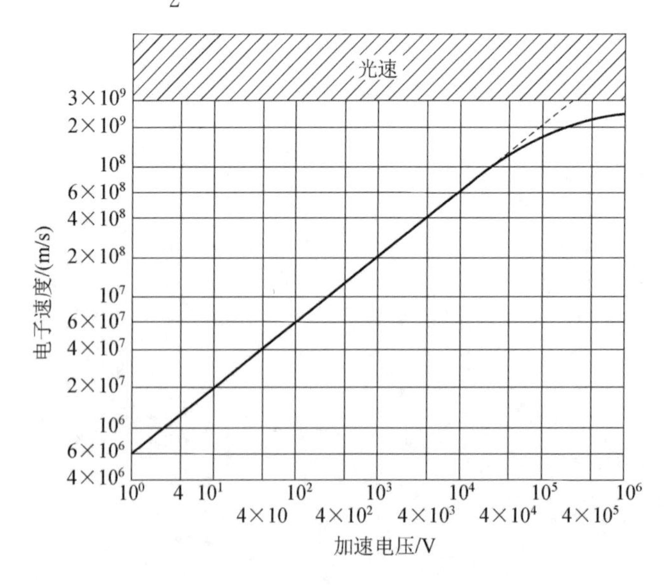

图 2-1 加速电压和电子速度之间的关系

与原子结合的电子通常只占据固定的能量轨道，称为壳层。金属之所以具有很高的导电性，是因为外层电子与原子核的结合力很弱，并且能够在原子晶格(传导电子)中自由运动。这些电子通常不能用于焊接，因为它们不能离开金属表面。通过输入热量可以使电子能量突破金属晶格结合的潜在阈值，进而导致温度上升。当自由电子的能量充分增加时，将突破电位阈值。电子最初聚集在金属表面附近，形成电子云，如图 2-2 所示。由于电子与原子核之间引力的作用，电子通常是不可能离开金属表面发射出去的。金属把电子束缚在自身周围，因此不能释放出带负电荷的电子，否则它会带正电荷。若在加热金属阴极的同时还采用其他措施，则可以形成电子源。

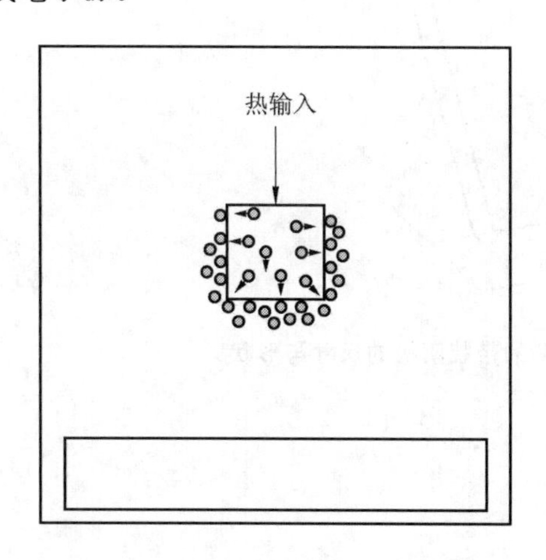

图 2-2　加热金属引发自由电子的发射

2.2　阴极

除了提供电子外，阴极还有许多其他的作用。它应该具有最小的加热功率和较长的使用寿命，并通过发射最大数量的电子来提供较大的电子束电流。根据理查森（英国物理学家 O. W. Richardson，1879—1959 年）热电子发射定律，电子流随发射体温度的升高而迅速扩大，因此，阴极通常由高温材料制成。随着发射体温度的升高，电子也快速地运动。首选的阴极材料是钨与钨铼合金，因为它在真空中具有较低的蒸气压和较长的阴极使用寿命。在电子束焊接设备中直接加热钨极可以达到 $j_e=5\ \text{A/cm}^2$ 的发射电流密度。

使阴极达到理想温度所需的热量输入取决于阴极的尺寸和形状，以及加热方法。如图 2-3所示，带状阴极作为欧姆电阻连接在电路中，通过大小为 I_H 的电流直接加热。带状阴极是电子束焊接设备中最常见的阴极类型，通过使用装夹工具以保证发射面位置及发射面几何尺寸的稳定性，这样可以获得稳定的束流特性和高的加热效率。阴极实际上是电子枪中唯一的耗材，可以方便快捷地进行更换。在切断加热电流后，带状阴极由于质量很小，可以快速地冷却下来，因此可以有效地防止阴极由于电子枪的快速充气而氧化。

间热式阴极（见图 2-4）是通过电子轰击辅助阴极进行加热的。间热式阴极因为不用被大电流加热，所以可以采用更合适的固体材料制成。间热式阴极可以在较低的加速电压下工作，主要应用在大电流的电子束焊接设备中。它们可以很容易地进行更换，寿命比带状阴极更长。然而，间热式阴极也有一个缺点：其辅助阴极磨损速度快，需要比带状阴极更换得更为频繁。

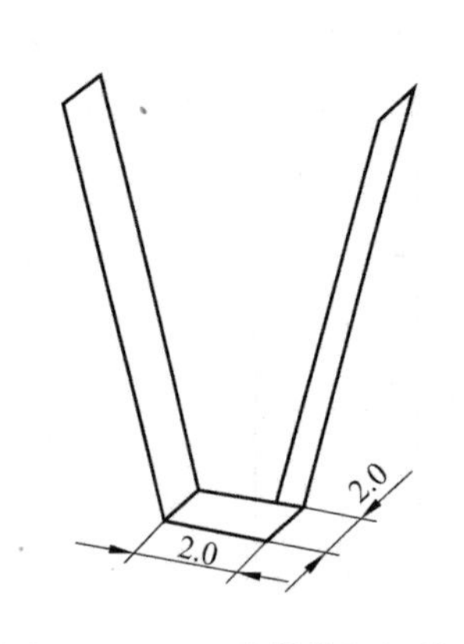

图 2-3　功率 $P=15$ kW 的带状阴极的尺寸与形状

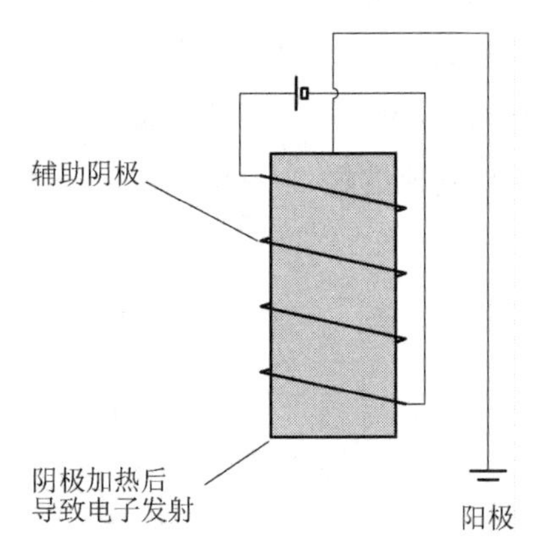

图 2-4　间热式阴极

2.3　阳极

从阴极发射出来的自由运动的电子动能较低，不足以进行电子束焊接，因此，电子必须通过一个很高的负电压，加速到一个极高的速度，以达到所需的动能。阳极电位是大地电位，远离阴极，吸引着电子云，如图 2-5 所示。阴极和阳极之间的电场使电子加速，并给予它们运动所需的动能。高压发生器不断地驱动阴极产生新的电子并且形成电流。当工件和设备接地时，电子流形成一个安全的回流电路，与高压发生器一起形成闭合电路。

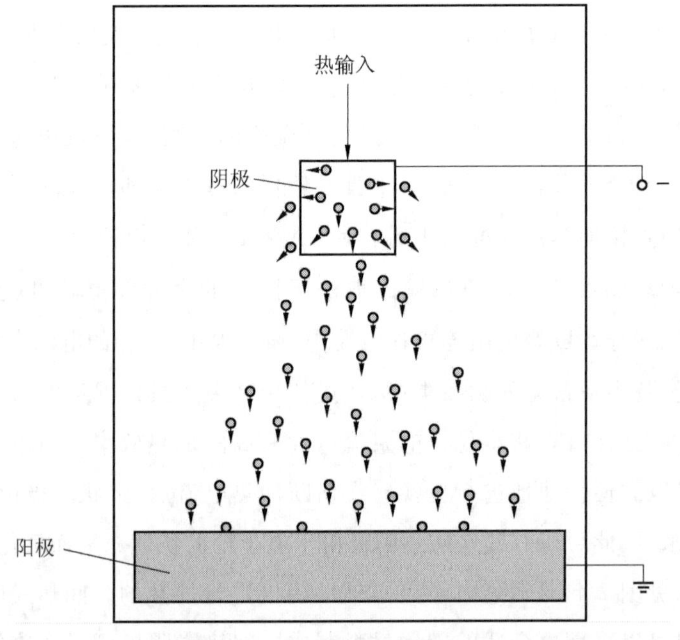

图 2-5　二级系统中的加速电子

如图 2-5 所示，加速电子会以极高的动能冲击阳极，而不是焊接工件。因此，在阳极中心设计了一个小孔，电子束穿过小孔后可以不间断地、高速向工件发射。

2.4 偏压杯

最简单的电子枪只有阴极和阳极。这种二极枪系统称为皮尔斯(G. W. Pierce，德国物理学家，1872—1956 年)系统，它用在一些早期的电子束焊接设备上。它有一个明显的缺点：只能通过改变加速电压或阴极温度来控制电子束流，完全不适用于工业焊接。三级枪有更高的单独可控、比阴极电压还低并且围绕阴极的负电压，这样可以显著改善电子束和电流。根据同样极性的电荷相互排斥的物理规律，电子可以克服阴极和阳极之间的电势差。第三极称为偏压杯或维纳尔(A. R. B. Wehnelt，德国物理学家，1871—1944 年)圆柱电极。偏压杯结合阴极和阳极，就形成了现在几乎普遍使用的三级枪，如图 2-6 所示。

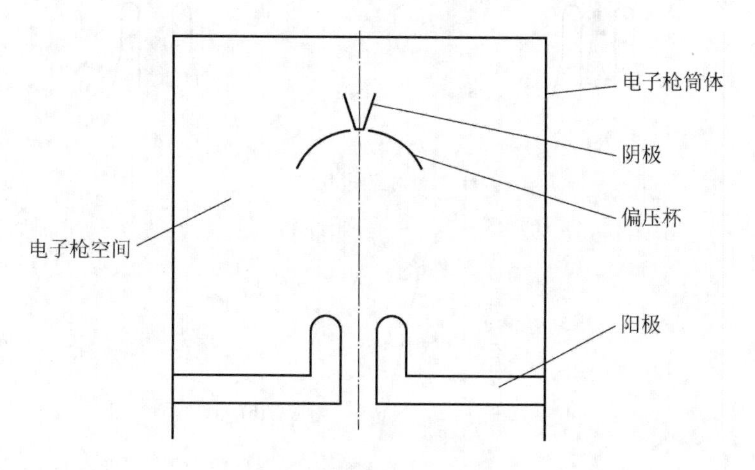

图 2-6　阴极、阳极和偏压杯

足够高的偏压可以完全阻断电子束电流 I_B，使得阴极不发射电子，如图 2-7(a)所示。当偏压降低时，发射面积增大，电流 I_B 也增大，如图 2-7(b)(c)所示。因此，对焊接而言，当电子束电流 I_B的调节不受加速电压 U_A 和阴极温度的影响，仅受偏压 U_{St}(偏压高时获得小电流，偏压低时获得大电流)的控制时，两者成反比例关系，如图 2-7(e)所示。阴极上的发射表面必须与带状阴极的边缘和弯曲处有足够的距离，否则带状阴极的侧面也会发射电子，如图 2-7(d)所示，结果是束流过度发散、严重扭曲和失去旋转对称特征。

图 2-8 为电子束焊接设备中典型三极枪系统中的束流形状。请注意：由于偏压杯的几何形状和偏压的作用，在阴极发射表面的下部会发生电子束流的收缩，也就是会出现真实的几何交叉点。电子束穿过阳极孔，到达自由场空间。由于同种电荷之间相互排斥，而电子彼此之间的排斥作用会使束流不断发散，最终会使束流直径不断增加。如果将电子束包络面的切线向后延长，其会与束流轴线交于一点，称之为电子显微镜的虚源交叉点。图 2-9 显示了电场分布影响下放大了的电子束的路径。图中所示的真实交叉点在现实中不是唯一的，

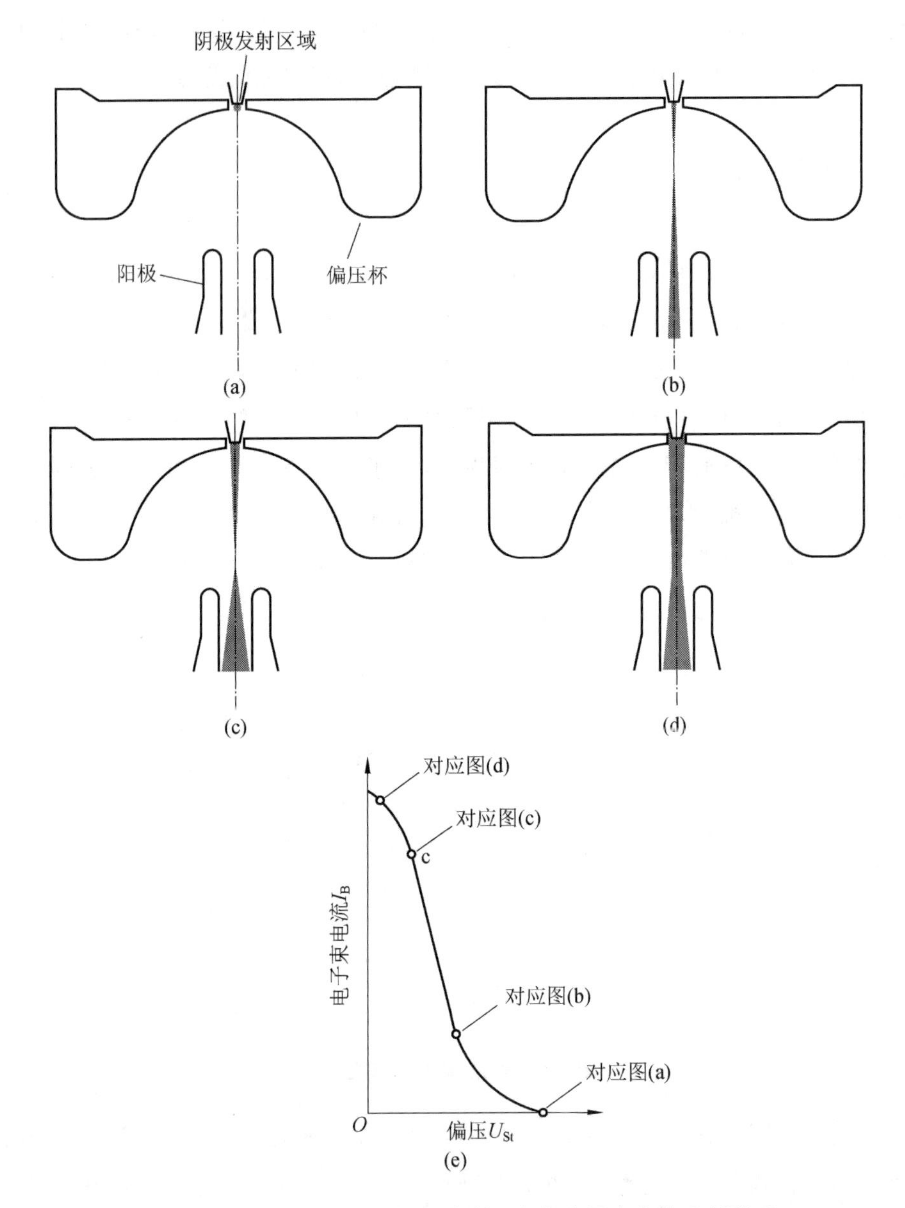

图 2-7　偏压 U_{St} 的作用下阴极发射面积与电子束电流 I_B 的关系

(a) $I_B=0$;(b) 小电流;(c) 大电流;(d) 偏压 U_{St} 过低导致电子光学畸变;(e) 电子束电流 I_B 与偏压 U_{St} 之间的关系

在一定区域内,电子的运动路径与中心轴线交叉,形成了众多的不同的交叉点。通过计算,可以证明众多电子被加速到大小略微不同的速度。

电子光学中光束系统的焦距和光学中的焦距具有相同的定义。在电子束加工技术发展的初期,Rogowski(德国物理学家,1881—1947 年)短焦距系统与 Steigerwald 长焦距系统有一定的差异,但是大多数现代电子束焊接设备安装的都是经过改造的 Rogowski 系统。

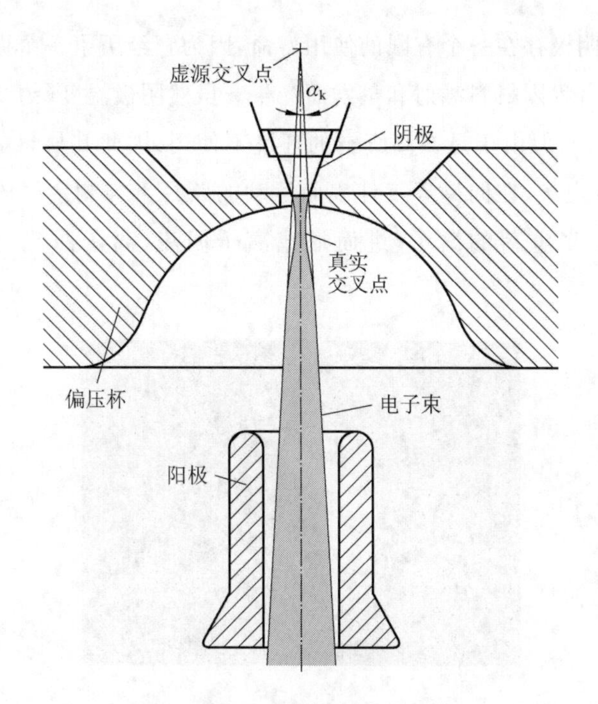

图 2-8　典型三极枪系统的束流形状

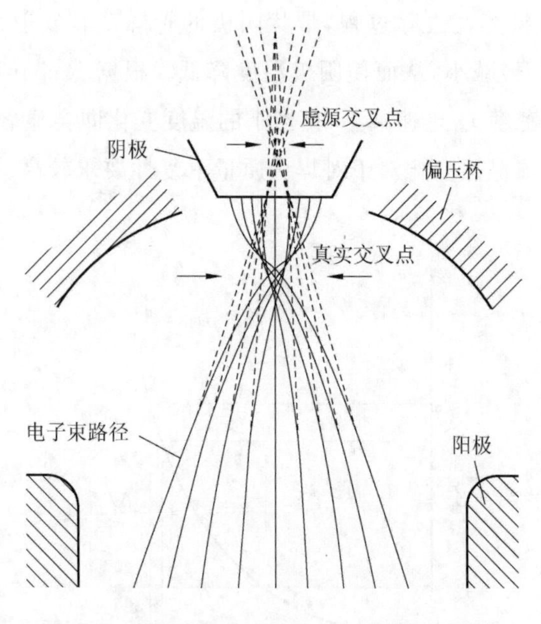

图 2-9　电子束中的真实交叉点与虚源交叉点

2.5　空间电荷的影响

电子在阴极、阳极和偏压杯之间移动的物理原理非常复杂，但其不影响对后面的技术要点的理解，故不需要做详细解释。只有一点值得强调，那就是阴极加热电流 I_H 的调节。

在工作过程中，阴极存在一个有限的使用寿命，因为它经历了一个微小但很重要的材料去除过程，这种去除过程因材料溅射和蒸发而产生。虽然阴极温度(约 2800 ℃)仍远低于其熔化温度(约 3200 ℃)，但由于是在高真空的环境下使用，因此其材料蒸发率大为提高。从电子枪中发射出来的电子，在向待焊工件表面运动的路径上与剩余气体分子和焊接金属蒸气发生碰撞，产生带正电荷的离子，进而形成离子回流，离子回流与阴极发生碰撞(见图 2-10)，称为溅射。

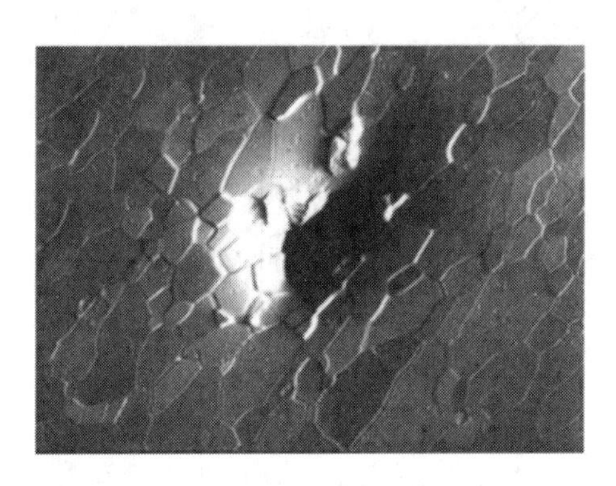

图 2-10　带状阴极发射区被离子撞击而发生破坏

由于存在缓慢的材料蒸发去除过程，带状阴极的轮廓及其发射面积减小，使加热电流 I_H(在恒定的供给电压下)减小，从而使阴极温度降低。根据 Richardson 定律，随着阴极温度 T 的降低，发射电流密度 j_{eT} 迅速减小，相当小的温度变化即会显著影响电子束电流 I_B 的值，如图 2-11 所示。束流品质变化对于对焊缝质量重复性要求较高的电子束焊接是不可接受的。

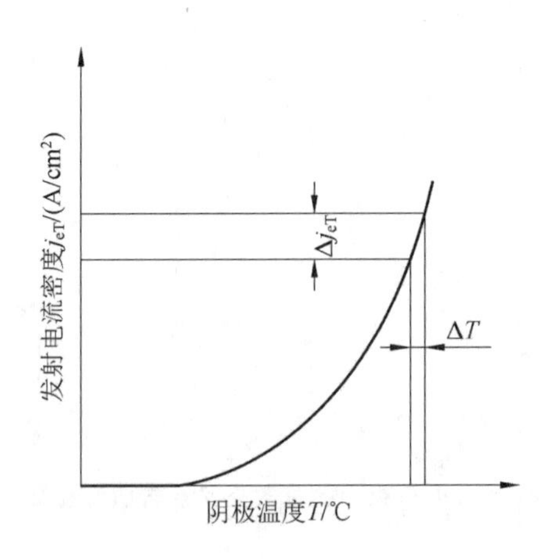

图 2-11　发射电流密度 j_{eT} 对阴极温度 T 的强烈的依赖性

我们可以假设加速度电压 U_A 的最大值取决于阴极和阳极之间的距离等几何参数。根据朗缪尔(Irving Langmuir，美国化学家、物理学家，1881—1957 年)方程，阴极发射电流 j_{eR} 的空间电荷被两个变量，即 U_A 和从阳极到阴极的距离所限制。有必要选择足够大的阴极加热电流 I_H，以达到足够高的温度，在最大的加速电压下提供足够数量的电子，这就形成阴极

发射电流密度 j_{eT}，因此阴极加热温度是可以被限制的。阴极周围会有一团“过剩”电子，它们有自己的电荷，并会限制任何进一步的电子发射，因此阴极也受到空间电荷电场的影响。由图 2-12可知，当阴极超过一定温度时，阴极发射电流不受阴极温度波动的影响。

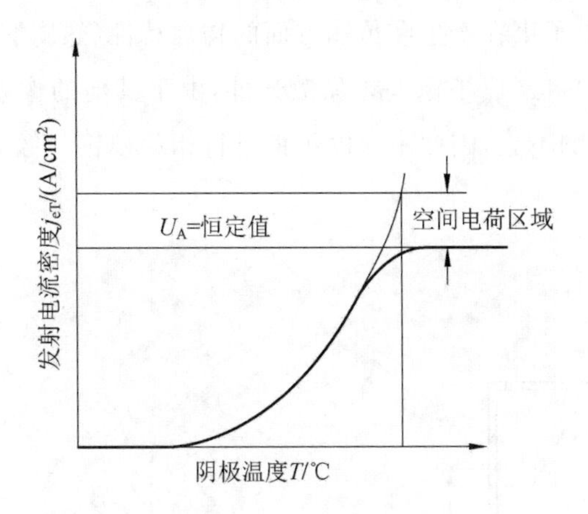

图 2-12　空间电荷区域的定义

在实际应用中，通过自动控制和调节装置来设置和监测加热电流 I_H。同时，这些控制装置验证了阴极的寿命不受过热影响。如前所述，阴极寿命受电子枪腔体内的真空、束流和待焊材料的影响更大。如果我们只测量实际焊接过程中的阴极加热时间，则阴极寿命为 8～10 h 是正常的。然而，如果考虑到整个生命周期，包括所有的焊接停顿时间（阴极温度降低时的非焊接时间），则阴极平均寿命为 60～100 h。

2.6　聚焦透镜

阴极、偏压杯和阳极的几何形状不仅或多或少地影响着电子枪内部电子弯曲轨迹，而且还影响着电子向焊接区更远的方向运动。如前所述，三极枪系统中的电场将电子束汇聚至焦点，同时电子由于相互的排斥作用再穿过阳极，如图 2-8 所示。电子在通过阳极后被加速到最终的速度，但是由于此时的电子束未达到焊接所需的功率密度，因此仍然需要被再次聚焦。

电子的轨迹线被通过环形线圈产生的磁场聚焦在工件表面。环形线圈由许多铜线圈组成，线圈三面被高磁导率的钢包裹，如图 2-13 所示。直流电通过环形线圈，线圈中间产生磁场，使电子束聚焦，就像光学透镜一样。为了实现深穿透电子束焊接所需的 0.1～1.0 mm 的小直径束斑（取决于束流性能和焦距），采用磁透镜使电子形成了不影响电子速度的大半径弯曲螺旋运动路径。焦点不是数学上的一个精确的点，而是一个圆形平面，称为束斑。形成小直径束斑是使焊接几厘米厚金属所需的功率密度 $L>10^5$ W/mm² 的前提条件。

通过调节聚焦电流 I_L 可以把束斑聚焦到待焊件表面。在焊接的过程中也可以把焦点微调到高于或低于工件表面。图 2-14 说明了两个典型加速电压下焦距 A_F 和聚焦电流 I_L 的关系。为了保持一定的焦距，透镜功率必须随着加速电压的增加而增加。

应该指出的是，电子从阴极到工件的精确运动轨迹实际上比刚才描述的要复杂得多。就像光学透镜一样，电子束像差会影响电子束聚焦的形状和位置。除了电子枪和聚焦透镜的杂散电磁干扰场外，电子束在产生和传输方面的物理特性（热膨胀、空间电荷效应、孔径角误差、散光、散射效应等）也造成了像差。除散光外，由于其他的像差校正成本非常高，同时这些误差对焊接过程影响不大，因此不对电子束进行相关校正。像散矫正见 3.1.2 节。

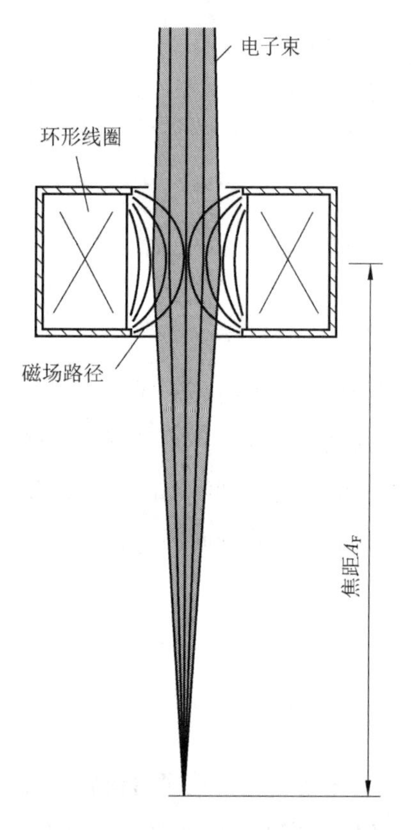

图 2-13　被电磁透镜聚焦的电子束

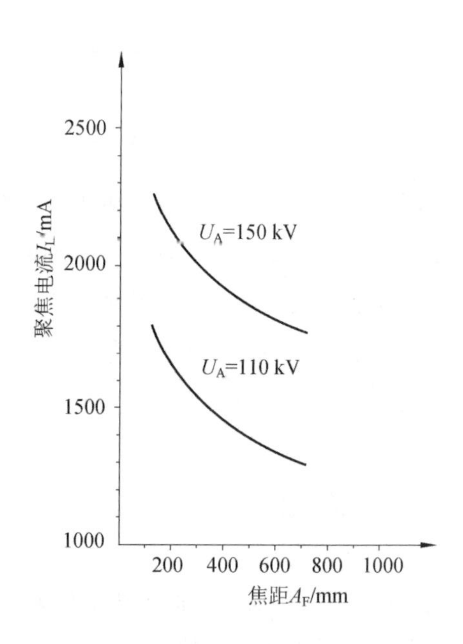

图 2-14　典型加速电压下焦距 A_F 和聚焦电流 I_L 的关系

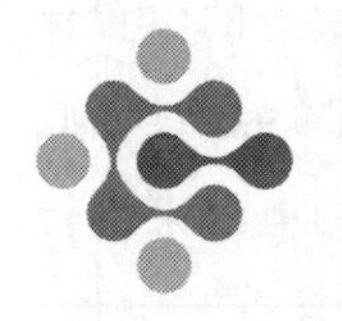

第3章 电子束的成形和偏转

3.1 静态成形和偏转

图 3-1 所示为带线圈系统的电子枪，在阳极的下方有几个线圈系统，它们通过电磁场与带负电荷粒子产生相互作用，使电子束成形和偏转。该电子枪可实现电子束的合轴、像散校正、聚焦和偏转。

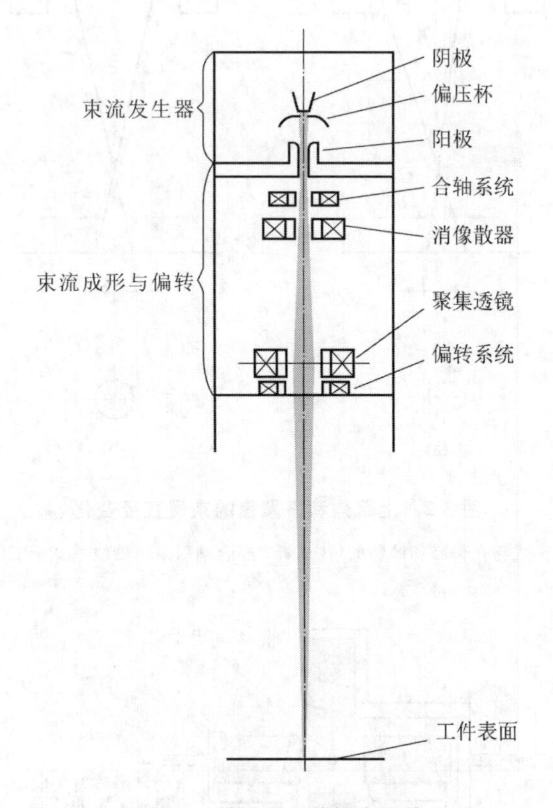

图 3-1 带线圈系统的电子枪

3.1.1 合轴

为了达到最好的焊接效果，入射的电子束轴线应该是垂直于工件表面的，而这种情况只有在电子束的轴线与聚焦透镜的光电轴重合时才会发生。为了校准这个电子束参数，首先要聚焦，即通过改变聚焦电流的大小(同时观察目标块上的束斑)，使电子束从上到下都处于聚焦状态。束流轴线与工件表面垂直的条件是，当束斑焦点变化时，其在目标块上的位置保持不变。如图 3-2 所示，如果束斑发生了移动且形状发生了改变，则为束流偏心。通过彼此相对排列的四个不同极性的线圈组成的合轴线圈系统(见图 3-3)，可以对偏心的电子束进行合轴。当改变焦点，束斑不再移动时，就通过这些线圈控制电子束，使其轴线垂直于工件。在工艺操作过程中，通常只在需要进行束流检查时才会对合轴电流进行调整。

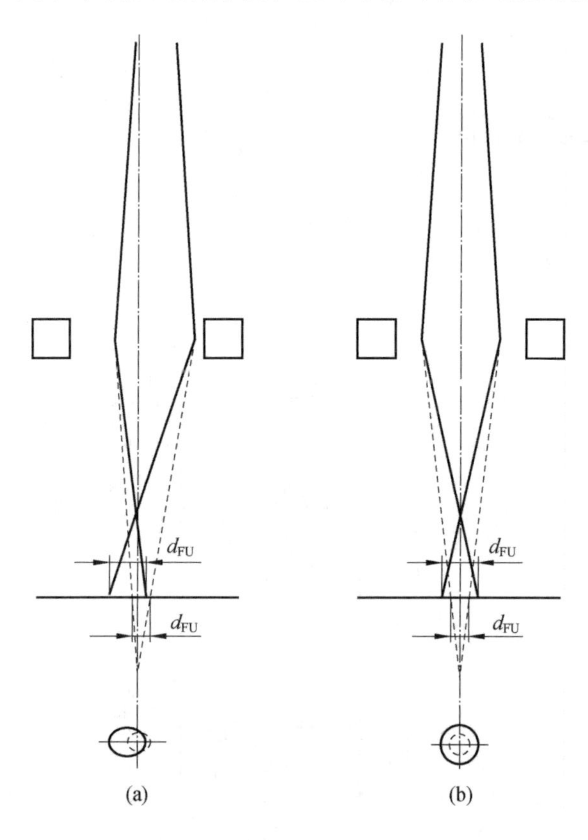

图 3-2　上聚焦和下聚焦的束斑直径变化

(a) 束流轴线存在偏心和倾斜的情况；(b) 经合轴后束流轴线垂直于工件的情况

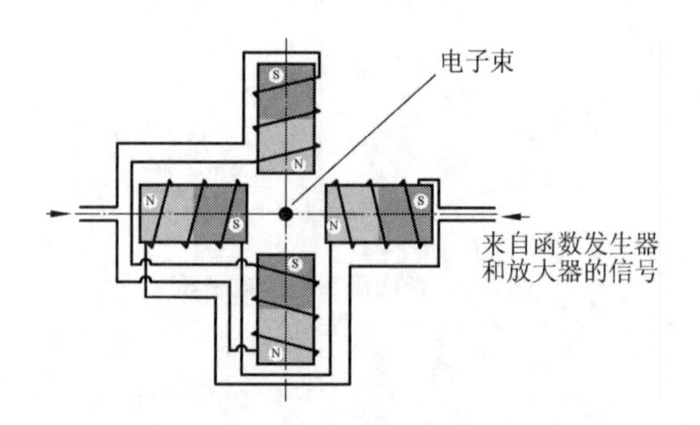

图 3-3　束流合轴线圈系统

3.1.2 像散校正

电子束的焦点落在工件表面上，就好比倒立的圆锥体的顶端立在工件表面上一样。根据文献[14]，聚焦束流的角度为束流最外两条边界（渐近线）所夹的角度，称为孔径角。孔径角分为发散区孔径角和收敛区孔径角，如图 3-4 所示。如果轴向电流在所有水平面上的孔径角不相等，就会产生像散性像差，这将对零缺陷焊缝的形成产生不利影响。经过聚焦的电子在运动后不会全部正好相遇在一个特定的点上，而是会落在不同高度的水平面上，形成不同形状的椭圆。通过监测发现，当聚焦状态从上到下或者从下到上（通过聚焦）发生改变时，像散椭圆就会出现，如图 3-5 所示。为了避免这种情况的发生，在电子枪内安装像散校正线圈（消像散）系统。该系统由两对线圈组成，相同极性的线圈两两相对，如图 3-6 所示。线圈的作用是推动和拉动电子，以改变电子运动的路径，获得具有均匀孔径角的圆形束斑，如图 3-5 所示。在消像过程中，必须校准每个线圈的电流值，使其不超过最大电流值，并且随着时间的推移，需要增加电流以克服电子枪中的杂质效应。

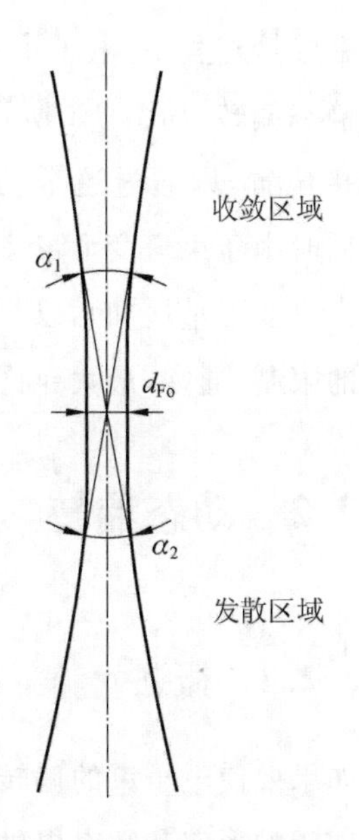

图 3-4 焦点直径 d_{Fo}、收敛区孔径角 α_1 和发散区孔径角 α_2

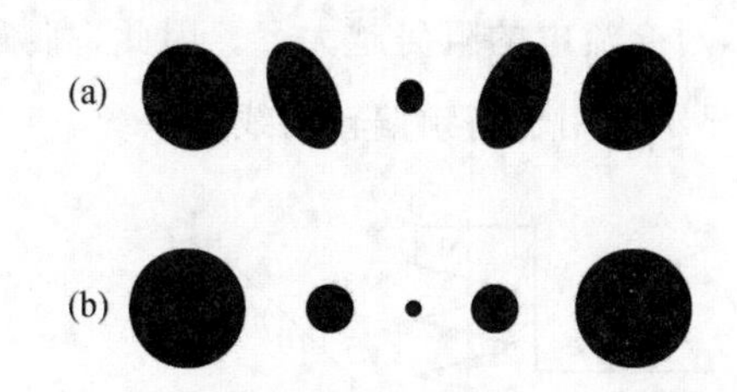

图 3-5 上焦点和下焦点束斑截面的变化

(a) 由像散引起偏差的状态；(b) 没有偏差的状态

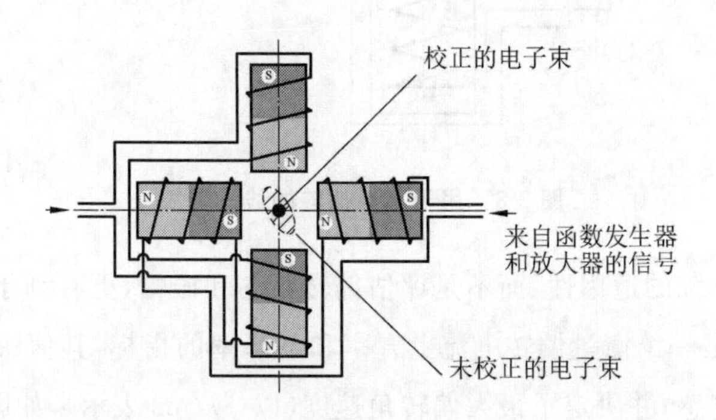

图 3-6 用于束流像散校正的线圈系统（消像线圈）

3.1.3 偏转

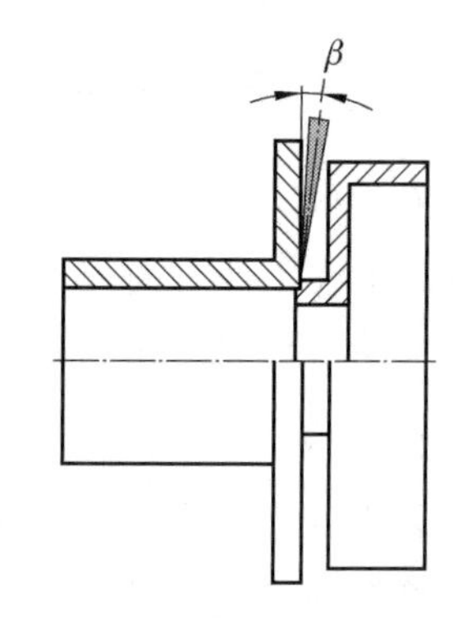

图 3-7 用静态偏转的电子束焊接一个垂直束流难以到达的接头

在焊接过程中，电子束可以通过聚焦透镜下的一对线圈实现静态偏转，如图 3-1 所示。例如，如果束流很难到达接头的焊接位置，则通过这个功能就可以实现焊接，如图 3-7 所示。同时由于束斑变形量增加的限制(译者注：偏转角增大会引起束斑变形量增加)，以及电子枪下部防护罩或者光学观察系统的限制，通常，最大允许的偏转角 β 为 5°。

3.2 动态偏转

3.2.1 概述

如果要使电子束的偏转频率 f 高于 1 kHz，则必须专门设计偏转系统。函数发生器通常以期望的形态和频率提供正确的偏转信号，因为普通的偏转系统放大器传输的电子束偏转信号要么失真，要么太慢，要么根本没有信号输出。

产生这种失真的原因是，在偏转频率较低的线圈系统中，高频交流电产生的磁场可以阻碍电流的变化，这种现象称为自感。线圈系统的自感能力用自感系数来衡量，单位为"亨利"(H)。线圈系统的自感越大，对交流电的阻碍越大[2]。因此，高频率的偏转线圈必须具有小自感(微亨数量级)。图 3-8 显示了用于高频偏转的线圈系统。

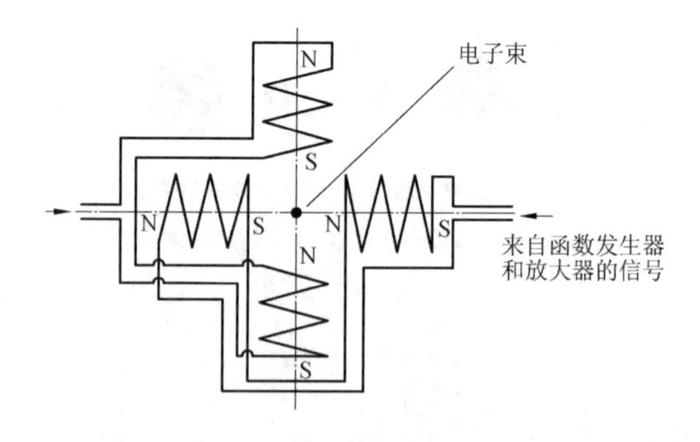

图 3-8 用于高频偏转的线圈系统

评估动态偏转系统的适用性，而不是评估偏转频率和振幅，更有利于确定所谓的转换速率(SR)。转换速率是一个衡量偏转电流上升率和下降率的指标，其值决定了放大器的最大电流和偏转线圈的电感，并决定了最大偏转角速度(以(°)/ms 表示)，如图 3-9 所示。转换速率是一个设备特征参数，描述了偏转系统的总体性能。

在这里我们以三角波的计算为例来计算一下它的转换速率。已知条件(参见图 3-10)：

振荡宽度为 2 mm；振荡频率为 500 Hz；一次振荡的时间为 2 ms；焦距为 500 mm；当加速电压为 120 kV、电子偏转角度为 3°时，偏转电流为 5000 mA。

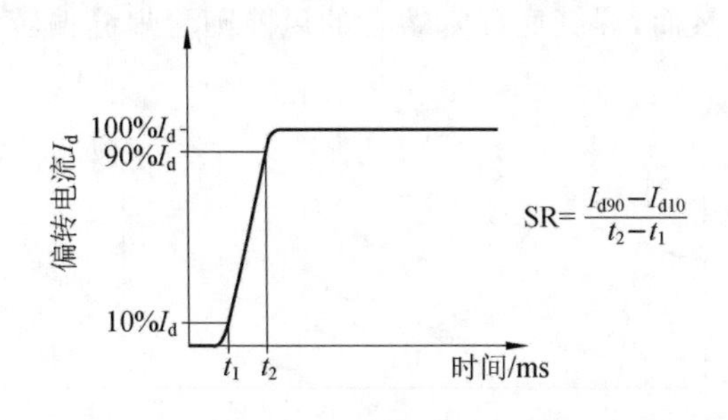

图 3-9 转换速率 SR

注：$I_{d90}=90\%I_d$，$I_{d10}=10\%I_d$。

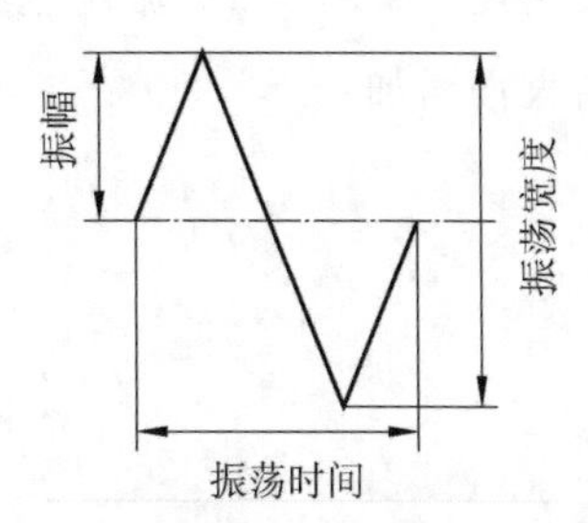

图 3-10 振荡宽度、振荡时间和振幅

可以计算如下。

束流偏转角度：

$$\tan\beta=\frac{振幅}{焦距}=\frac{1}{500}=0.002$$

则

$$\beta=0.11°$$

使电子束振荡宽度为 2 mm 的偏转电流：

$$I=\frac{5000}{3}\times 0.11\ \text{mA}\approx 180\ \text{mA}$$

单次束流偏转的时间：

$$t=\frac{2}{4}\ \text{ms}=0.5\ \text{ms}$$

电流改变的转换速率：

$$SR_1=\frac{180}{0.5}\ \text{mA/ms}=360\ \text{mA/ms}$$

角速度的转换速率：

$$SR_2=\frac{0.11°}{0.5\ \text{ms}}=0.22°/\text{ms}$$

动态偏转系统用于以下方面：

(1) 在焊接过程中，通过束流振荡来影响金属的熔化和凝固过程；

(2) 焊接静止零件的轴向环焊缝，如图 3-11 所示；

(3) 通过带横向振荡的束流矢量偏转实现环焊缝的焊接，如图 3-12 所示；

(4) 分束电子束焊接(多束和多束加工工艺)；

(5) 焊接过程中工件的预热处理和后处理；

(6) 在焊接方向发生快速变化时，调整束流轴线使得束流能够处在实际所需的焊接位置(滞后距离补偿)；

(7) 焊缝跟踪；

(8) 使用沿着束流轴向进行的聚焦振荡进行的焊接。

平面上的轴向环焊缝可采用电子束焊接,无须转动构件,如图 3-11 所示。焊接路径决定了焊接速度——d_R · π=振荡宽度 · π。然而,焊缝底部未熔合的风险随着焊缝偏转角和熔深的增大而增加。

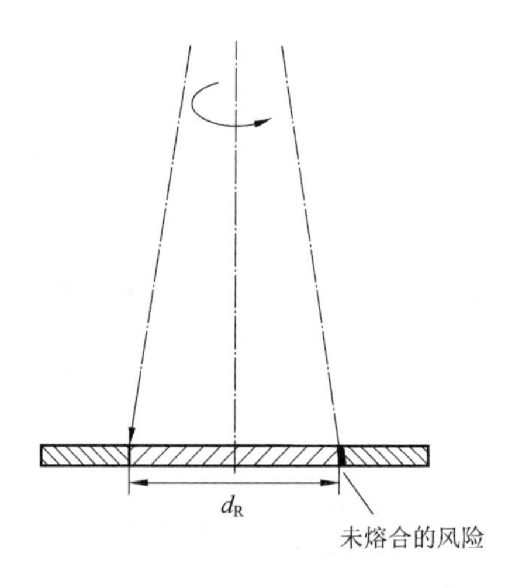

图 3-11　在固定工件上使用圆锥形束流路径的轴向环焊缝的焊接

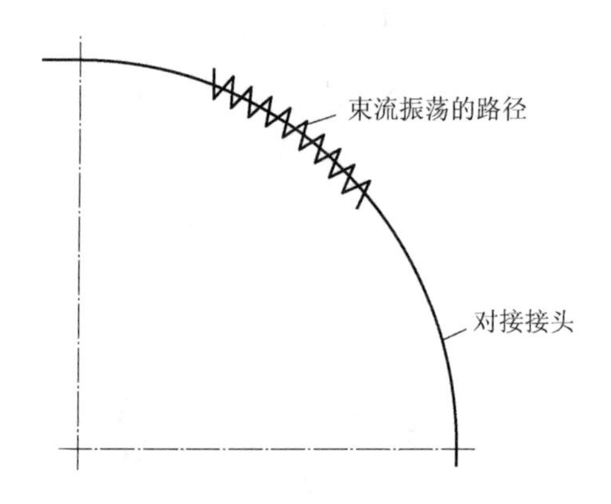

图 3-12　利用横向振荡来焊接轴向环焊缝

3.2.2　振荡

现代的高速偏转系统大大扩展了束流振荡系统的应用。在此之前,我们通过将振荡频率提高到 500 Hz 来改善金属的熔化和凝固过程,进而提高焊接质量。如今,电子束的振荡频率在 10～100 kHz 之间,这可以使电子束快速运动,从而可以同时进行多种不同材料的加工,如多束焊接,焊缝表面处理,焊缝前处理、后处理和焊缝跟踪。以下各小节描述了这些加工过程细节。

3.2.3 矢量化

当焊缝方向发生变化时，焊接束流的振荡方向也需要随之进行不断调整，如图 3-12 所示。这种动态束流对准被称为矢量化。需要利用计算机程序来计算束流振荡路径。

3.2.4 聚焦振荡

由于大多数聚焦透镜具有毫亨数量级范围内的电感，因此电子束焦距只能缓慢改变，这足以对轴向和径向的焊缝进行焊接，并具有起弧和收弧的距离(见第 7.8 节)。然而要想实现焦点位置的快速变化，那么聚焦透镜必须具有微亨数量级的电感。频率大于 1 kHz 的动态散焦已成功地用于稳定大焊深接头焊接的熔化过程。

焦点在束流轴线上的振荡也称为透镜电流振荡(见图 3-13 和图 3-14)。主透镜与一个较小的辅助振荡透镜相结合而动作，由于焦距变化(扫描幅度)要很小，因此需要的电流很小。

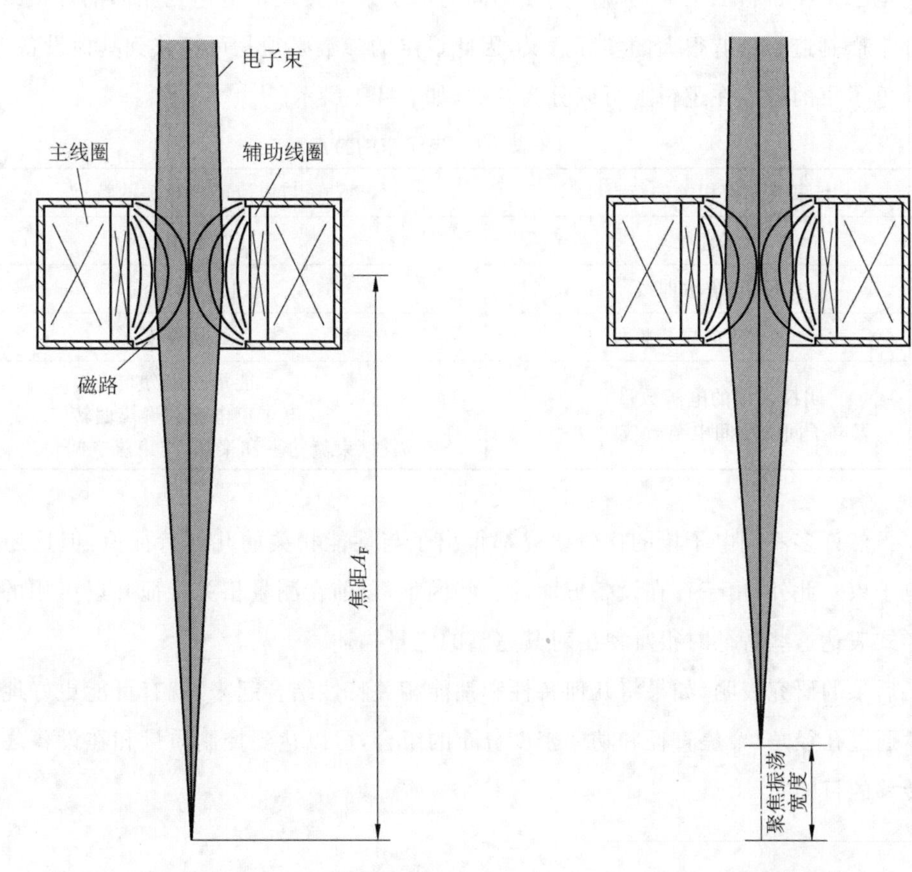

图 3-13 带辅助线圈的电磁双镜头对焦和动态聚焦振荡

图 3-14 聚焦振荡

第4章 电子束的特点

4.1 概述

由于要使用电子束对材料进行加工，人们开始研究电子束的特性并进行参数选择，开始研究电子束在材料加工中的应用。在不同的电子束焊接设备上达到相同的焊接效果这一目标在生产制造中具有很大的实际意义，因此设定的参数必须是可转移到其他设备上的。

电子束的特点在逻辑上可以分为两类，如表4-1所示。

表4-1 电子束的特点

与束流几何相关的特点	与束流能量相关的特点
束流直径	加速电压
孔径角、焦散曲线	电子束电流
发射率(电子束的聚焦性能[16])	焊接速度
阴极发出的电子数量 (电子间的空间电荷效应[17])	能量密度分布 电子束电流和聚焦偏转 辐射(束流功率和聚焦，与束流空间角度有关)

虽然许多不同电子枪的比较研究都得出了与性能相关的几何特征值，但这还不足以描述电子束。此外，由于存在设备方面的一些困难，以前在测量相关特征并以可用的且可重复的形式表达这些特征时很难得出对其完整的定量描述。

后来的研究表明，如果将几何特性和性能相关特性结合起来，就有可能更好地表征电子束。通过孔径角、聚焦直径和功率密度分布的组合，可以达到控制质量和在设备之间进行参数转移的目的。

4.2 孔径角和焦散曲线

如前(3.1.2节)所述，聚焦束流最外两条边界渐近线所夹的角度称为孔径角，如图4-1所示。确定孔径角的方法之一如图4-2所示。电子束聚焦在两个不同高度的工件上，测量出相应

的束斑直径 d_1 和 d_2。这两个测量平面必须位于焦散曲线 K 的外面，焦散曲线 K 处的束斑直径（测量平面位于焦点上面或者下面）是焦点直径 d_{FO} 的两倍，如图 4-1 所示。调整束流功率，让工件表面不熔化（但也要有足够的功率），可以直观准确地测量电子束的冲击表面。

孔径角 α 的定义式为 $$\tan\alpha=\frac{d_2-d_1}{2z}$$

通常还会在其他的水平面做进一步的测量，当然这也会影响电子束焦散曲线的其他束流特性。

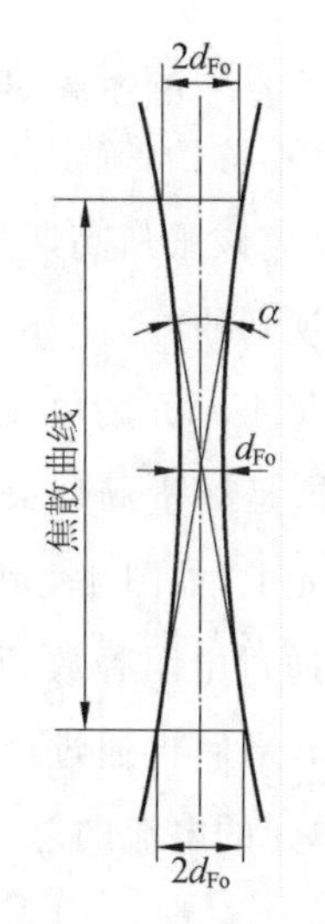

图 4-1 孔径角 α 和焦散曲线

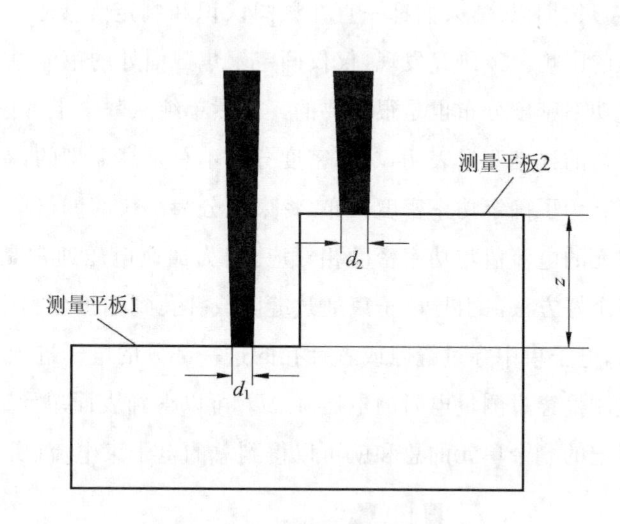

图 4-2 孔径角 α 的测量方法

4.3 倾斜试板焊接法

倾斜试板焊接法又称 AB 测试法，是确定孔径角的另一种方法[17]。设置一个钢制的带多个凹槽的样品且与水平面呈 γ（$\gamma=30°\sim40°$）角放置，如图 4-3 所示，慢慢向着电子束移动样品。向上的凹槽侧翼显示不同的熔化状态和齿顶熔化的切口宽度，通过不同的焦距可以评估束流尺寸。选择运动方向，使样品受到电子束从远至近的撞击，以减轻熔化材料的流失，获得锋利的切边[18]。

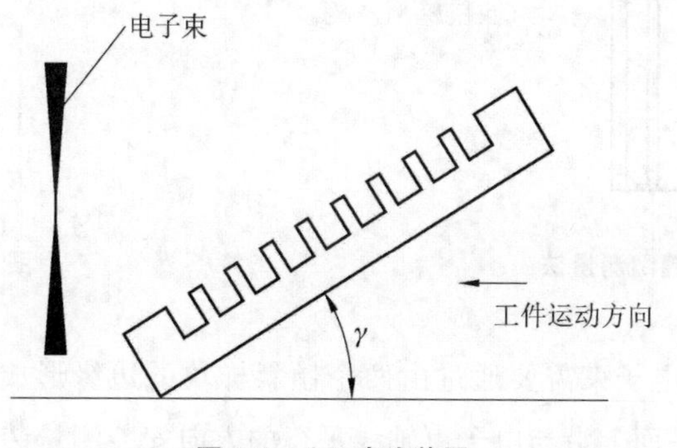

图 4-3 AB 试验装置

在AB试验中，$P=3$ kW的电子束的焦点似乎在$+Z$方向的几厘米处。焦点位置发生偏移的原因是束流在气腔内和金属离子碰撞而发生了散射[18]。但是利用后面介绍的针孔法，使用带孔薄片测量焦点位置就得到了不同的结果。在针孔测量方法中，因为没有金属熔化，就不会出现这种由于束流在气腔内和金属离子碰撞而发生的散射现象。

4.4 功率密度分布

长期以来，人们都一直在试图认识和判定焊接过程中束流焦点功率密度分布对焊接过程的影响。经研究发现，仅仅确定聚焦截面处的束流总功率密度是不够的，确定焦点处的束流功率密度分布也是很重要的。虽然单纯从数学上考虑，功率密度应该服从高斯分布，但是最初的详细测量表明，功率密度分布不总是高斯型的，有时会是不规则的。

为了确定功率密度分布，将束斑分为小块的网格单元，再测量每个单元的电流值。每个单元的电流值与功率密度相对应，因为加速电压通常是恒定的。这是测量局部束流性能的一个好方法。引导电子束通过缝隙或针孔到达被分割成的网格单元上，如图4-4和图4-5所示，电子束中穿过缝隙或者针孔的这一部分的电子进入法拉第筒，通过电阻释放到大地。通过测量穿过测量电阻的电压降ΔU_x可以得到表面单元的电流ΔI_{Bx}，最后再通过计算其他未标记的剩余单元的总和就可以得到总的电子束电流（所有的网格单元的电流的总和）ΔF_x。

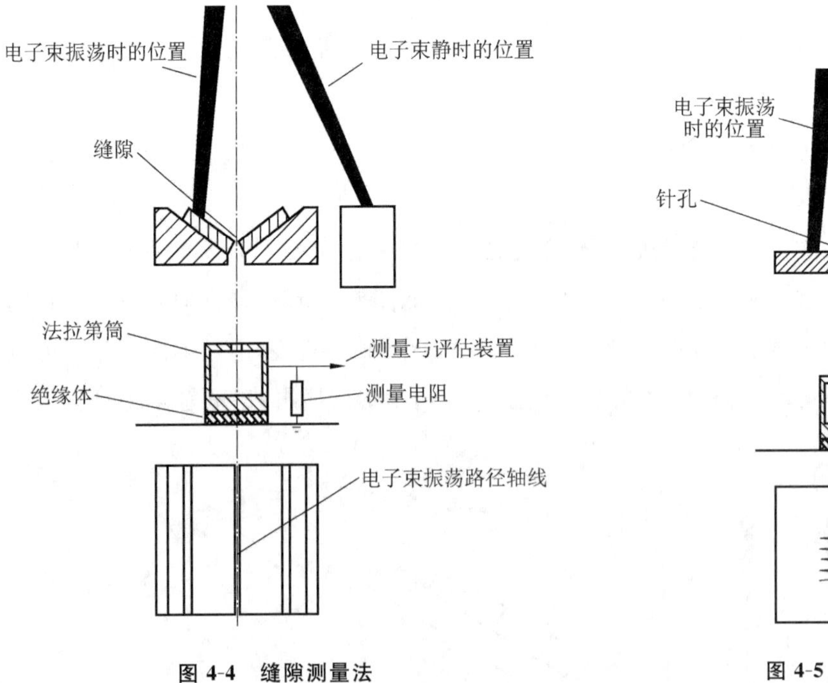

图4-4 缝隙测量法

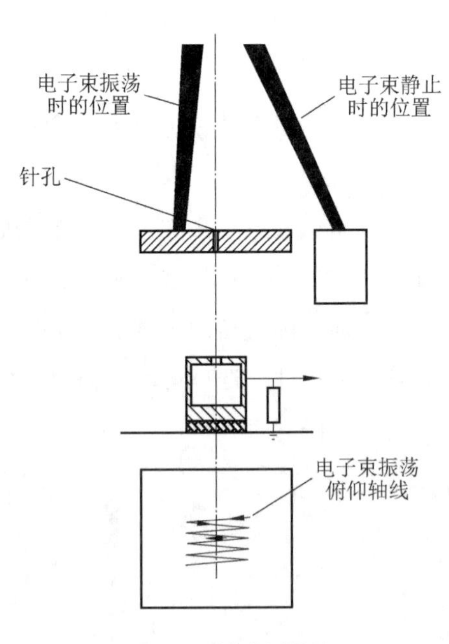

图4-5 针孔测量法

在缝隙测量法中，电子束需要通过由两个倾斜样块的边缘形成的缝隙，如图4-4所示。在缝隙下方的一个小平面上沿与电子束轴线平行的方向安装测量装置。为了能够标记整个束流截面上的功率密度分布，需要转动缝隙并做进一步的测量。针孔测量法的优点是通过将整个束流截面划分为大量的网格单元，从而可以针对网格单元进行特定的测量，进而可以得到更真实的功率密度分布。缝隙宽度和针孔直径必须显著小于束流直径(为前面两者的10～20 倍)，如表 4-2 所示。

由于测量必须在高功率的束流下进行，而且必须避免设备孔径边缘被熔化，因此有必要将测量过程限制在几分之一秒之内完成。这是通过将电子束极快地移过针孔来实现的。表4-2 中的内容是通过动态偏转系统得到的。在测量间隔期间，电子束被分散到水冷式束流捕集器上。

表 4-2　针孔测量细节

电子束的振荡速度	约 1000 m/s
针孔板材料	钼或者石墨
针孔直径	10～50 μm
总的网格数量	约 10^5 个

网格单元的总数对应于读数的总和，这些数据(包括焦点直径)由计算机进行计算。为了计算总的有效功率，只采集网格中束流焦点功率密度 $L>10^5$ W/mm^2 部分对应的电流数据，如图 4-6 所示[19]。聚焦直径被定义为一个圆的等效直径，用 d_{90} 表示，如图 4-7 所示。该圆内的束流的能量(或功率)为束流总能量(或功率)的 90％[20]。

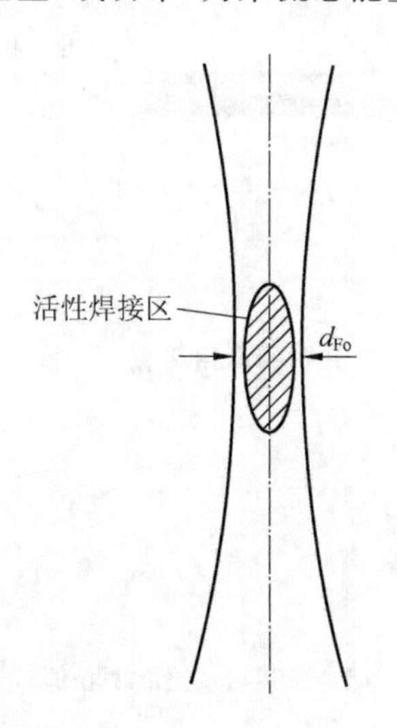

图 4-6　焊接活性区(束流焦点功率密度 $L>10^5$ W/mm^2)

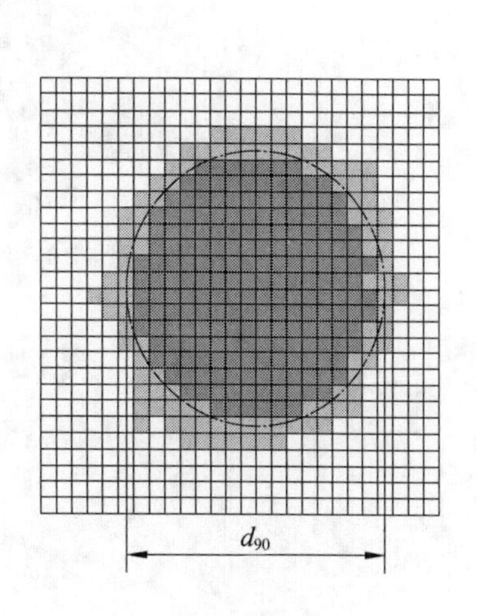

图 4-7　束流聚焦直径 d_{90}

测量结果以三维彩色图像的形式显示。各功率密度的分布情况如图 4-8、图 4-9 所示。图 4-8 中，在束流焦点边缘出现超高功率密度值，这是因为阴极正在加热，温度过低。当加速电压降低到一定程度，必须要有带状阴极的边缘和侧翼参与电子发射才能实现特定功率的束流时，就会出现这种分布。若将这种功率密度分布用于实际焊接，则焊接效果会很差。

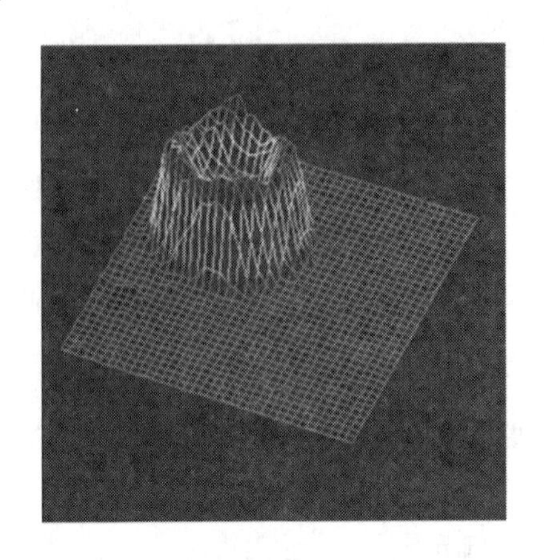

图 4-8　加热不足的阴极产生的束流的焦点功率密度分布

图 4-9　使用正确的加热阴极产生的束流的焦点功率密度分布

采用合格的工业设备(见图 4-10 和图 4-11)及计算机软件，可以测量电子束功率密度。设备安装在工作台上，通过专用测量电缆、水冷管与焊接设备专用接口和计算机连接。今天，这些测量方法已经成为许多生产工厂质量保证体系的一部分。

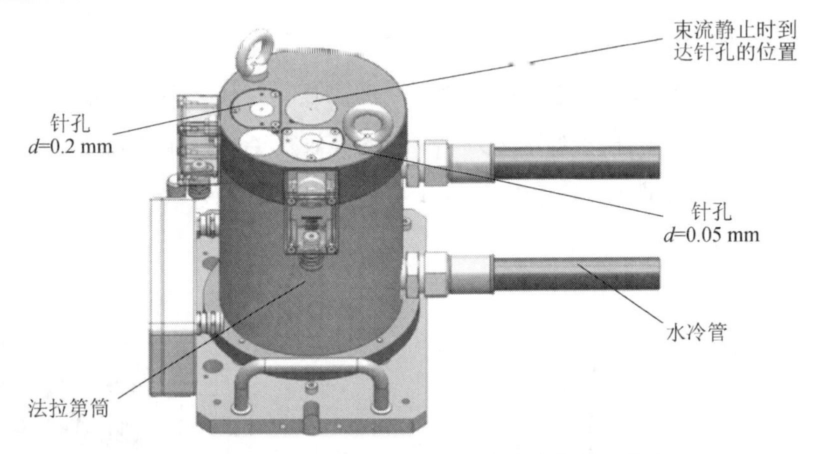

图 4-10　利用针孔法测量功率密度分布的商用装置

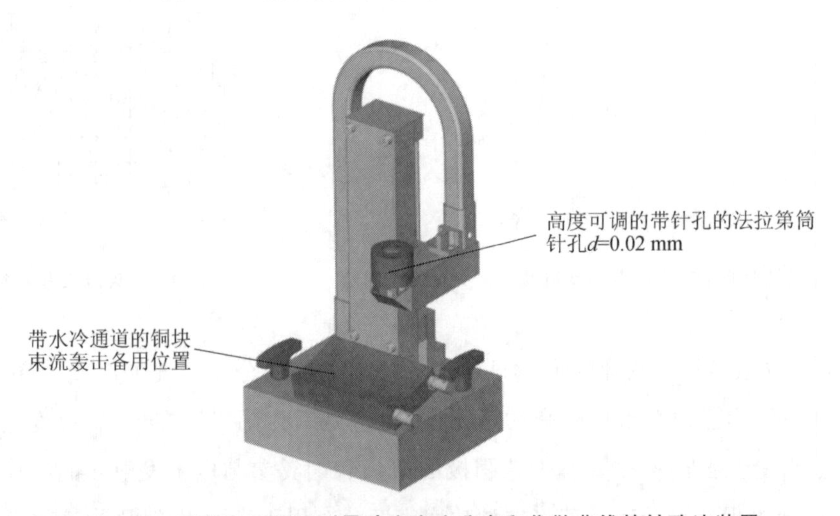

图 4-11　工业上可用于测量功率密度分布和焦散曲线的针孔法装置

4.5 光束参数乘积

光束质量是另一种定量描述电子束性质的参数。这一术语来自于光学和激光光学，也称为光束参数乘积，它定义了束流的传播特性和聚焦特性。光束参数乘积 BPP_{EB} 由孔径角 α 和聚焦电子束直径 d_σ 计算得来：

$$BPP_{EB} = 0.25\alpha \cdot d_\sigma \quad (\text{mrad} \cdot \text{mm})$$

不过，光束参数乘积中的聚焦直径 d_σ 不是图 4-7 中的 d_{90}，它是通过单独测量电压乘以焦点直径与重力轴之间距离的平方[15]（$U_A \cdot e^2$）而确定的，如图 4-12 所示。因此，光束参数乘积代表了仅在一定物理条件下的束流和设备的相关特性。

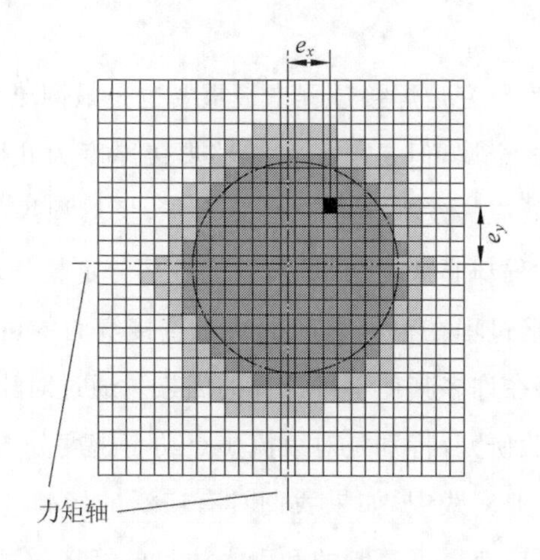

图 4-12 用于计算光束参数乘积的网格单元 *X*-*Y* 坐标的定义

虽然一系列的研究已经证实了在重复焊接作业中进行 BPP_{EB} 数据迁移的重要性，在公司内部多台电子束焊接设备之间迁移数据也很少会出现问题，但是这一数据迁移特性在制造业中并没有得到广泛的应用。例如，在航空航天行业，虽然使用电子束焊机可以产生具有高重复性的焊缝，但由于航空航天行业对焊接质量的要求极高，在实际的生产条件下，工作人员往往也没有足够的经验在不同的设备之间进行数据迁移，因此焊接工艺规范往往是针对特定设备的。

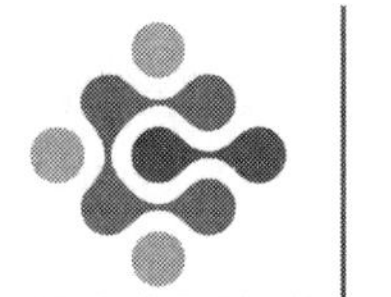

第5章 电子束穿透金属的行为

5.1 概述

电子束穿透金属的行为研究是焊接过程中最重要也是最困难的部分之一。虽然电子本身只能穿透百分之几毫米的金属，但是电子束能够焊接厚度为几厘米的金属这一现象已经得到了广泛的研究。深焊效应的发现距今已经几十年，虽然深焊的基本的物理过程是众所周知的，但是具体的焊接过程却非常复杂，目前只能做部分定量的理解。精确描述焊接过程的难点在于，研究对象、焊接过程在很大程度上缺乏直接实验的可达性，理论计算只能检验最终结果，而关于焊缝还存在许多其他不可计算的因素。通过对比，结合利用X射线和高速摄影技术对焊缝进行的实验研究，特别是对束流焦点功率密度分布的测量，我们加深了对深焊效应的认识。然而，在工业实践中，如果我们具有广泛的经验和物理知识，则可以很好地控制电子束焊接过程，并可以获得可复制的和引人注目的经济效益。

5.2 金属表面的加工

如前所述，聚焦电子束以极高的速度撞击金属表面。电子如何将动能传递到材料上是一个非常复杂的细节问题，这里只能用一种简化的方式来解释。

固态金属加热后可以增加晶格中原子的振动动能。由于电子质量很小，电子不能通过直接撞击比它重得多的原子核的晶格原子来释放能量，而是与其他金属中的电子发生碰撞，而且由于金属原子核外层轨道上快速移动的导电电子产生的电场可以延伸得很远，因此也更容易与电子束中的电子发生碰撞。在进行能量传递之后，金属中原子核的外层电子成为传导电子，传导电子通过与声子发生更多次的碰撞（也就是集体激发，晶格声子是对晶格振动的量子化描述）来传递接收到的能量，这种碰撞继续进行下去，则会增加晶格原子的动能[21]。宏观上观察到的实际现象就是电子束穿透了金属，在功率密度足够高的情况下，碰撞区的温度会升高到超过所有已知金属的汽化点。尽管熔化后的液态金属和汽化后的气态金属没有晶格结构，但这个持续的冲击过程仍然以上述类似的方式对电子束的输入能量进行着传输和转换。

在讨论电子穿透金属的行为之前，必须对电子穿透金属之前的过程进行描述。并非所有的电子束流都参与了动能转化为加热金属的热量的过程。当电子束撞击金属表面时，有少量电子立即发生弹性反射，如图 5-1 所示。反射电子的方向和强度取决于碰撞区域的表面条件（光滑或粗糙），电子束撞击表面条件不同的区域会形成具有不同强度的反射电子，这一现象也是电子束焊缝跟踪系统的基础（见 7.4 节）。另一部分电子在穿透后由于能量的损失而返回金属表面。这两部分的电子都来自电子束，称为初级电子。当初级电子与传导电子碰撞时，就把这些传导电子从金属晶格中撞出来，并使它们从金属表面发射出来，这样就产生了二次电子。

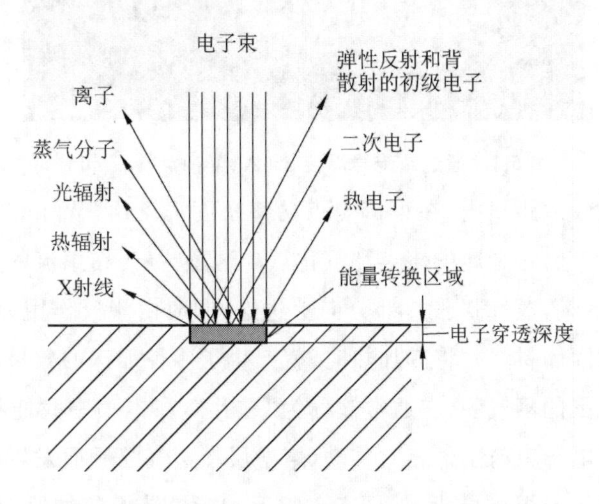

图 5-1　电子束撞击金属表面而产生的反射现象

除了背散射效应外，由于金属的特性，随着初级电子的减速金属表面还会产生 X 射线。虽然电子束焊接产生的 X 射线的强度和能量具有生物危害性，但只要按照制造商的要求正确使用电子束焊接设备，其就不会对人体健康造成危害。当 U_A<60 kV 时，工作室可以不加铅屏蔽板而使用；当 U_A超过 60 kV 时，工作室适当加铅屏蔽板可以针对 X 射线进行安全健康保护（第 14.2 节）。

所有这些表面能量损失（被反射的电子、热电子、二次电子、X 射线、热辐射、光辐射等形成的能量损失）的总和取决于多个因素，这些因素有时在文献中有不同的解释。毫无疑问，基体材料和束流几何形状对能量转换的效率有着重要的影响（在开始或焊接过程中）。对材料为钢的工件来说，蒸气腔内动能转化为热能的效率约为 0.9[22]。

5.3　深焊效应

人们通过计算和测量证明，穿透金属的电子在穿越极短的距离后就会失去动能。例如，在 U_A = 150 kV 的加速电压下，电子在钢中的穿透深度仅为 0.06 mm。当束流焦点功率密

度 $L<10^5$ W/mm²时,这个浅层能量转换区足以通过热传导作用将金属熔化 2～4 mm 的深度,如图 5-2 所示。这是一种普遍现象,电弧焊和气焊时也会发生这种现象,热能也会从表面通过传导渗透到金属中。

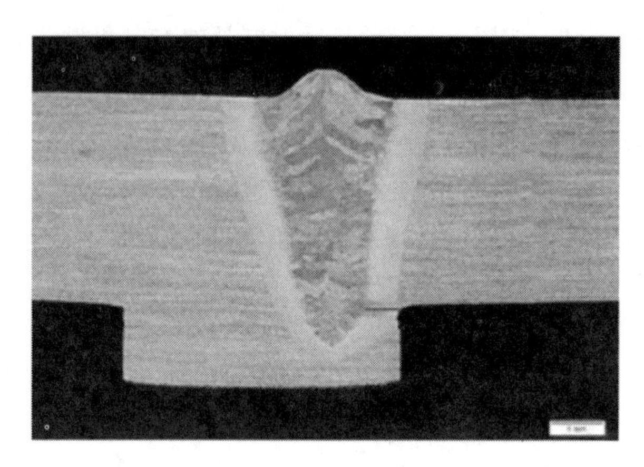

图 5-2 通过热传导焊接 Ti6Al4V①(t=3.9 mm)

而在上述提到的较短距离内,在束流焦点功率密度 $L>10^5$ W/mm²的典型电子束焊接中温升远远超过了所有已知金属的熔点和汽化点。这意味着,在束流的冲击下,金属不仅会液化,而且会转化为蒸气,蒸气膨胀并部分向上逃逸,同时由于反作用力将熔化的金属向下推。当电子遇到新的固体材料并将其加热时,就产生了一种加深的效果。通过这种方式,电子束穿过熔化金属包围的蒸气腔(它通常被称为"匙孔",在本书中我们将它称为"蒸气腔")而"挖"穿工件。如果电子束与工件相对移动,熔融层在蒸气腔后面发生结合,则凝固后在两部件之间形成闭合焊缝或焊接接头,如图 5-3 所示。能量转换的加速电子在金属中的低穿透过程是形成蒸气腔和深焊效应的前提,深焊效应使得几厘米厚的工件能够被焊接,如图 5-4所示。

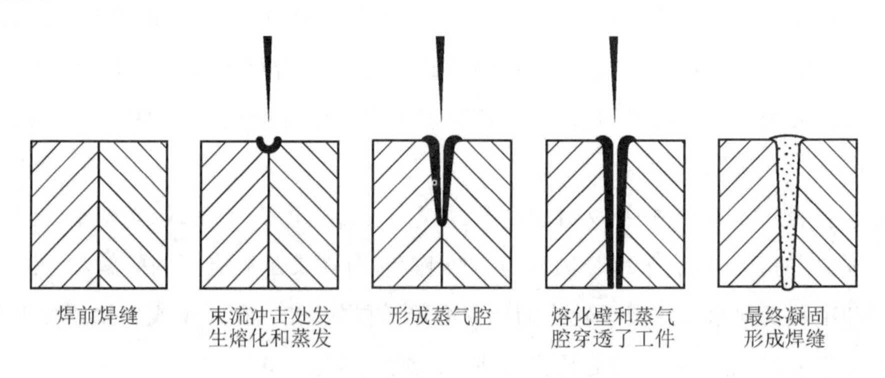

图 5-3 深焊过程分阶段图

深焊效应发生过程中存在着各种力,一部分力会增大蒸气腔,另一部分力会挤压蒸气腔,如图 5-5 所示。因此,一方面,蒸气会造成从内部挤压蒸气腔壁的流体静压力,另一方

① 本书中的材料牌号均为德国牌号。

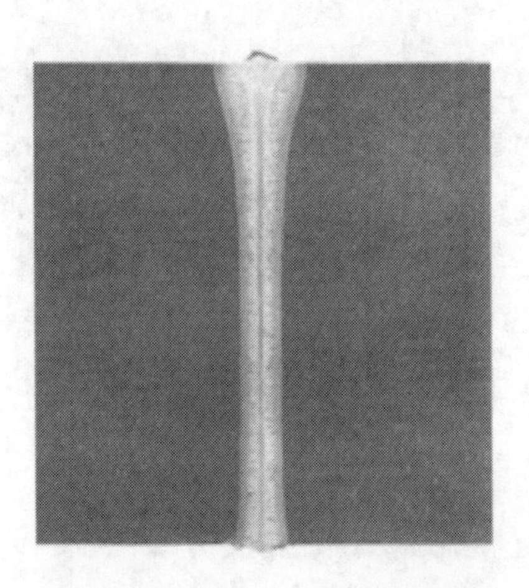

图 5-4　X20Cr13(马氏体不锈钢)纵向焊缝截面($t=50$ mm)

面,熔体腔壁的表面张力试图压缩蒸气腔。在全熔透焊接中,逸出的金属蒸气会产生向上的摩擦力作用在腔壁上,而熔池则受到向下的重力。此外,如果焊缝是采用电子束焊接形成的,则所有这些力都会被蒸气腔周围运动的金属所“覆盖”。通过光学观察系统进行的直接观察和经验证实,力和运动的平衡只存在于有限的稳定区域内。

采用全熔透焊接(焊缝底部有焊瘤),蒸气腔和熔池壁仍较为稳定,如图 5-5 所示。然而,对于部分熔透焊接(焊缝底部没有焊瘤)的情况就有较大的差异,在这种焊接中,底部的蒸气腔是封闭的,从而导致压力波动较大,熔化后的腔壁不稳定,造成凝固过程中缺陷较多。如果蒸气腔的一部分与主蒸气腔分离,导致气体无法逃逸,气体在升华的同时熔池金属发生凝固,则可能会形成大的空腔。有些空腔具有尖锐的钉头形状,这些空腔可能会连接在一起,造成熔合不足,如图 5-6 所示,这种现象称为“钉尖效应”。部分熔透焊接的另一个特征是熔深的周期性波动。

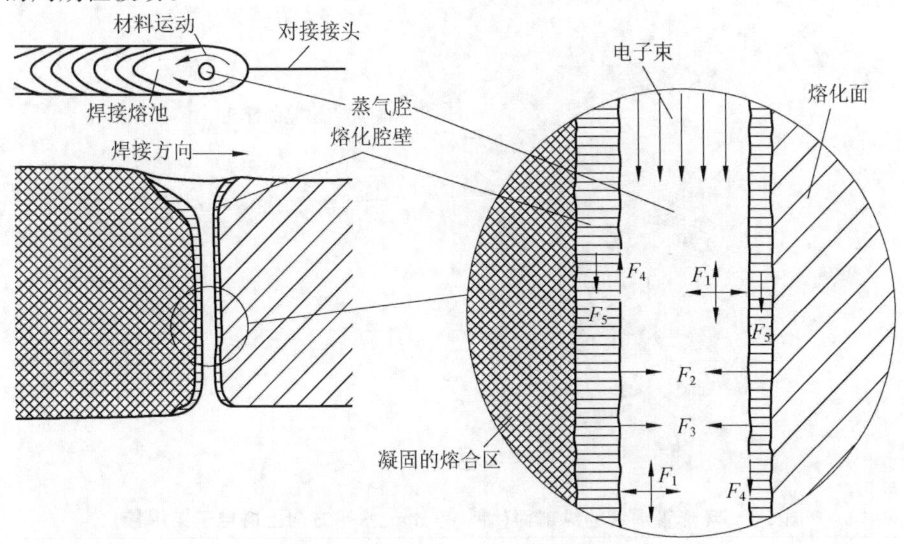

图 5-5　深焊过程中的蒸气腔和熔体壁所受到的力

F_1—蒸气压力;F_2—表面张力;F_3—液体静压力;F_4—金属蒸气喷出时的摩擦力;F_5—熔化金属的重力

图 5-6　部分熔透焊接时由于钉尖效应而形成的空腔的纵截面(材料:X6CrNiTi18-10)

5.4　焊接过程的影响

电子束焊接时必须考虑到,由于内部压力,蒸气腔可能会被堵塞,并在熔池壁凝固前封闭。不要为了减小焊接变形,而一味地减小焊缝的宽度,因为这些窄缝容易形成未熔合缺陷。通常是通过束流散焦或束流振荡扫描来扩宽焊缝。此外,熔池中的湍流会将熔化的材料沿焊缝方向和蒸气腔的纵向输送。图 5-7 所示材料中清晰可见的对比条纹是不同熔深的蒸气通道和熔池壁的残余。材料的输送也是导致焊缝起始处有多余材料堆积和焊缝结束处产生弧坑的原因,尤其是在焊接环焊缝时(见 7.8 节)。

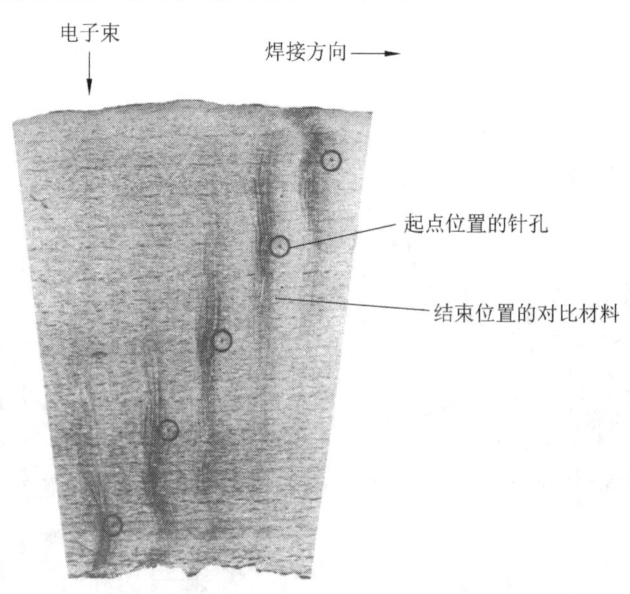

图 5-7　环形管焊缝的纵剖面(t=100 mm,水平方向上的电子束焊接)

注:基础材料为 22NiMoCr3-7,对比材料为 X6CrNiTi18-10,工件直径为 5 mm。

在高速焊接时，可能会出现不同的现象，如会出现周期性的泪滴状凸起的接缝和锋利的边缘——驼峰效应，如图 5-8 所示。焊接钢板，当焊接速度 $v>2$ m/min 时开始出现这种效应；焊接铝板，当 $v>40$ m/min 时开始出现这种效应。这种效应是由蒸气腔周围熔化材料的运动被阻碍和热传导被限制所造成的。在钢板焊接过程中，伴随的氧、硫等元素对表面张力影响较大，导致此种缺陷在 $v>0.6$ m/min 时大量出现。通过散焦和束流振荡来增加熔池尺寸可以避免这些缺陷。如果依照电子束焊接经验数据选择匹配的材料和参数，则在任意速度时均可获得稳定、高质量的焊缝[23,24]。

图 5-8　焊缝截面（$t=0.8$ mm，低碳钢，$v=2.5$ m/min，具有驼峰状效果）

第6章 焊接参数及焊接工艺建议

6.1 概述

应针对具体的电子束焊接任务来选择焊接参数。电子束焊接参数如表6-1所示。

表6-1 电子束焊接参数

参　　数	作　　用
加速电压和束流强度	电子束功率控制
聚焦电流	电子束聚焦在工件表面；束流散焦（例如增加焊缝的宽度）
焊接速度	焊接线能量的控制
束流振荡、脉冲和聚焦焦点的振荡	影响熔化动态和焊缝几何形状，抑制焊缝缺陷
加热电流	阴极加热

在设备控制系统中，可以对输入的焊接参数进行监控。如果工作台朝 Z 方向移动，那么工作距离等物理参数也很重要。此外，必须监测工作室和电子枪内的压力水平，并且焊接参数必须适应某些材料（如钛）的焊接要求。图6-1所示为电子束焊机的电子枪和工作室内的一些系统和部件。

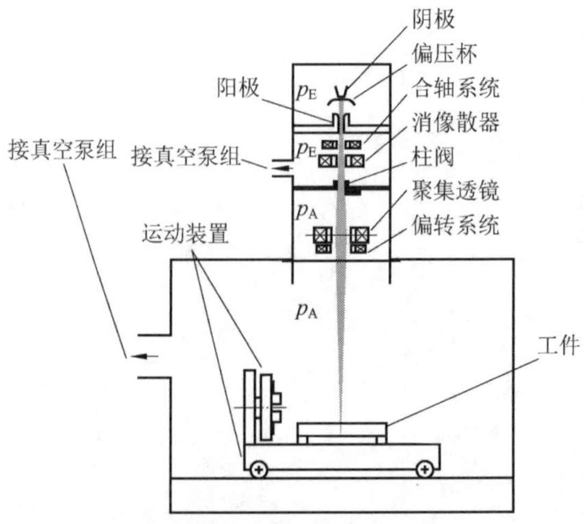

图6-1 电子枪、工作室和运动机构

p_E—电子枪的压力；p_A—工作室的压力

6.2 加速电压

虽然从物理角度看，加速电压是高能带电粒子束用于材料加工的重要参数之一，但从技术角度看，加速电压并不是最重要的参数。根据高压电源和电子枪类型的不同，大多数时候都要求把U_A维持在一个设定的范围内。可以根据表6-2选择高加速电压(120～150 kV)或低加速电压(60 kV)的电子束焊接设备。

表6-2 选择加速电压时需要注意的事项

加速电压	注意事项
U_A=120～150 kV	需要较小的束斑直径； 可能需要较大的熔深； 需要减少对外部磁场的依赖； 采用工作距离较大时需要长聚焦(大于1 m)； 需要较长的束流焦散曲线，允许焊件工作距离的微小波动； 电子枪和真空室需要进行X射线防护
U_{Amax}=60 kV	可采用柔性高压电缆，适用于工作室内和室外的移动电子枪； 由于孔径角度比较大，焊接具有狭窄通道的焊缝时会有一定的困难； 电子枪和工作室不需要特殊的防护

需要注意的是，当工作距离增加时，加速电压对熔深的减小程度有着不同的影响。表6-3显示了工作距离增加5倍时加速电压对熔深的影响。当U_A=60 kV时，熔深大约减小55%(P=3 kW和6 kW)；当U_A=150 kV时，熔深大约只减小35%(P=3 kW)或15%(P=6 kW)[25]。因此只有在工作距离较长时才使用较高的加速电压。

表6-3 相同焊接速度下，熔深s、束流功率P、加速电压U_A、工作距离A_W之间的关系

P/kW	U_A/kV	A_W/mm	s/mm
3	60	125	70
3	60	625	30
3	150	125	80
3	150	625	52
6	60	125	86
6	60	625	40
6	150	125	100
6	150	625	84

6.3 电子束电流

电子束电流和加速电压决定束流功率，因此它们对焊接结果有重要影响。虽然电子束电流是影响工件焊接的关键参数，但控制监视器上只能显示发射电流(见图6-2)。电子束边

缘的一些电子在从阴极到工件(例如在阳极孔或孔径处)的移动过程中被挡住或被屏蔽掉了。因此,电子束冲击电流总是略小于显示器上显示的发射电流,在实际应用中,为简单起见,忽略了这个微小差异。

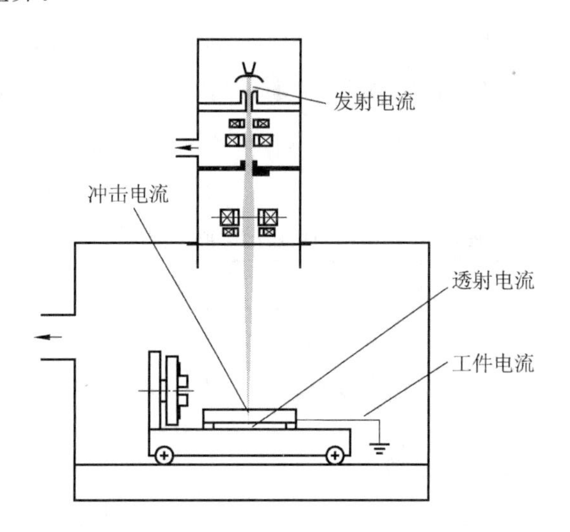

图 6-2　发射电流、冲击电流、透射电流和工件电流定义

电子束冲击电流分为工件电流和透射电流(见图 6-2)。透射电流使蒸气腔保持开放,并且影响焊缝背面焊道的凝固过程。工件电流是冲击电流的最大组成部分。形成工件电流和透射电流的电子通过夹具、工作台和真空室被传导到大地。

如果用于焊接的电子束电流过大,金属表面张力不足以支撑熔化的过量的熔池金属重量,那么多余的熔融金属就会在重力的作用下从焊缝背面滴落下来,造成焊缝正面出现凹陷、背面焊缝形成加强高。如果多余的金属从焊缝背面溅射出来,则会使焊缝正面出现下塌(见图 6-3(a)),背面形成缩沟(见图 6-3(b))。如果使用过小的电子束电流,会导致工件未熔透,造成表面余高过高,往往出现明显的咬边现象,在起始点容易出现裂纹,如图 6-3(c)所示。在对电流进行优化的情况下,实现工件全焊透并且表面仅有微小的余高,如图 6-3(d)所示,减小焊缝穿透电流使得背面的下塌量变小了。

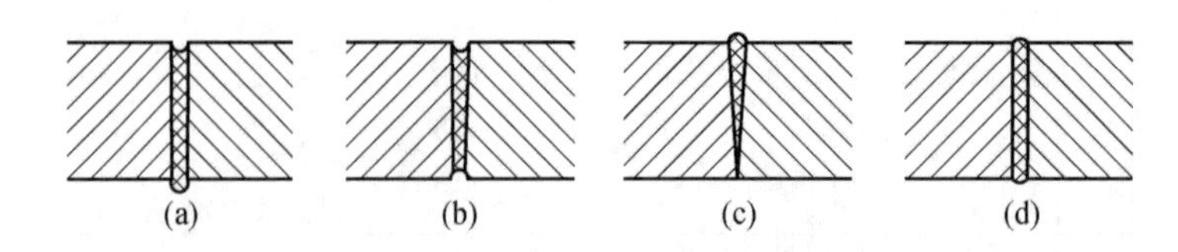

图 6-3　不同电子束电流的影响

(a) 电流过大,正面凹陷,背面焊缝形成加强高;(b) 电流过大,正面下凹,背面形成缩沟;

(c) 电流过小,正面余高超高,背面未焊透;(d) 最佳电子束电流下的焊缝

当熔深 s_1 小于工件壁厚时,采用部分熔透焊接,背面未形成焊缝。但是从实际经验来看,如果采用最优焊接参数,对工件进行部分穿透焊接时的熔深为 s,则相同焊接参数下的全焊透焊缝深度 t 要比 s 小 20%,如图 6-4 所示。

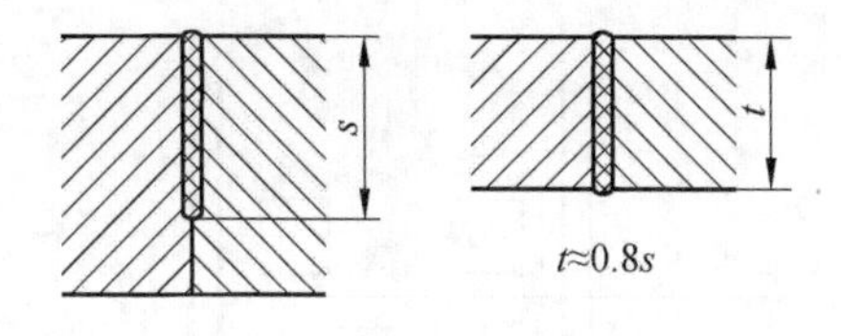

图 6-4　采用相同的焊接参数时的部分穿透焊接熔深 s 与全焊透焊缝深度 t

为了控制需要连续变化的电子束电流，人们尝试调节穿透电流。例如，在焊接环焊缝时，由于焊接过程中工件温度不断升高，需要系统根据工件的温升大小自动减小束流功率，以获得深度相对一致的高质量焊缝。然而，由于测量困难导致反馈不稳定，该技术一直没有实现。

6.4　聚焦电流和焦点位置

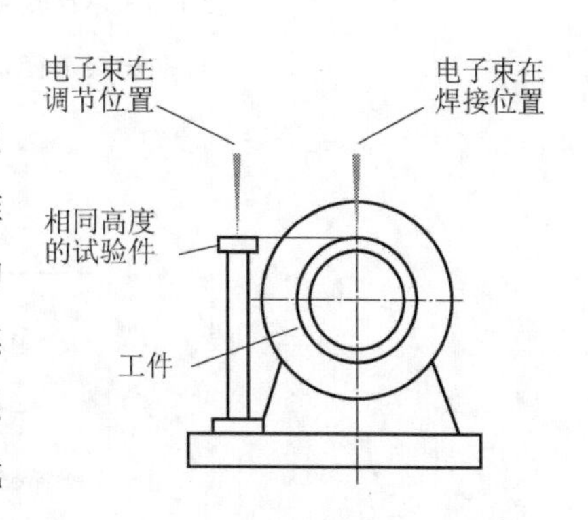

图 6-5　径向环焊缝的束流聚焦调整

发散的电子束离开阳极后，电磁透镜将其聚焦以达到所需的高功率密度。通过调整聚焦电流，束流准确聚焦在工件的平面上。通常，首先在同样位置上的一个被替代的试验件上进行电子束聚焦来寻找表面焦点，如图 6-5 所示。如果焊接设备安装有光学观察系统，通过改变聚焦电流，可以直观地监控束斑位置，找到直径最小的束斑。然而，由于替代试验件表面会熔化，因此这种方法仅限于采用较小的电子束电流。对于实际大电子束电流的解决方案，通常采用由此确定的聚焦电流值(虽然它不是完全准确的)。另外，使用电子光学观察系统，可以通过独立的束流来确定正确的聚焦功率(见 7.3.3 节)。

目前对术语“正常聚焦”和“最佳聚焦”还没有更详细的定义或约定的表达。这两个术语分别是什么意思呢？在焊接实践中，当设定的电子束的最小直径光斑聚焦在工件表面上时称为表面聚焦，此时将电子束描述为“正常聚焦”。但有时候为了避免产生焊缝缺陷，采用的束流是散焦的，此时束流可能处于“最佳聚焦”状态。在这种情况下，束流击中工件表面的束斑直径将大于表面聚焦直径，如图 6-6 和图 6-7 所示。上聚焦时焦点位置高于表面聚焦的工件表面位置，下聚焦时则相反。

聚焦电流或聚焦位移中的焦散值的大小决定了抑制焊缝缺陷所需的最佳的聚焦参数。其中包括材料的冶金性能，如焊接熔池黏度和液态金属材料与固态金属材料之间的温差等。这些因素在低速焊接和深焊中起着尤为重要的作用。

图 6-8 所示为高速 X 射线相机记录的焦点位置对蒸气腔动力学的影响[28]。在正常表面聚焦情况下，最大压力位于蒸气腔的中部，使蒸气腔壁变形，促使空腔形成。当束流聚焦在工件表面上方时，蒸气压力会压缩蒸气腔顶部的液体壁，可能会导致收缩裂纹。然而，如果

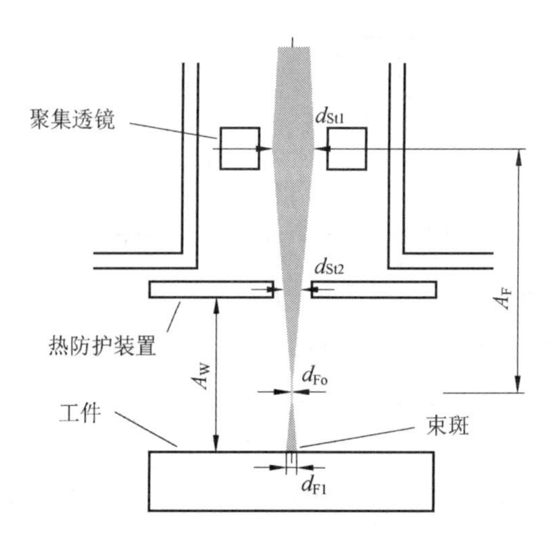

图 6-6　不同测量平面上的聚焦直径 d_{Fo}、束斑直径 d_{Fl}

和光束直径 d_{St}、焦距 A_F 和工作距离 A_W 的定义

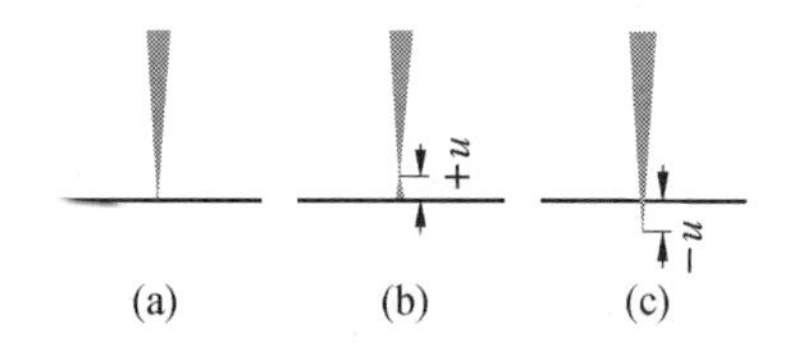

图 6-7　不同的焦点位置

(a) 正常的表面聚焦;(b) 聚焦于表面上;(c) 聚焦于表面下

电子束的焦点在表面以下,蒸气压力最大处会转移到工件中位置较低的区域,熔化的材料可以自由流动到工件的表面。

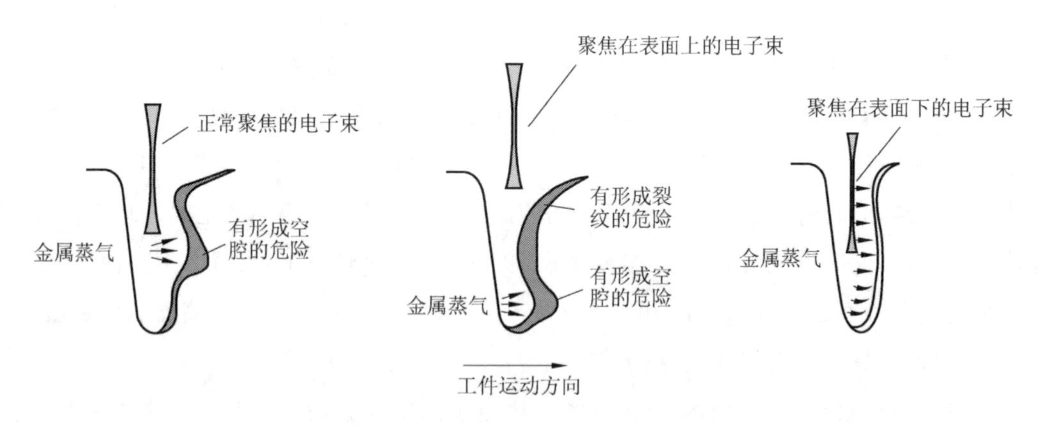

图 6-8　焦点位置对蒸气腔动力学的影响

因此,经验证明,在电子束焊接中并不总是需要把焦点集中在工件表面来进行焊接。通常,必须通过散焦和/或扫描振荡来抑制外部及内部的缺陷。聚焦振荡也是一种常用的措施(见 3.2.4 节)。焊接过程中聚焦电流随频率的随机变化而变化,使焊接过程中电子束周期性地散焦。

6.5 焊接速度

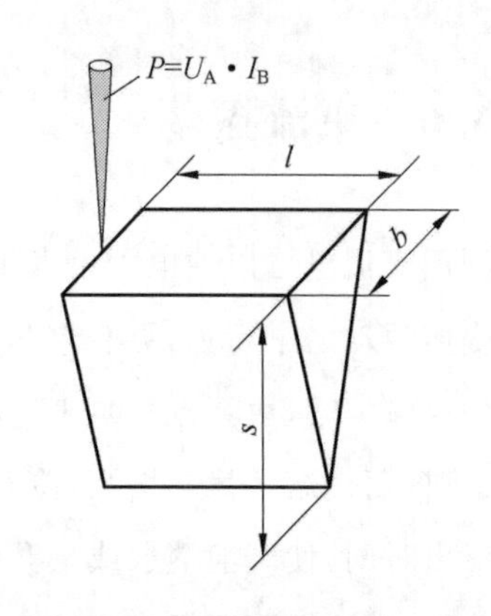

图 6-9 单位体积的材料被电子束熔化

工件与电子束之间的相对运动也会使蒸气腔和包裹在蒸气腔外的熔融金属一起穿过工件形成焊缝。通过这种运动，束流能量被传递到一定体积的材料中，这样，对于任何给定的焊接工件，给定一个合格的热输入，就可以获得单位长度焊缝上的焊接能量（见图 6-9）。在电子束焊接中输入的总的焊接能量包括以热传导形式输入的焊接能量、在电子束焊接过程中由于材料蒸发而损失的巨大的能量，以及金属液滴从焊缝背面飞溅而额外损失的能量。

上述焊接参数对焊接工艺有不同的影响，束流的性能和焦点位置是影响蒸气腔与熔池壁力学平衡的主要因素，而工件的冷却和凝固主要受焊接速度的影响。此外，焊接速度和束流功率共同决定了熔深和焊缝深度，以及熔池和熔池壁中材料的输送。如前所述，在非常高的焊接速度下，熔池壁厚度可能会减小，从而影响熔池壁内材料输送的均匀性。其结果是在上焊道和下焊道处形成泪滴状的焊缝（驼峰效应），如图 5-8 所示。另一方面，极低的焊接速度会导致焊缝过宽，无法形成足够深的蒸气腔。换句话说，在束流功率不变的情况下，通过降低焊接速度，形成的焊缝的熔深或焊缝深度不会无限增大，最终不超过某一个固定值，如图 6-10 中曲线族的上限值所示。

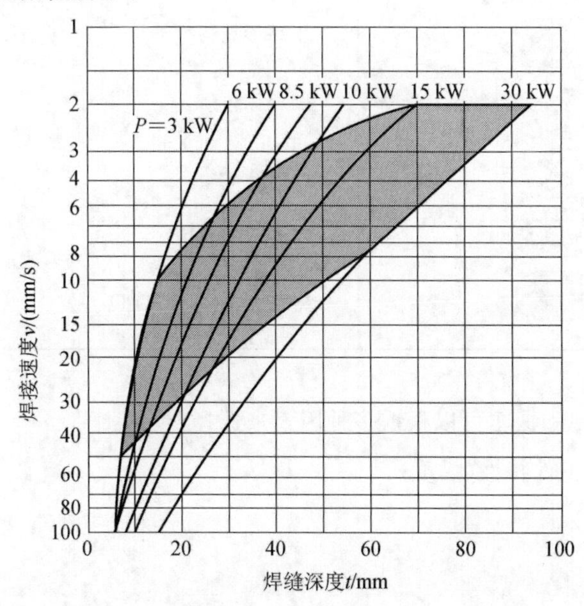

图 6-10 焊接钢时可能的最大焊缝深度 t 与束流功率 P、焊接速度 v 的函数关系

注：阴影部分区域为经济可行的参数空间。

6.6 束流振荡

利用交流电可以使电子束发生偏转，以多种不同的形式、方向和频率周期性或非周期性地改变熔池动力学行为，见表 6-4。通常可以有效地使用较小振幅、中等频率（$f<500$ Hz）的周期性束流偏转（束流振荡），来影响熔化和凝固过程，以改善焊缝质量。随着焊接速度的降低，束流振荡使熔池尺寸增大，冷却速度降低。这样一来，一方面可以给熔池中的气孔和蒸气腔留出时间，使气泡消散或上升到表面，另一方面可以抵消碳钢焊接过程中产生的硬化效应。此外，束流振荡可以改变熔池的动力学行为，使焊缝下部的熔池金属不会下塌或飞溅出来，同时保持焊缝表面光滑，边缘没有尖锐的咬边。

表 6-4　电子束振荡的案例

振荡形状	名　　称
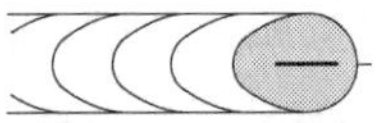	纵向振荡
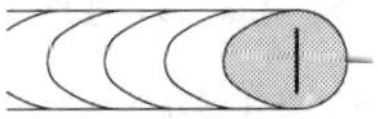	横向振荡
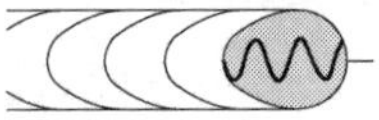	正弦波振荡
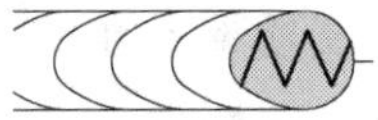	三角波振荡
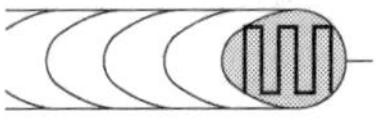	方波振荡
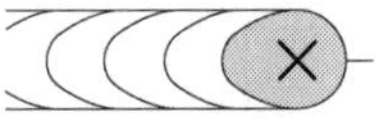	十字形振荡
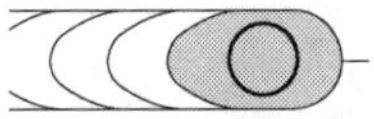	圆形振荡
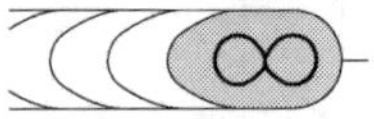	8 字形振荡
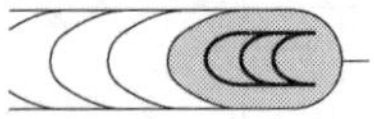	抛物线形振荡
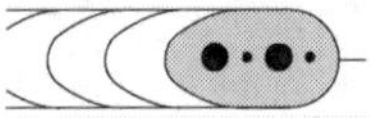	聚焦振荡（Z 轴方向）

振荡的形状、频率和振幅可以根据多种因素来选择，包括：

(1) 熔融状态下工件特性（黏度）；

(2) 工件温度；

(3) 焊接速度；

(4) 熔深和宽度；

(5) 焊接的熔透程度（部分或全部熔透焊接，针对环焊缝重叠和收弧区域的缩孔）。

这些参数只能通过焊接试验来确定。表 6-5 是笔者的个人经验总结。

表 6-5 关于束流振荡效应的信息

振荡参数或振荡类型	影 响
振荡频率 $f=15\sim100$ Hz	增加蒸气腔尺寸
振荡频率 $f>100$ Hz	扩宽焊缝； 抑制未熔合缺陷的产生
纵向振荡	增加熔深
正弦波、方波、十字形、横向振荡	扩大最佳调节参数的范围； 通过全熔透焊缝稳定熔池； 扩宽焊缝，抑制未熔合缺陷的产生
圆形振荡	抑制根尖缺陷的产生； 提高焊缝熔池的除气率
抛物线形振荡	使焊缝正面平滑； 抑制未熔合缺陷的产生
聚焦振荡	影响熔池动力学

除纵向振荡外，与不使用函数振荡的焊接相比，使用函数振荡后的熔深会减小。因此如果要保持熔深不变，则要么提高焊接功率，要么降低焊接速度。

6.7 脉冲束流

脉冲束流能够实现特别窄的焊缝，防止熔合区产生某些冶金效应。束流以峰值功率运行几毫秒，然后暂停，如图 6-11 所示，就像电容器的充放电过程一样。

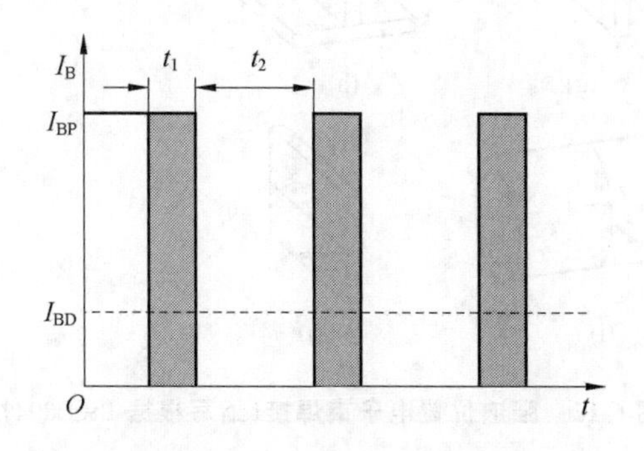

图 6-11 脉冲束流的波形图

I_{BD}—连续工作的电子束电流；I_{BP}—脉冲模式下的最大电子束电流；t_1—脉冲时间；t_2—脉冲停顿时间；t_V—脉冲占比，$t_V=t_1/(t_1+t_2)$

束流的平均功率不得超过焊接设备的最大束流功率。束流的高脉冲特性，使得电子束可以穿透极深的金属材料，形成狭窄的、重叠的、连在一起的蒸气腔。此外，利用蒸气腔一定的直径和导热条件可以使熔融区处于封闭状态。典型脉冲焊缝的特征是宽度与深度的比值非常小，例如 1∶50，相对于未使用脉冲的电子束焊接熔深会增大 50%。采用脉冲束流焊接时，焊缝具有极高的冷却速率。在一些异种材料组合的焊接中，采用这种技术可以防止出现脆性金属间化合物。目前,脉冲束流焊接的优点是束流的使用功率高,可以大幅增加熔深,但也只有在需要特别窄的焊缝时才需要利用这一优点。相关生产示例可以在第 11 章中看到。

6.8 强迫位置的焊接

在焊接术语中,强迫位置是指工件偏离“正常”位置的所有几何位置,即水平或竖直向下的位置,如图 6-12 所示。

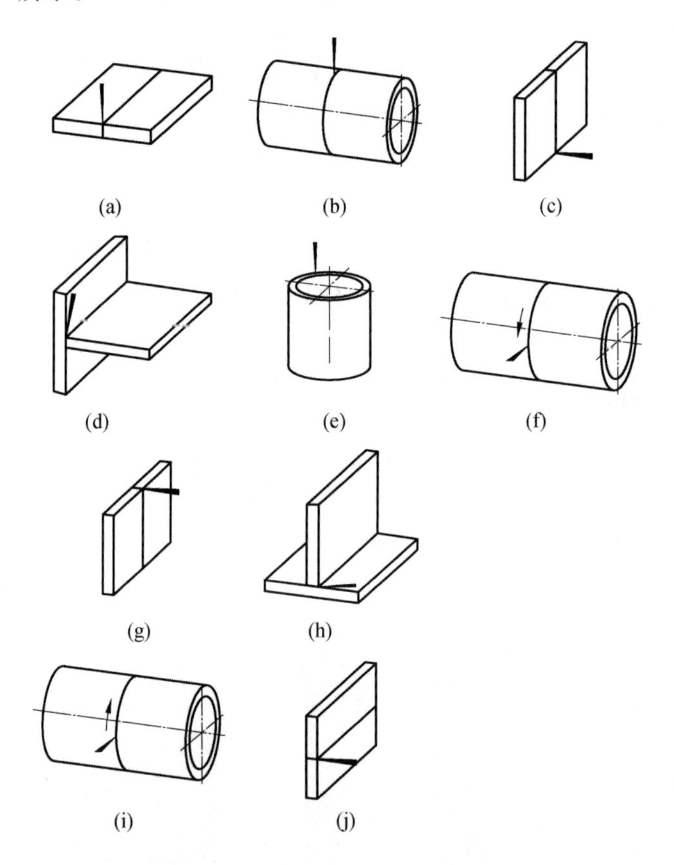

图 6-12 强迫位置电子束焊接(缩写根据 ISO 6947)

(a) 平焊位置(PA);(b) 工件旋转、轴线水平、平焊位置(PA);(c) 向上立焊位置(PF);(d) 平角焊位置(PB);(e) 工件旋转、轴线竖直、平焊位置(PA);(f) 工件旋转、轴线水平、向上立焊位置(PF);(g) 向下立焊位置(PG);(h) 平角焊位置(PB);(i) 工件旋转、轴线水平、向下立焊位置(PG);(j) 横焊位置(PC)

在许多情况下,由于部件尺寸和焊缝形状的原因,强迫位置是无法避免的,如造船中的仰焊。正常位置下电子束焊接壁厚超过 40 mm 的工件,防止熔池壁由于重力作用倒塌、保持蒸气腔的开放和稳定越来越难,形成上下表面无缺陷的焊缝[26]也越来越难。只有在特殊情况下,采用特定的束流振荡技术才能在正常位置的焊接中较好地控制焊接过程。这些困难也可以通过向上立焊位置(PF)或横焊位置(PC)焊接而得到更好的解决。图 6-13 显示,水平电子束焊接可减小焊缝熔池深度，减小重力的影响，形成尺寸稳定的蒸气腔。由于重力作用，焊缝下垂的影响几乎可忽略不计。因此，可以使用电子束焊接在特殊的强迫位置实现大厚度焊接。

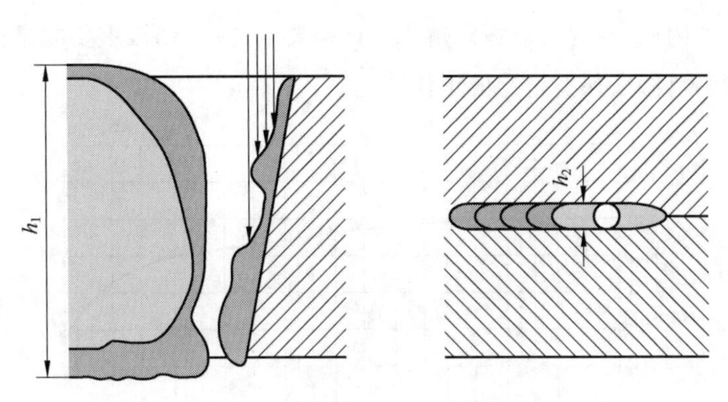

图 6-13　重力作用下熔池高度

(a) 电子束垂直焊接；(b) 电子束水平焊接

6.9　工作压力

6.9.1　真空中的焊接

在第 2 章中已经解释过，由于某些原因，真空（大约 $p_E < 10^{-4}$ mbar 的低气压）对于电子束的产生和控制是绝对必要的，但是在电子枪和工作室之间可能还有稍高的压力。对电子枪和工作室内允许残留的气体分子的量的要求有：

(1) 在焊缝和工件表面的热影响区没有化学反应，如氧化等；

(2) 聚焦的束流功率密度 L 不会因为与气体分子碰撞而降低到小于 10^5 W/mm^2。

如果仅以避免工件的焊接氧化作为工作室内气压高低的判断标准，TIG（非熔化极惰性气体保护电弧焊）焊钢时常用的保护气体的纯度就足以作为比较标准，如采用氩气时的纯度 99.99% 等。简单的计算表明，如果氩气中剩下的 0.01% 的部分由其他气体组成，则相当于采用工作压力为 10^{-1} mbar 的空气。在这种压力下，电子束可以在与 TIG 工艺类似的纯度条件下进行焊接。当焊接更多的气体敏感材料，如钛和锆时，必须满足更高的纯度要求，且工作压力必须小于 8×10^{-4} mbar。

工作室内气压高低的第二个判断标准：避免碰撞效应。这源于这样一个事实：随着压力的增加，质量较小的电子与空气中质量较大的气体分子碰撞会引起偏转，直接的结果是束流直径增加和功率密度降低。如图 6-14 所示，当工作压力 $p_A < 10^{-2}$ mbar 时，熔深仅略有减小，但是当压力进一步增加的时候，熔深则迅速地显著减小，且这种变化不受材料和焊接设置参数的影响。由此可以得出结论：在最大压力为 10^{-2} mbar 的工作室内，一般材料如钢材

等可以焊接而不产生不良影响。然而，在这种工作压力下，金属蒸气冷凝物的沉积增加，将导致工作室内部和设备受到严重污染。因此，在焊接实践中，通常将工作压力降低到 10^{-3} mbar。但是请注意，如果由于焊接间隔时间较长，允许工作室真空达到 10^{-4} mbar 左右，熔深可能略有增加。因此，当焊接对恒定熔深有严格要求的产品时，重要的是要确保通过一个自动控制的压力测量阀来保持稳定的工作压力。

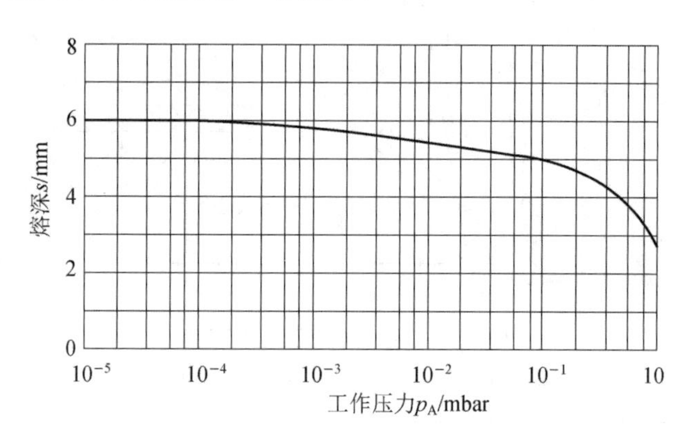

图 6-14　熔深 s 与工作压力 p_A 的函数关系

在这种 10^{-3} mbar 工作压力下焊接时，还需要保持电子枪与工作室之间的压差。压差通过一个具有一定节流效果的气阻来维持，气阻一端接柱阀，在工作室排气之前要关闭柱阀，如图 6-1 所示。

6.9.2　大气中的焊接

在电子束焊接的早期发展历史中，人们就考虑过是否可以避免制造工作室，避免真空设施所需的大量的技术工作。对于非真空电子束焊接(NVEBW)，主要的问题不是电子束从真空状态下的电子枪进入 $p=10^3$ mbar 的大气所带来的多级压力隔离问题，而是防止电子束在焊接点过度飞溅和散射的问题。如图 6-15 所示，由于电子束飞溅和散射影响，常压下焊接工作距离仅为 25 mm 左右。如果我们使用更大的工作距离，电子束功率密度会降低很多，不会形成蒸气腔，也不会产生深焊效应[27]。

为了在这种情况下得到聚焦程度尽可能高的电子束，并确保焊接顺利进行，有时将加速电压增加到 $U_A=175$ kV，在一般的制造实践中 $U_A=150$ kV。因此，在实际的生产中对于间隙较大的接头，可以在不添加额外材料的情况下进行桥接和焊接，唯一的缺点是形成的熔合区较宽[27]。在大气中进行电子束焊接需要保护气体。在最后的压力阶段通常引入特别轻的气体——氦气，这样不仅可阻止大气进入熔池，保护焊缝不受氧化，而且还可抑制金属飞溅物和金属蒸气进入电子枪腔体，保护昂贵的电子枪，如图 6-16 所示[28]。

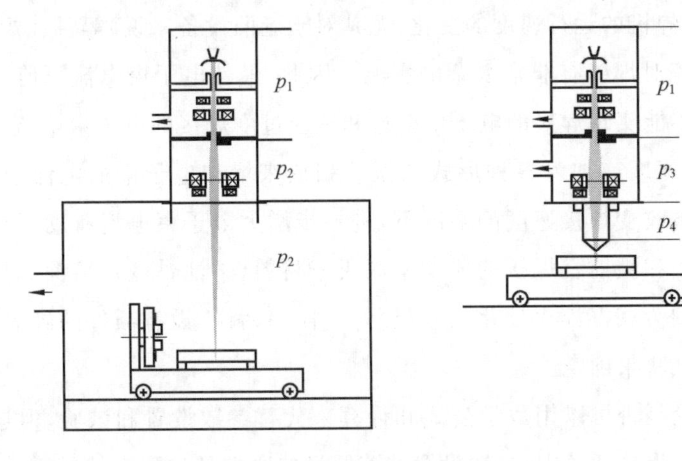

图 6-15　真空、大气、焊机的压力区

$p_1 < 10^{-4}$ mbar；$p_2 = 10^{-4} \sim 10^{-2}$ mbar；$p_3 < 10^{-2}$ mbar；$p_4 < 1$ mbar

(a)

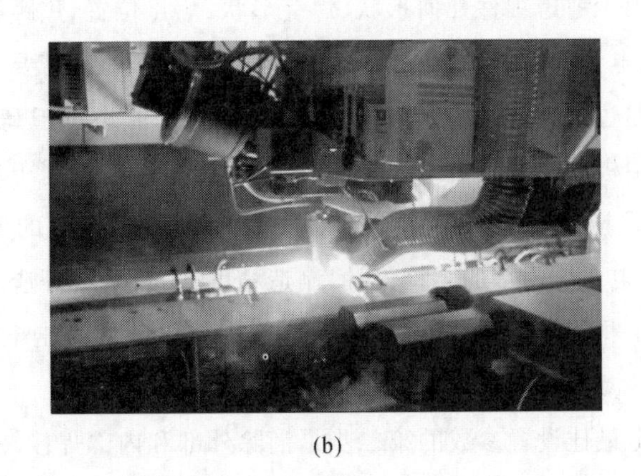

(b)

图 6-16　大气下的电子束焊接

(a) 电子束路径下的压力段系统；(b) 焊接部件

6.10　参数优化

根据材料的不同，在进行任何新产品的焊接前，确定最佳的焊接参数通常都要花费大量的时间。一方面要达到要求的熔深，另一方面要限制焊缝的缺陷。如果没有其他类似产品的焊接操作的相关经验，则需要按照步骤来确定所需的焊接参数。如 6.2 节所述，在确定其他设置参数时，通常将加速电压 U_A 设置在 120～150 kV 之间并保持不变。建议首先选择一个轻微下聚焦的聚焦电流 I_L，再确定焊接速度 v，之后根据所需要达到的焊接深度来确定束流 I_B，但是也还要考虑其他制造工序和机械加工对焊接束流的影响，如工件尺寸的偏差、接头间隙的变化，电子束焊机的运行速度的变化（尤其对于老旧设备来说）等。在焊接过程中，焊接速度和电子束电流对焊缝有非常复杂的影响。因此，最佳电子束电流可能处在非常有限的区间范围内——不能实现焊接的电子束电流和造成过度焊接的电子束电流之间。一方面，可以通过提高焊接速度或加入各种形式的振荡扫描来增加电子束的电流公差；另一方面，令人惊讶的是，在不改变焊接速度的情况下，进一步增大电子束电流有助于焊缝底部的焊缝闭合而不产生缺陷和溅射。焊接的成功率取决于材料（熔池黏度）、熔深、焊接速度（一定的焊接速度下碳素钢会获得淬火硬化的效果）等。换句话说，没有额外的经验，最佳的焊接数据只能通过焊接试验来确定。

虽然人们经常讨论是否可以用数学公式和计算来代替参数设置和试验，但这些讨论都没有能够发挥作用。在焊接任务中，参数设置的首要目的通常是达到工件所需的熔深，而事先的理论计算与所使用的关于穿透行为、能量转换以及在蒸气腔和熔池壁上的物理过程的假设是否相符合，对试验结果没有太多的影响，而且理论计算的目的也不是为了帮助工程师来预测焊接设置参数。

在理论计算中，数学模型都必须简化，以便能够提供近似的工程值。例如，在建立数学模型时很少考虑工件几何形状、焊缝形状、焦点位置、焦距等影响因素。我们已经看到，由于“电子束电流”一词可能导致误解和错误的解释，因此需要一个精确的定义。通常，电子束电流值是通过焊接设备控制面板读取到的，该数值来自于高压发生器的校准分流器。这个读数对于阴极的发射电流来说具有足够的准确性，它不同于焊接过程中到达工件的冲击电流。控制面板上读到的电子束电流与到达工件的冲击电流的值之间存在偏差，因而存在功率损失，这是电子枪内部的结构设计、制造精度、安装精度等造成的电子束的散射引起的。因此，即使显示相同的电子束电流，不同厂家焊接设备的冲击电流也会有所不同。这就是不能仅根据焊接参数就非常精准地重复焊接结果的原因之一。

确定最佳设置参数的第二步是消除外部和内部焊接缺陷，这需要利用束流振荡和/或聚焦振荡等许多措施来实现。例如，可以通过选择振荡的形状和频率来调节焊缝熔池金属的搅拌情况，通过增加焊缝熔池的尺寸，使气孔上升到表面，来抑制焊缝咬边等焊接缺陷。还可以通过降低束流功率和增大束流振荡振幅的方法来对焊缝进行修饰，使焊缝具有光滑的表面，不过在进行焊缝修饰之前必须评估修饰焊缝是否会影响工件质量。

需要用夹具或点焊来固定工件。如果用于后续电子束焊接的填充材料符合冶金要求，则可采用电弧焊或 TIG 焊接。

乍一看，束流参数与材料性能之间的复杂关系似乎难以理解。然而，经过相当多的实际生产经验，得到满意焊接结果所需的试验次数很快就减少了。一旦设置参数被优化，就可以很容易地获得高重复性的焊接质量。这被认为是电子束焊接工艺的突出优点之一。

为避免电子束焊接的焊缝缺陷，给出一些实用建议，如表 6-6 所示。

表6-6　引起焊缝缺陷的原因及对策建议(根据EN 1011-7)

焊缝缺陷① (参考编号 根据ISO 6520-1)	可能的原因	预防措施建议[1]
裂纹(100)	冷裂纹:碳含量过高(碳钢),冷却速度太快	焊前热处理或焊后快速进行热处理,例如通过散焦或电子束快速振荡;降低焊接速度,避免采用收缩约束的结构
	热裂纹:在晶界处析出低共晶体,冷却过程中产生收缩应力	改变焊接速度,修改焊缝几何形状以减少残余应力,如采用径向环焊缝代替轴向焊缝和/或避免采用收缩约束的结构,焊接时添加能影响熔池冶金性的填充金属
弧坑裂纹(104)	焊接结束时由于焊道下凹处的凝固收缩变形而形成的裂纹	对于对接焊缝,放置引出板;对于环焊缝,控制电子束功率的减小(递减)
气孔(2011) 均布气孔(2012)	焊缝接头受到污染	清洁焊缝接头
	由于焊接熔池凝固速度太快,使气化的微量元素和合金元素不能完全排出	散焦;束流振荡;降低焊接速度
	蒸气腔不稳定	散焦;束流振荡;降低焊接速度
密集气孔(2013) 链状气孔(2014)	焊缝接头、材料成分被污染	清洁焊缝接头
	部分穿透焊接形成钉尖	散焦;束流振荡;焦距振荡
	环焊缝焊接在收弧阶段形成钉尖	散焦;束流振荡;焦距振荡
未熔合(401)	由于束流偏心、磁偏转或焊接宽度不够导致的接头未熔合	检查和校正束流;增加焊接宽度
	填充金属的放置不正确或焊接宽度不够,导致焊接接头侧壁未熔化	检查和校正填充金属的位置;增加焊接宽度
	工作室的剩磁或静电效应导致束流偏摆	工件和工具退磁;移走或屏蔽产生静电的区域(如电动机),消除静电效应、磁屏蔽测试束流偏摆,在焊接过程中进行补偿
	焊接异种金属时,热电偶效应产生的磁场导致束流偏摆	进行磁屏蔽或者测试束流偏摆量,在焊接过程中进行补偿
未焊透(402)	束流功率不足,焊接速度过快,焦点位置不合适,设备出现故障	增大电子束电流;降低焊接速度;选择合适的焦点位置;进行事故分析,检修设备
咬边 (5011,5012)	垂直于束流轴线:熔池振荡、表面张力和表面黏度的相互作用	束流振荡;散焦;改变焊接速度;采用修饰焊
	平行于束流轴线:熔池振荡、重力、表面张力和表面黏度的相互作用	束流振荡,散焦;改变焊接速度;采用修饰焊
焊缝超高 (502)	横向收缩,特别是在非穿透焊时	采用修饰焊;焊前准备时倒角
	材料向焊接反方向迁移	对于对接焊缝:采用引入板 对于环焊缝:控制电子束功率的增加(递增)
塌陷(504)	重力和横向收缩	调整焊接工艺;焊接接头设计;采用修饰焊或背面修饰焊

① ISO 6520-1采用“imperfection”,以与“defect”(ISO 6520-1定义为“unacceptable imperferction”,即不可接受的缺陷)一词相区别,本书统一采用“缺陷”。

续表

焊缝缺陷（参考编号根据 ISO 6520-1）	可能的原因	预防措施建议[1]
错边(507)	定位和(或)刀具加工不当,机械加工不正确	改变装配工艺;仔细检查接头
未焊满(511) 根部凹陷(515)	重力和熔池小孔中的蒸气压力共同作用以及过大束流引起材料喷溅	调整焊接工艺;采用修饰焊或背面施焊;水平焊接
焊接飞溅(602)	从顶部和焊根头产生喷溅	调整焊接工艺;背面施焊;采取飞溅保护措施,或采用飞溅去除剂使飞溅物不能粘在工件表面上,能将其顺利去除

注:预防措施的选择,以及消除不能接受焊缝缺陷的性质和程度是根据用户标准或经双方另行协商确定的。

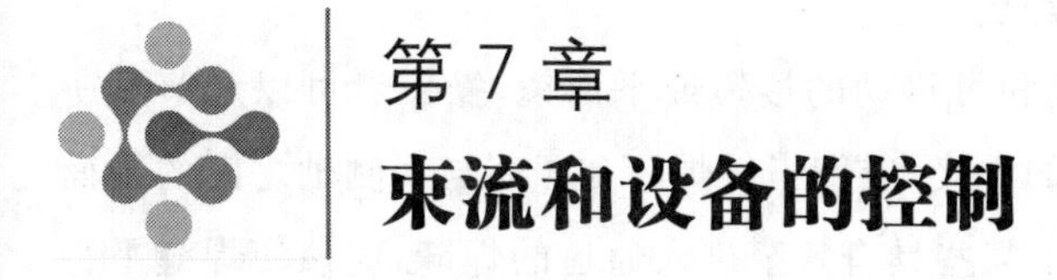

第7章 束流和设备的控制

7.1 概述

电子束焊接加工相对于其他类型焊接的优势不仅在于其高功率密度，而且在于其灵活的控制方式，焊接设备可以集成到工厂产线中。其优点具体如下。

（1）电子束和阴极加热校准在焊接开始时自动进行，在焊接过程中可多次重复，无须操作者干预。这确保了设置参数始终保持高度稳定。

（2）电子束可以实现瞬间精确地偏转、打开和关闭，在工件上可以对焊接的开始和结束时刻或者位置进行精确的调节（特别是在环焊缝的焊接中）。例如，在电弧焊接过程中电弧必须有一个被点燃的时间过程，而电子束则几乎没有这个时间过程。

（3）电子束焊接设备的控制系统可以像普通机床一样集成到自动化生产线中，所有参数都采用电气控制。

（4）由多个传感器监控来自焊接过程的信号，并在预先设定的公差范围内调节所有相关参数。

（5）电子光学观察系统自动引导工件或电子束运动到焊缝处，如果需要，还可以补偿工件运动预期位置的偏差。

此节将介绍电子束焊接设备控制的基本原理。电子束焊接设备可以实施许多不同的焊接任务，而且设备的操作非常有效且符合人体工程学。虽然控制装置只能监测焊接过程的一些外部参数，并间接地改变蒸气腔的动力学行为，但它有可能建立具有高重复性操作参数的最佳条件，确保质量的一致性。

大多数现代电子束焊接设备和束流控制设备都具有电子光学观察系统，电子光学观察系统在控制系统中的操作不同于普通光学观察系统。下面将描述这两种方法，并解释其差异。

7.2 光学和电子光学观察系统

可以在所有电子束焊接设备上安装光学和电子光学观察系统。操作者需要用它来观察工件状况，确定光束焦点的位置，并将工件的焊缝位置与光束轴和束斑对齐。虽然这里描述的大多数电子束焊接设备和束流控制单元都只配备了动态偏转系统所必需的电子光学观察系统，但我们还需要了解光学观察系统的原理。

光学观察系统有单独照明的透镜系统和可移动的棱镜或平面镜，操作者可以调节到所需的焦距，如图 7-1 所示[29]。对于窄间隙的焊接，应使工件焊缝和照明与观测轴之间的平面相平行，否则可能无法进行光束定位。对于某些具有狭窄进入通道的焊缝，应该使焊缝平行于照明系统和观察系统组成的平面，否则可能会因为灯光照射，狭窄通道产生阴影而遮挡住焊缝，这样在观察系统中就无法找到焊缝。观察系统的目镜按照操作者的使用习惯放置在工作台上方并且可以根据观察者的需求进行一定幅度的移动，以便操作者能轻松地完成焊接任务。通常还会在工作室上方安装额外的监控相机，并且通过信号线把视频信号传输到安放在工作台或者操控面板上的显示器中，这样通过显示器就可以对焊接过程进行实时监控。在焊接前可以在观察系统内放入遮挡玻璃，以防止靠近焊接过程的光学元件被金属蒸气或者飞溅的金属液损坏。在工作室处于正常大气状态时，可以取出遮挡玻璃进行更换和清洗。为了方便调节照明系统光线的强弱，有时候也在照明系统下方加入滤光片，通过调节滤光片的角度来控制透过滤光片的光线的强弱。

大多数现代电子束焊接设备都配有电子光学观察系统，如图 7-2 所示[29]。该系统采用了安装在工作室内的传感器，该传感器可以吸收焊接过程中反向散射的电子。反向散射电子能量的强度不是均匀分布的，而是取决于工件材料和表面状况。如果电子束在工作区域内进行振荡扫描，传感器就会检测到由焊缝位置导致的不规则反射电子，并且通过系统分析后在监视器上以图像形式显示出来，并将生成的命令信号传输到其他过程控制系统中。

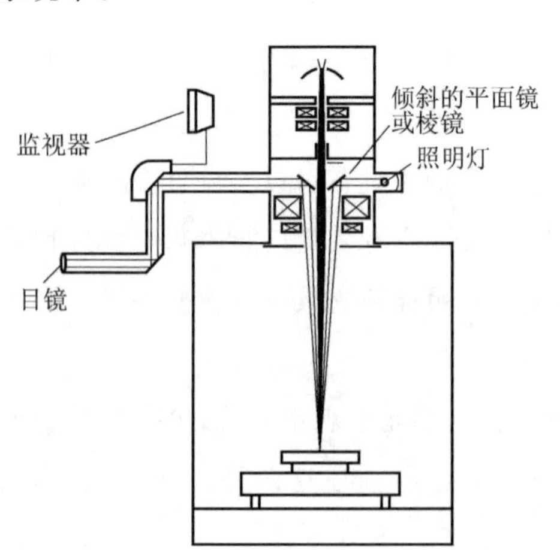

图 7-1　基于 DIN32511 的光学观察系统

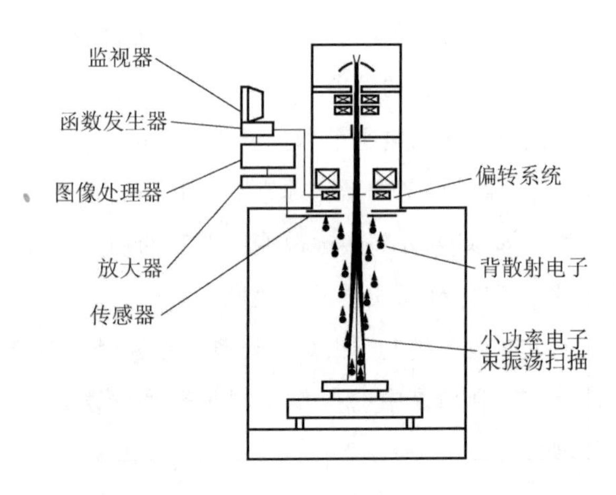

图 7-2　基于 DIN32511 的电子光学观察系统

7.3 束流的自动调节

通过特别开发的计算机程序，采用最新的技术，可以实现以下自动调节过程：

(1) 电子束合轴；

(2) 电子束像散校正；

(3) 束流截面形状可视化；

(4) 根据最小光束直径下的焦距确定聚焦电流（即使在光束能量较高的情况下也可以实现）；

(5) 通过调节焦距的函数来校正振幅。

7.3.1 自动合轴

根据 3.1.1 节所述，电子束在加工前必须合轴，使电子束轴线与聚焦透镜的磁场轴线精确对齐。否则，当束斑焦距改变时，束斑形状不会是圆形的，并且会向一侧漂移，从而使焊接过程受到功率密度分布不均匀的不利影响，最终影响焊接质量，如图 7-3(a)所示。通过自动对中，电子束可以在几分之一秒内自动聚焦到目标上。改变后的束流图像由计算机保存和评估，并作为校正命令发送给合轴系统的电磁线圈。这种自动对焦距离的改变和评估会重复几次，直到达到焊接所需的光束对准要求，如图 7-3(b)所示。

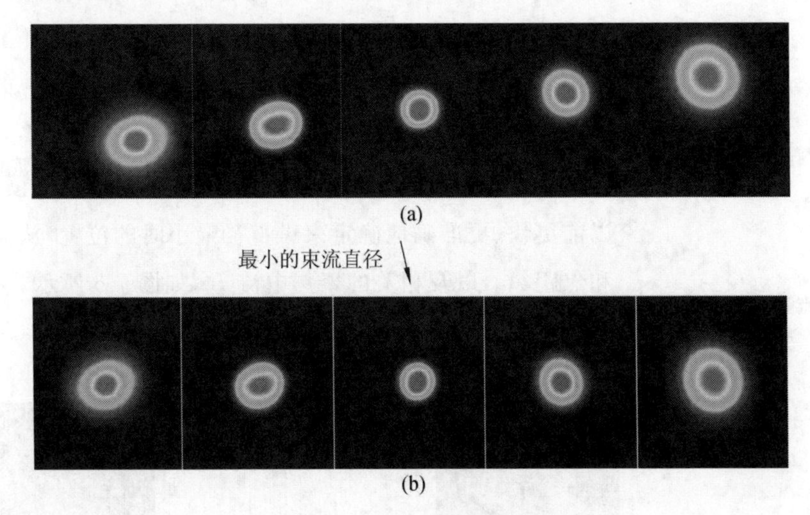

图 7-3 束流自动合轴顺序

(a) 束斑散焦后发生横向运动——电子束的轴线与聚焦透镜的磁场轴线不一致；
(b) 束斑散焦后未发生横向运动——电子束的轴线与聚焦透镜的磁场轴线一致

7.3.2 自动的像散校正

如 3.1.2 节所述，所有轴向束流在水平面上的孔径角不相等，意味着存在像散误差，这对焊接过程有着不利的影响。与束流自动合轴相似，通过传感器对目标束斑进行图像处理可以实现自动像散校正。测量束流圆截面的偏差，并将其转换成控制指令，再发送到像散校正线圈，如图 3-6 所示。将该像散校正线圈的磁极排列形成的电磁力拉离或压向电子束的截面，直至束斑恢复圆对称，如图 7-4 所示。重复该操作多次，并在监视器上显示。

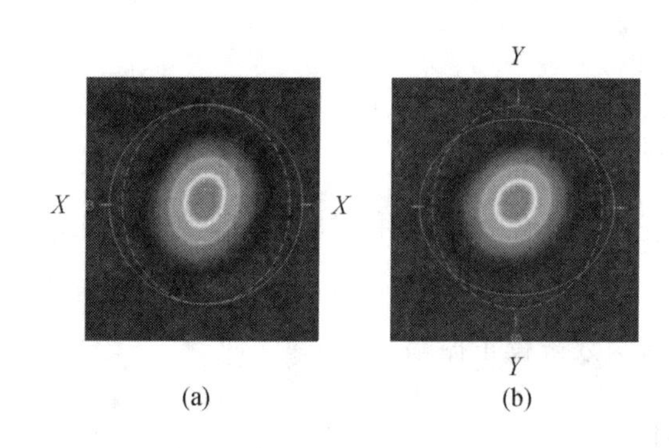

图 7-4　电子光学观察系统利用带像散的电子束和目标反射的光拍摄的照片

(a) X 方向上发生像散的影响；(b) Y 方向上发生像散的影响

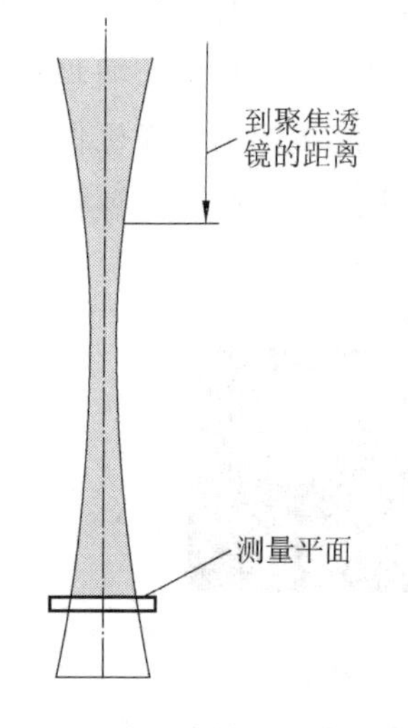

图 7-5　束流直径的自动测量

7.3.3　自动调焦

如 6.4 节所述，焊接结果与焦点在工件表面上的聚焦位置密切相关。传统方法是通过对工件上光斑大小和强度的主观目视检查来确定焦点位置的，因此存在相当大的误差。利用带自动对焦装置的电子光学观察系统，电子束可以在不到 1 s 的时间内多次聚焦到目标上，因此即使在高功率的电子束下目标块也不会熔化。观察系统的传感器结合聚焦电流，获取快速变化的束流光斑直径，如图 7-5 所示。通过观察系统的读数，可以比以前更快、更准确地确定束斑直径最小时的位置，从而确定焦点和焦距 A_F，以及相关的聚焦电流 I_L，如图 7-6 所示。

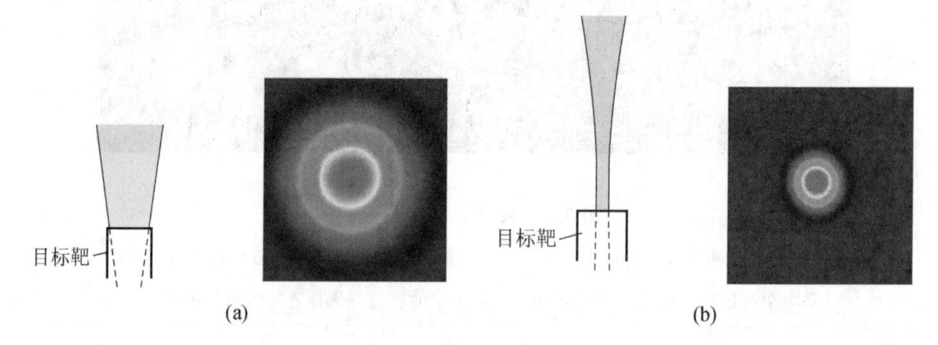

图 7-6　电子光学观察系统利用电子束和目标靶反射的光拍摄的照片

(a) 散焦；(b) 聚焦

7.4 焊缝跟踪系统

7.4.1 概述

由于电子束焊缝较窄,因此需要将电子束轴线精确对准工件焊缝(偏差小于 0.1 mm)。在最简单的情况下,如果在焊接前工作室仍处于打开状态,则可以通过光学观察系统的十字线来监视运动状态下工件焊接接头的位置,并在必要时进行调整。沿整个焊缝长度方向运动时,可能发生偏离初始位置较大的情况。造成这些偏差的原因有:

(1) 接头预处理不充分;

(2) 部件在工作台运动轴长度方向上存在偏差;

(3) 旋转工件未夹紧导致其出现径向偏差(椭圆度)和偏心(旋转);

(4) 夹紧力过大引起工件变形。

如前所述,当低功率的电子束高速扫描工件表面(工作室被抽真空)时,工件中不会有大量的热输入,同时传感器从工件表面吸收反向散射的初级电子。如图 7-7 所示,本来均匀的反向散射在焊缝处被打断。根据中断强度,传感器测量电压降并记录电子束的实际位置。这样就确定了接缝位置,如图 7-8 所示。这个中断信号指示焊缝的位置,并作为控制命令被输入偏转系统或工件运动机构。

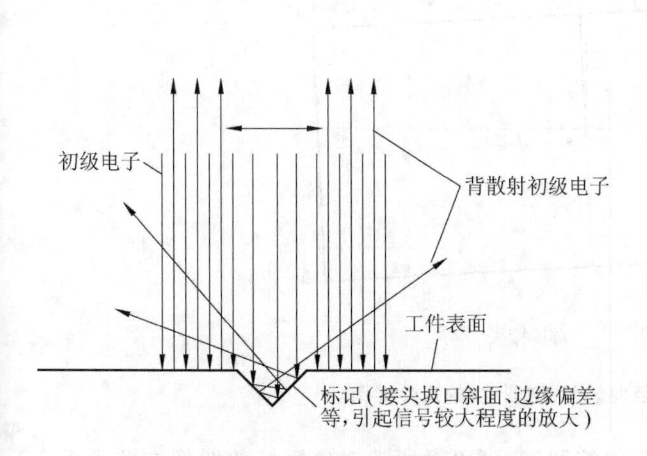

图 7-7 初级电子反射中断,被电子光学观测系统用作焊缝跟踪测量信号

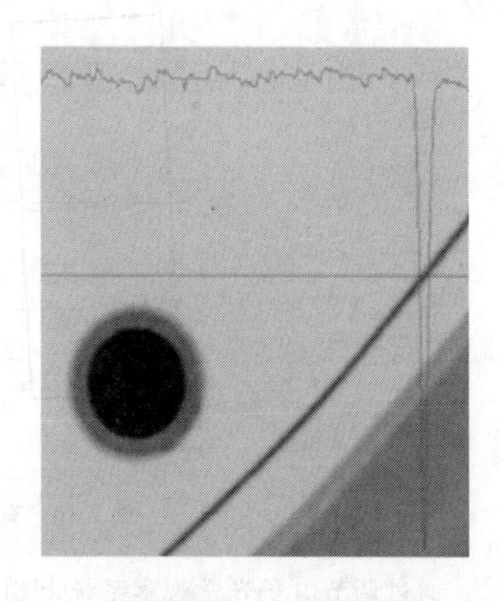

图 7-8 在经过焊缝时电子反射中断的例子

如果焊接要在更高的速度下进行,系统也会捕获工件的位置误差,并将其与束流偏差和工件运动的信号一起保存,从而可使用惯性力模型(滞后距离补偿,见 7.4.3 节)进行更大幅度的校正。同样,系统也可以检测到来自工件的磁场,磁场会导致束流的位置发生显著变化。自动焊缝跟踪系统会记录这些偏差,并将其转换为焊接过程中合适的控制命令。

图 7-9 说明了要焊接一个纵向轴线与工作台的 X 运动方向不一致的接头所面临的挑战。在这种情况下，接头的开始和结束位置由观察系统存储。电子束焊接开始时，计算机同时控制 X 和 Y 轴的移动，使偏转的电子束沿着接头对角线方向行进。

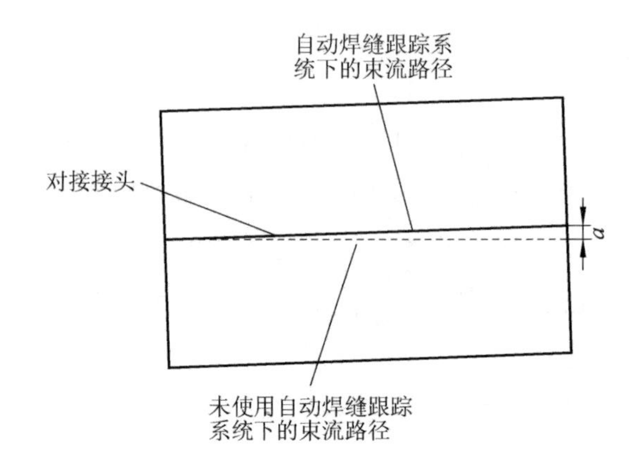

图 7-9　纵向轴线与工作台的 X 运动方向不一致的对接焊缝自动跟踪实例

图 7-10 所示为有径向偏差(椭圆度)的工件实例，图 7-11 所示为有中心偏差的环焊缝实例，图 7-12 所示为有径向偏差(椭圆度)的环焊缝实例。对于所有有中心偏差的环焊缝，只需要将中心 M_1 和 M_2 的坐标，以及环焊缝的直径 d_R 输入计算机即可。焊缝跟踪系统会自动控制和偏转电子束来调节焦距和加速电压。

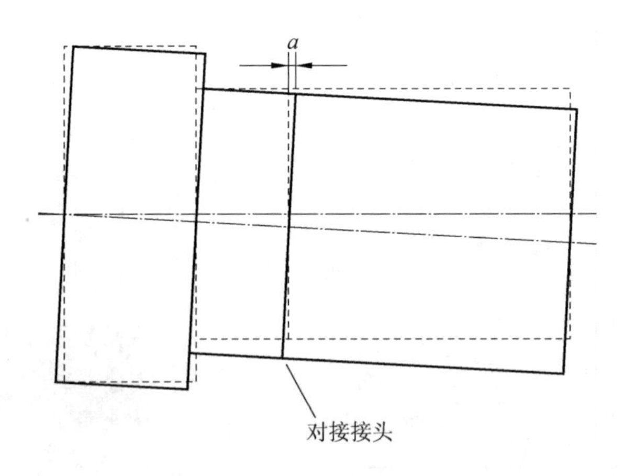

图 7-10　有径向偏差(椭圆度)的工件实例

通过调节电子光学观察系统上相关的控制键，可以对所选对象区域的图像在监视器上进行图像文件的创建和查看。与普通光学观察系统相比，电子光学观察系统对表面结构具有更高的分辨率和更清晰的对比强化。

焊缝与基材在加工后仍会出现亮度差异，图像数据可保存在计算机程序中以进行进一步的控制操作。

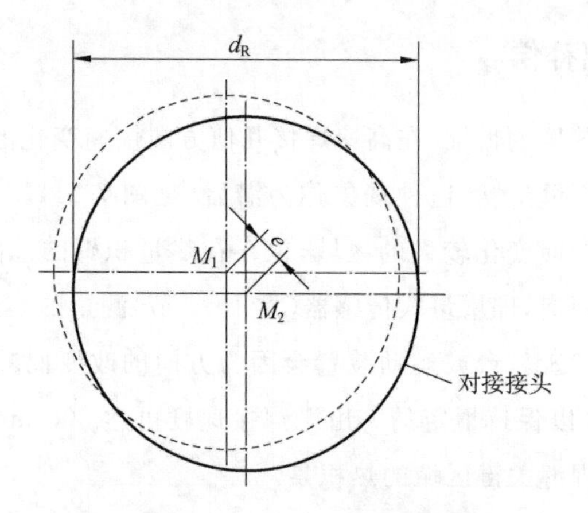

图 7-11　有中心偏差的环焊缝实例

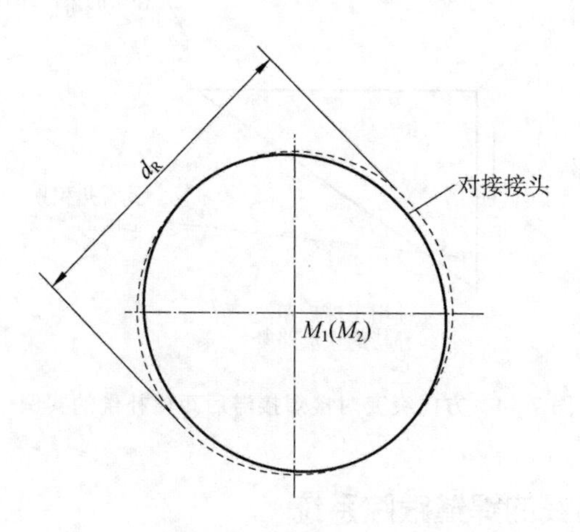

图 7-12　有径向偏差(椭圆度)的环焊缝实例

7.4.2　示教和回放程序

利用上述电子光学观察系统,自动焊接不仅可以实现与标称位置有偏差的接头的焊接,而且可以自由地组成几何形状不同的轮廓,如图 7-13 所示。在这种情况下,最好是用观察系统的十字线手动确定焊缝位置,并将坐标保存在控制面板上(示教)。然后由计算机根据指定的坐标("回放")控制设备的运动。对于弧形轮廓,不需要进行多步测量,给定输入弧的起点、终点和圆周半径就足够了。

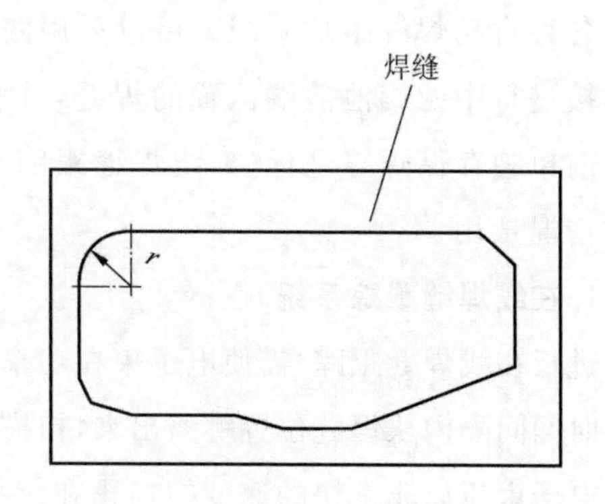

图 7-13　具有复杂焊缝路径的工件

注:适用于利用示教和回放程序来对焊接路径进行编程。

7.4.3 滞后距离补偿

由于工作台或运动装置的惯性，在高速焊接几何方向快速变化的部件时，预定的部件运动通常不能正确地跟随焊缝形状，这种现象称为滞后（见图 7-14）。在这种情况下通常容易产生有缺陷的焊缝。在方向变化较大的区域，也存在热量积聚的危险。采用电子光学焊缝跟踪技术能够补偿滞后距离，即增量式传感器（见 10.5 节）测量的实际工件位置与电子束编程位置之间的偏差。虽然工作台或运动装置会因为方向的改变而减速或加速，但有了滞后距离补偿，焊接速度是可以保持恒定的。由于焊接速度可达 300 mm/s，因此计算机控制的束流偏转也可以减少在焊缝关键区域的热积累。

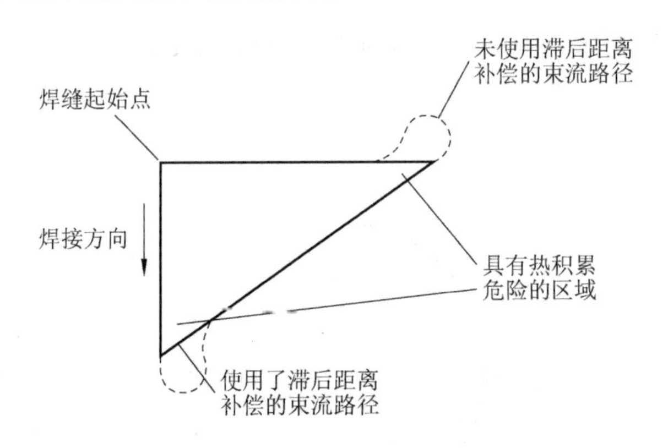

图 7-14 方向突变对接焊接滞后距离补偿的实例

7.4.4 在线和离线的焊缝跟踪系统

在焊接过程中，采用动态偏转系统的电子光学观察系统的另一大优点是，它可以用来改进各种自动焊缝跟踪系统。可以采用两种方法：① 由焊缝跟踪系统通过高频电子束扫描焊接进行中的熔池前端位置的焊缝，并将坐标记录存储起来（在线焊缝跟踪）；② 在焊接之前单独存储焊缝坐标（离线焊缝跟踪）。这两种方法各有优点和缺点，在实践中应按具体情况选用。

1. 在线焊缝跟踪系统

进行在线焊缝跟踪，需使电子束在功率不变的情况下发生偏转，方法是使电子束流在极短的时间间隔内从焊缝位置跳离出来，扫描对接接头，再迅速跳回熔池。采用了动态偏转系统的电子束流以非常快的速度扫描正在焊接的焊缝前段，熔池因为过程惯性而不会发生中断。如果焊接方向快速变化和/或工件表面质量较差，焊缝跟踪系统就有可能被焊缝缺陷或焊接过程中突然发生的炸坑危险所“混淆”。因此，在进行在线焊缝跟踪时应该同时使用附加的“有效性检查”功能。这种方法适用于焊接方向变化小（工件变形小）的接头。

2. 离线焊缝跟踪系统

为了进行离线焊缝跟踪，在焊接开始前系统应以低功率的电子束流扫描焊缝接头。由于电子背散射系统甚至可以识别光学系统无法探测到的接头，因此不再需要用接头倒角来增强边缘的细节，也不再需要额外的参考线。电子束按照计算机评估和存储的数据(包括以后出现的任何焊缝偏差数据)来进行焊接运动，如图 7-15 所示。如果焊缝接头的尺寸精度要求较高，且焊接方向改变的角度大于 45°，或工件表面有划痕或凹槽，从而导致跟踪系统定位不正确，系统将立即予以识别并纠正，以避免出现焊缝缺陷。虽然离线焊缝跟踪系统需要进行两次单独的操作(第一次单独操作中，电子束高速扫描焊缝区域；第二次单独操作中，计算机根据第一次的扫描结果控制电子束进行焊缝焊接)，但离线焊缝跟踪显然是最安全的方法，并且得到了普遍应用。

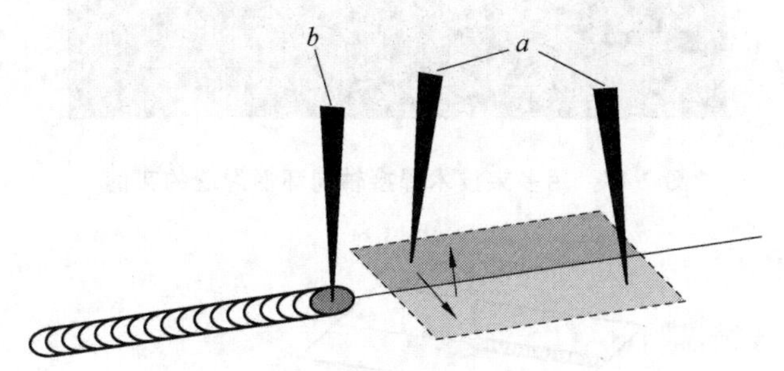

图 7-15　离线焊缝跟踪焊接示意图

7.5　多束焊接

电子束能够在数千赫兹的频率范围内发生偏转这一现象，直接促使新的焊接应用，以及异种材料组合焊接出现。在高速偏转下，电子束在多个不同位置之间快速移动，多条焊缝的焊接看起来就像是同时进行的一样，如图 7-16 所示。高的偏转速度一方面保证了几条焊道之间的束流功率不变(几条焊道之间的金属表面不会出现熔痕)，另一方面由于熔池的惯性，也保证了三条焊缝的焊接过程是不间断的。正是由于其非常高的偏转速度，一个电子束可以同时进行几个位置的焊接。现在多束技术正在大规模应用，以减少焊接时间，如图 7-17 所示。

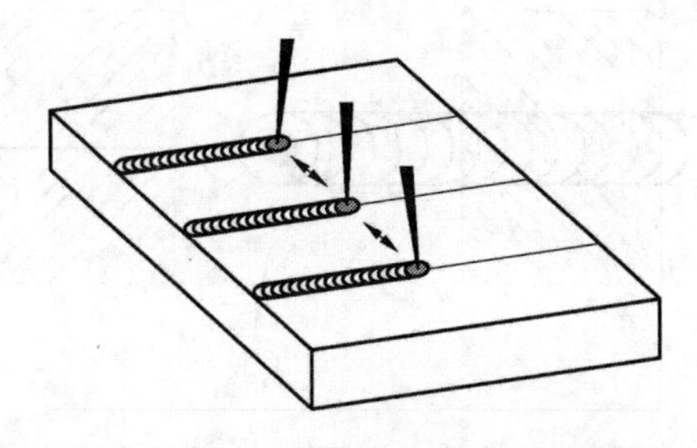

图 7-16　多束技术应用的一个例子：高速偏转的电子束同时进行三条焊缝的焊接

此外，不同焦距或不同聚焦位置的焊缝也可以用高度动态聚焦的方法一起焊接，如图 7-18所示。

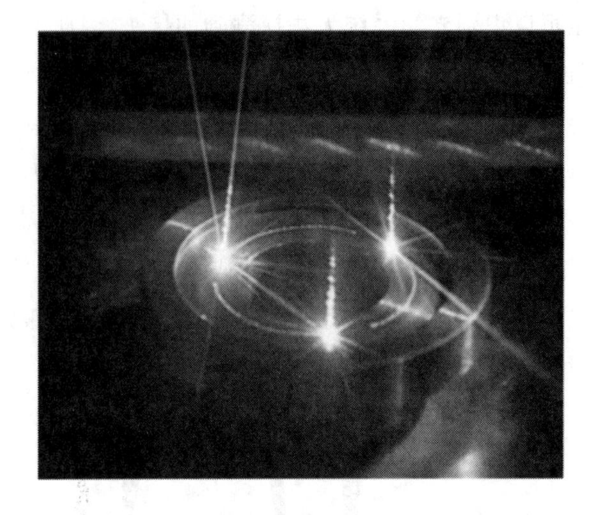

图 7-17　用多束技术焊接轴向环形焊缝的实例

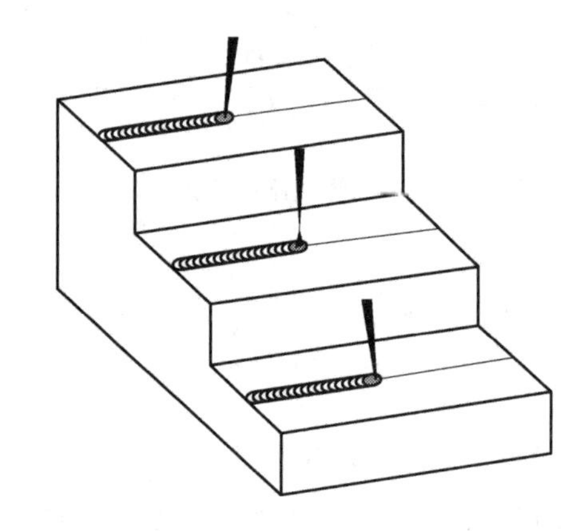

图 7-18　不同焦距、不同聚焦位置的多道焊接

高速偏转的电子束也可用于冶金困难金属(最大焊深 3 mm)的焊接、焊缝修饰、预加热或后加热。图 7-19 所示是多束多进程技术应用实例。

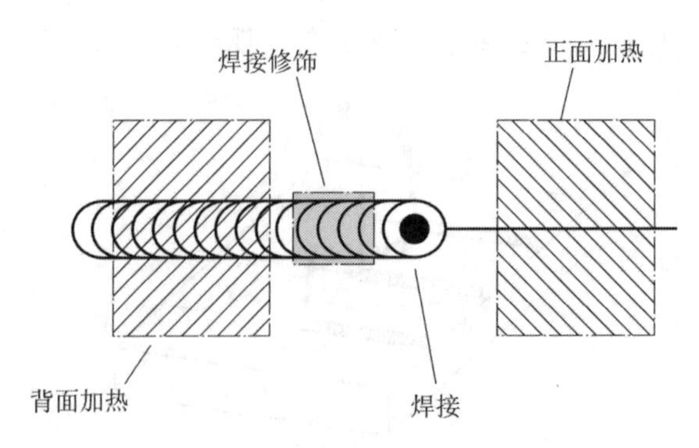

图 7-19　多束多进程技术的应用实例

7.6 加热电流控制

阴极加热过程的意义见2.5节。早期的设备操作人员在阴极更换和操作中断后必须手动调节所需的加热电流，而现在这项工作是自动进行的。调节了阴极加热电流是因为考虑了束流源空间电荷的变化情况，这样可以最大限度地延长阴极的工作寿命。

图7-20显示了电子束电流I_B对阴极加热电流的依赖性。控制器设置初始值I_{H1}，然后初始值随着阴极电阻的变化而变化，接着加热电流逐渐减小到I_{H2}，I_{H3}，…，同时控制系统测量电子束电流I_B。如果控制系统检测到电子束电流减少值为ΔI_B，那么在加热电流值为I_{H4}时，这个阴极优化过程会自动中断。然后，系统会根据束流设定值下所需的空间电荷的数量来自动调整最佳加热电流，例如I_{H2}值。在保持恒定加速电压的同时，如果要保持电子束电流I_B不变，那么加热电流下降到I_{H3}是比较合适的，因为加热电流增加到I_{H1}时，虽然电子束电流也可以达到所需要的大小，但是阴极的使用寿命会缩短，相比之下，同样能使电子束电流I_B达到所需要大小的最小的阴极加热电流才是最合适的加热电流。

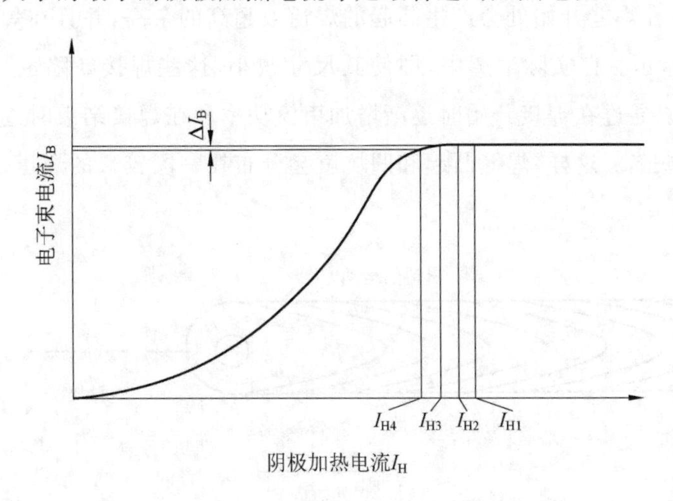

图7-20 电子束电流与阴极加热电流的关系

7.7 束流控制

如6.3节所述，电子束电流对焊接结果有重要影响。当需要焊缝厚度发生变化和需要控制环焊缝的收弧时，束流控制就是非常有必要的了，后面章节会有解释(见7.8节)。根据观察，一般对于全熔透焊接，一部分束流必须穿过工件背面焊道的金属熔滴进入工件下方的法拉第筒中，因此穿透电流应该是可控的变量。但在实际应用中，穿透电流与焊缝成形之间的关系非常复杂，不可能为这种方法开发一个足够安全的过程控制系统[30]。目前，正如图7-21所示，对于变厚度的工件，其焊接路径坐标可以按照对应厚度所需的电子束电流从A

到 D 进行编程，从而可以根据时间或距离的指令进行可靠焊接。

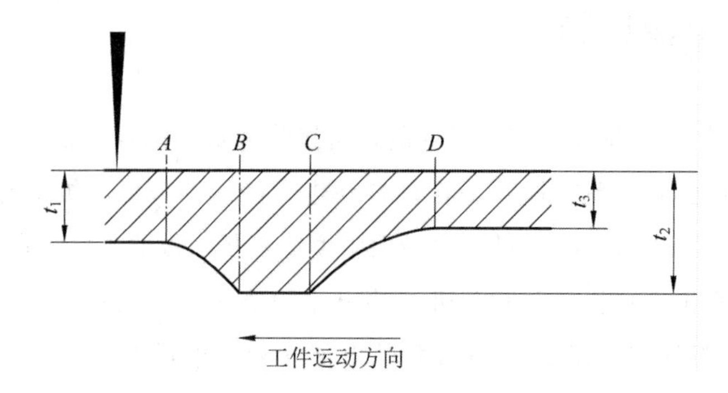

图 7-21　利用距离编程实现从坐标 A 到 D、厚度从 t_1 到 t_3 的变壁厚工件的焊接实例

7.8　斜率控制

在电子束焊接中，蒸气腔四周材料的运动方向与焊接方向相反，如图 7-22 所示。当电子束不受控制时，在焊缝开始处会产生凸起的焊道或超高的余高，并且在焊缝结束处会形成凹坑，如图 7-23 所示。在实际生产中，即使其尺寸减小，这些焊接缺陷也是不可接受的，必须予以消除。可以通过在焊接开始时逐渐增加束流功率和在焊接结束时逐渐减小束流功率来消除这些焊接缺陷。这样，焊缝凸起和凹坑就会分布在一段较长的焊道上，使上表面不再有此类缺陷。

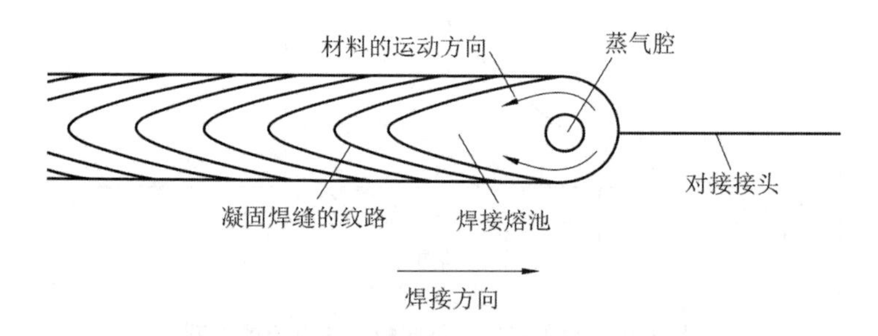

图 7-22　电子束焊接中蒸气腔四周材料的运动

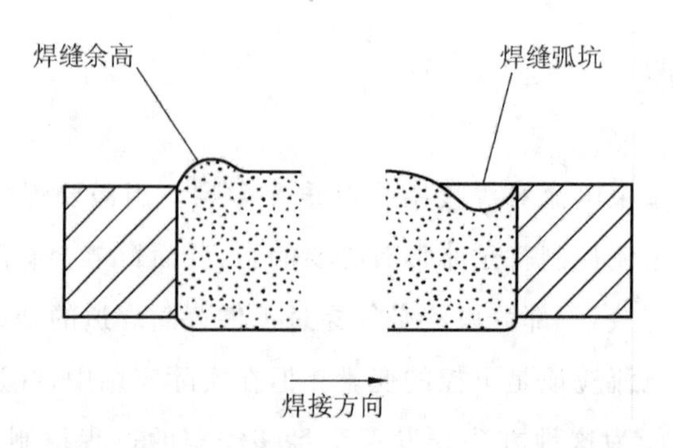

图 7-23　焊接中未合理控制束流功率导致起弧处形成超高余高，收弧处形成凹坑

焊接设备安装了自动斜率控制装置，以调节束流功率的大小。图 7-24 为环焊缝焊接中处于不同阶段的截面。当电子束焊接设备打开时，起始点控制要么从零度角开始，要么从焊接起始时间开始。

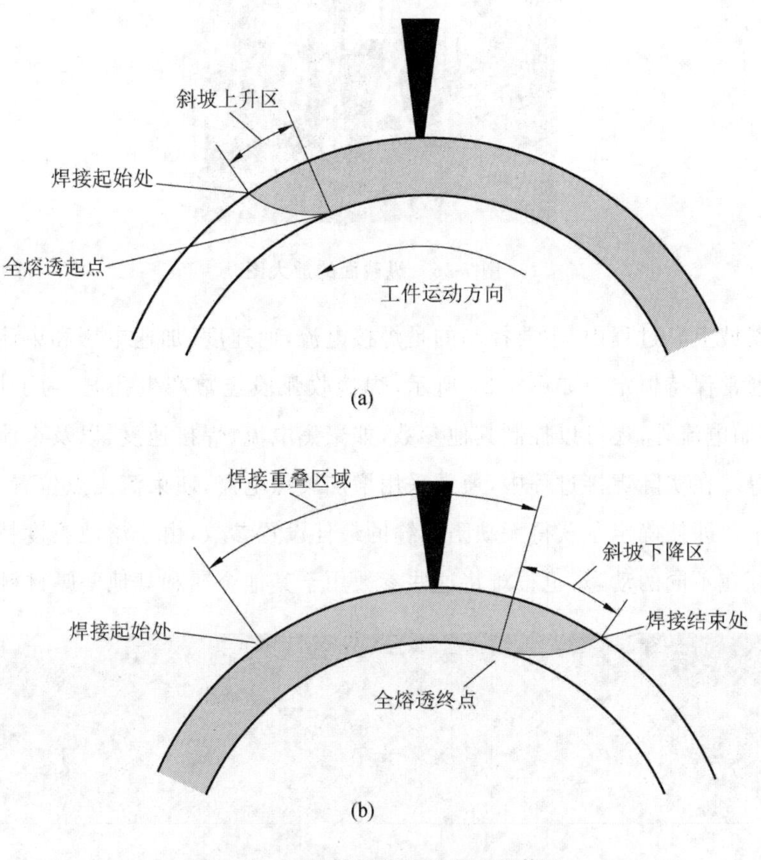

图 7-24　环焊缝焊接的不同阶段截面

(a) 环焊缝的开始阶段截面；(b) 环焊缝的结束阶段截面

控制系统从起始点开始逐渐自动增加电子束电流，直至焊缝完全熔透。这个焊缝区域称为斜坡上升区。工件旋转 360°后，通过对材料进行重熔，消除起弧段的缩孔，形成重叠区。为了确保缩孔被完全消除，重叠部分要比斜坡上升段长得多。重叠结束时，束流功率在系统控制下逐渐减小。如图 7-25 和图 7-26 所示，全熔透焊缝现在转变为部分熔透焊缝，此时蒸气腔内的压力和动态条件发生了改变，从而导致钉尖缺陷的产生。从搭接开始到焊接完成的焊缝区域称为斜坡下降区，这也是环焊缝中最难焊接的部分。

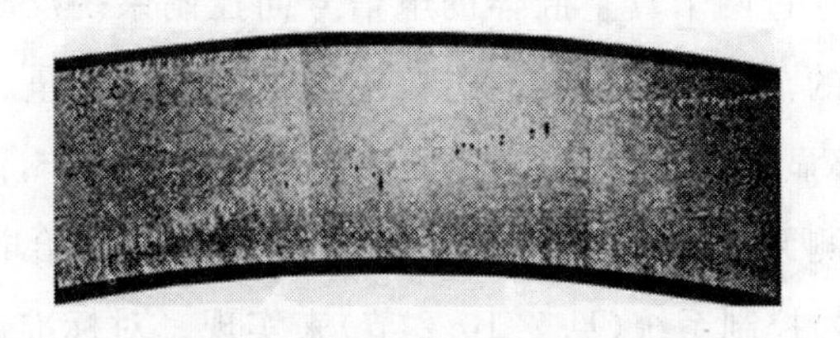

图 7-25　有缩孔的斜坡下降区

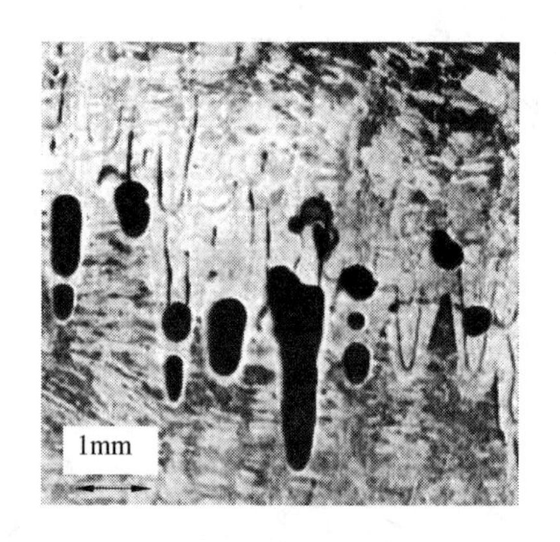

图 7-26　纵截面的放大图

在焊接斜坡上升过程中，主要控制的是焊接电流，而速度、加速电压和束流的振荡形状、振幅和频率通常保持恒定。如图 7-27 所示，焊接收弧段经常产生孔洞，为了抑制这些焊缝缺陷，除了控制电流外，还可以控制其他参数，如聚焦电流、焊接速度，以及束流的振荡形状、振幅和频率等。在实际焊接过程中，通常采用增加聚焦电流，使束流焦点位置升高的方式来提高焊缝质量。即使确定了获得无缺陷焊缝的最佳设置参数，由于熔池黏度特性不同，蒸气腔和熔池中存在不同的动态，也很难将这些参数用于其他金属和其他壁厚材料的焊接。

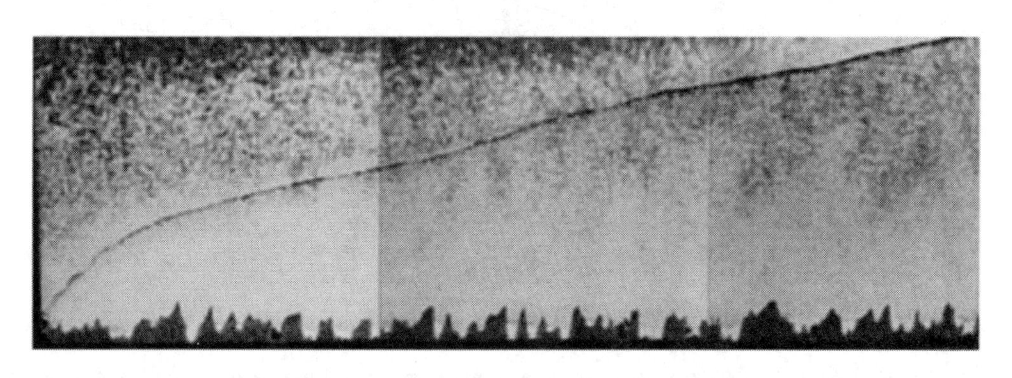

图 7-27　无缺陷焊缝收弧段的纵截面(明亮的部分为焊缝与基材之间的边界)

7.9　真空泵的控制

电子枪和工作室抽气需要不同的泵，电子枪和工作室之间的阀门也必须按照特定的程序打开和关闭。真空计通过两个真空腔体的电信号向控制系统反映实际气体压力，可使每个泵都能在其最佳性能的范围内工作。通过监测泵的冷却水流量、空气量和阀门的供给电源，泵的控制系统也能够显示错误信息，避免产生任何错误的操作，同时可以监测工作时间，以便定期维护保养。监测泵的冷却水流量、空气量和阀门的供给电源，监测工作时间可由 PLC(可编程逻辑控制器)控制系统(见 7.10.2 节)来实现。对标准设备的操作者来说，唯一剩下的手动任务就是控制泵组的抽气和充气。在现代焊接设备中，泵的控制系统集成在设备控制器中,即真空泵组在焊接过程中可自动切换。有关详细信息请参见 10.6.3 节。

7.10 完整的控制系统

7.10.1 概要

早期焊接设备的控制设备由继电器、接触器和其他简单的电子元件组成,这些元件是通过接线刚性地连接在一起的,只有在硬件能够改变的地方才可以改变其工作程序。然而,如果微处理器控制系统需要更改,则不需要重新接线,只需要修改软件即可。已经存储在半导体存储器中的程序允许使用相同的组件控制许多功能的实现,其中一种组件是可编程逻辑控制器(PLC)。如果要实现更复杂的控制功能,例如焊接空间弯曲焊缝或多束焊缝,则需要通过计算机来确定必要的步骤,并自动执行特殊程序。这种方式称为计算机数控,缩写为 CNC。

7.10.2 PLC 控制

高性能模块的 PLC 控制器具有逻辑和/或顺序控制功能,可按照预定的程序控制电气设备和机械轴及焊接设备、外部器件,例如高压电源、真空系统,并可在适当情况下控制加载和卸载装置,见表 7-1 和图 7-28。

表 7-1 PLC 控制轴、机械设备、焊接数据采集的实例

控 制 对 象	数据采集对象
电子轴	加速电压; 电子束电流; 聚焦电流; 偏转电流; 焊接速度
机械轴	工作台 X、Y、Z 方向的运动; A、B、C 轴的旋转运动
设备	真空泵组的自动控制; 过程状况的监测; 过程中断诊治; 维护信息
焊接数据采集	电气、机械、真空部件指令的输入; 显示的设置值和实际值; 存储和文档化的实际值; 显示的超限值; 检索的焊接程序(如果控制参数彼此独立); 重复焊接数据

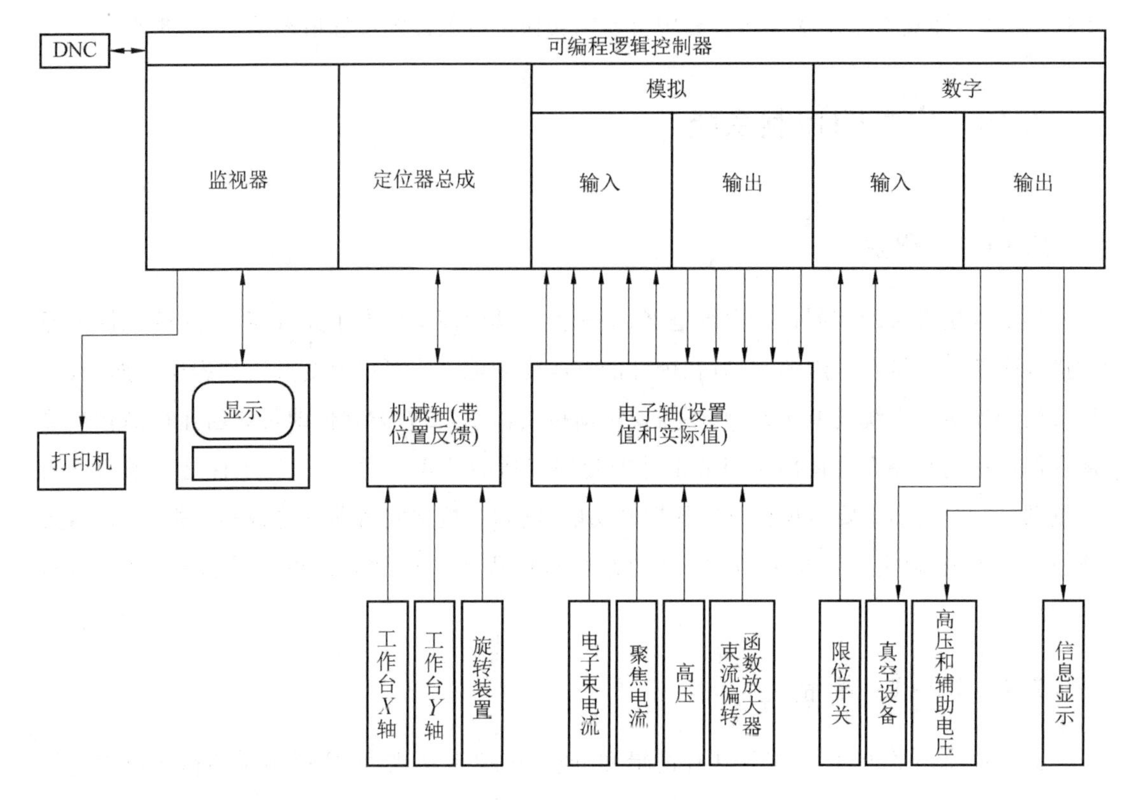

图 7-28　PLC 控制系统原理图

7.10.3　CNC 控制

在可编程逻辑控制器中,命令和实施是逻辑相连的。一旦命令完成,接下来的命令将根据存储的程序自动执行。因此,在焊接过程中可以同时相互联动地控制几个参数,包括不同时间或空间弯曲接缝处的束流偏转参数,如图 7-29 所示。数字控制是工件运动与其相关参数设置之间的一个重要环节,PLC 和 CNC 控制系统可以协同工作,如图 7-30 所示。

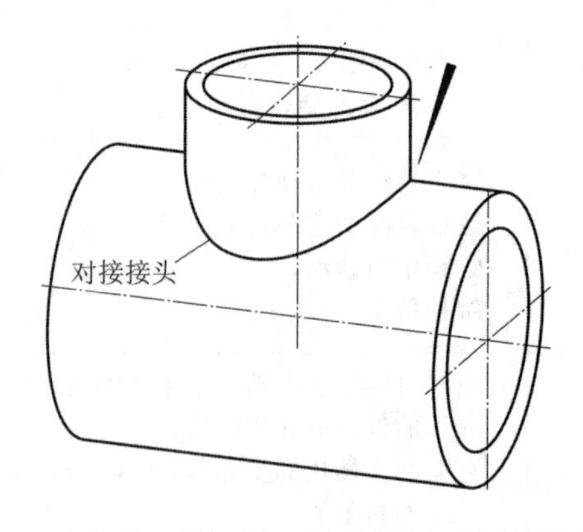

图 7-29　数控系统控制多个机械轴和电子轴的实例

虽然针对电子束焊接设备开发了专门修改过的数控控制器,但标准控制模块仍然适用

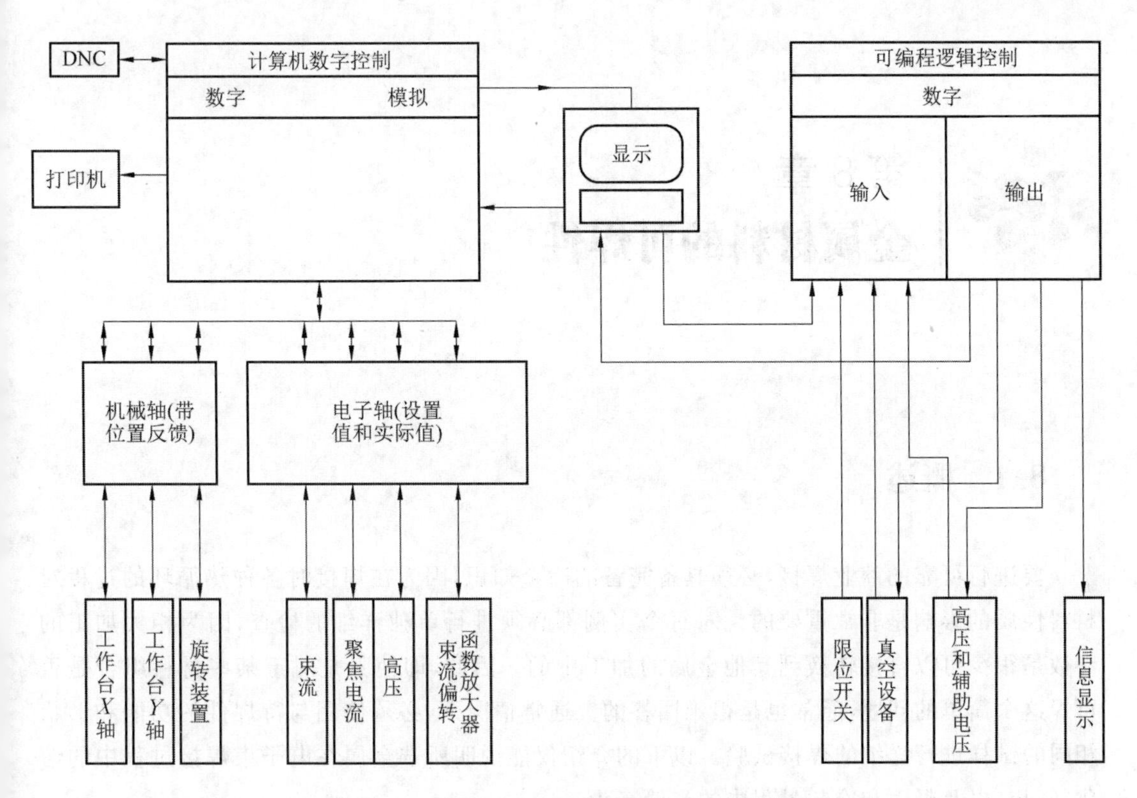

图 7-30 PLC 和 CNC 控制系统的协同工作方案

于机床和生产线的联网。

数字控制单元的最佳性能是通过使程序计算机的命令发送到轴上的时间间隔尽可能小,以及实际值和设定值的比较和调整来实现的。电子束焊接设备的周期时钟应小于2 ms。另外计算机读取命令所需的时间如果大于循环时间,则计算机在读取新命令时必须跳过循环,等接收到轴命令才能进行通信。

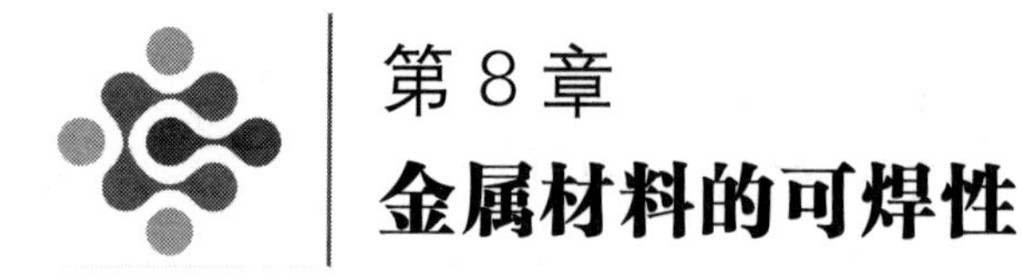

第8章 金属材料的可焊性

8.1 概述

要进行可靠的商业焊接，必须具备完备的冶金知识，因为在焊接时各种热循环的过程对材料性质的影响是非常重要的。对每个实例都必须进行单独详细的检查，因为相关加工的参数是很少可以直接转换到其他金属的加工中的。因此，即使只是对于某些材料组合是否可焊这个简单的问题，通常也是很难回答的。通常情况下，必须使用与待焊件的功能和形状相同的试样进行详细的焊接试验。以下的介绍仅能说明所选金属在电子束焊接过程中的熔化、气相，以及凝固和冷却过程中的一般行为。

必须特别强调的是，工件的可焊性仅部分取决于材料的可焊性。根据 DIN 技术报告[31]，工件的可焊性还取决于工件的焊接可靠性和实际生产中设备的焊接能力。

8.2 过程相关影响

8.2.1 熔化和气相

在焊接过程的开始阶段，被电子击中区域的材料在几毫秒内熔化并部分蒸发。在束流对钢的冲击位置，高温测量装置测量到的温度超过 2800 K[2]，而蒸气腔内的温度约为 3800 K[31]。这种快速加热过程对材料性能的影响有限，因为受影响的材料区域保持这一温度的时间非常短。而对这种金属材料因为被加热到极高温度发生汽化而从母体中去除的过程加以利用，就形成了一些特种加工工艺，如电子束打孔。

8.2.2 凝固相

凝固过程中熔池的热量会在基体材料中快速消散，而基体材料不会受到热影响。据文献[34]报道，作者测量到了 10^4 K/s 左右的冷却速率。该值与激光焊接过程的冷却速率相当。这种高的冷却速率会显著影响材料的冶金性能。经历过熔化、凝固的材料大多是细晶粒的，尽管焊接时初始温度很高，但高温只会持续很短的时间，因此即使是焊接具有众所周知脆化问题的高合金钢也没有出现过热的迹象。

熔池凝固过快是一个更大的问题，因为它往往容易导致蒸气腔封闭而产生焊缝缺陷。特别是部分熔透焊接时，蒸气腔底部可能存在不稳定的运动，导致熔池内部的孔洞被挤压断裂。由于局部能量不足，电子束在短时间内无法将孔洞打开。如果此时也没有足够的熔化材料来填补收缩的孔洞，则随后会出现不规则形状的孔洞或收缩裂缝（见图 8-1(a)、(c)）。具有危险缺口效应的内部缺陷会降低评估材料的强度。

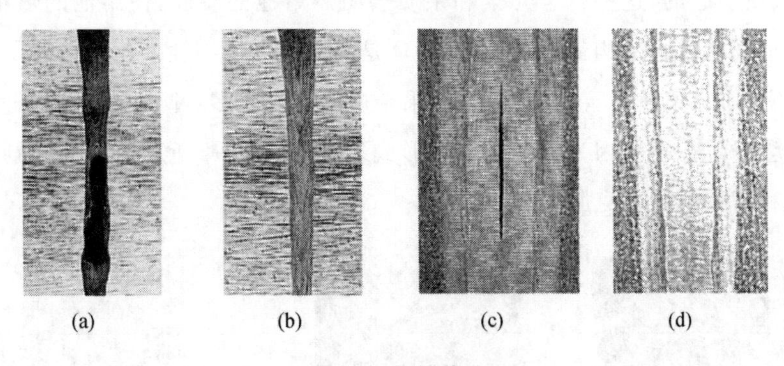

图 8-1 焊缝截面

(a) 凝固缩孔（材料：高合金钢）；(b) 束流振荡后无缩孔（材料：高合金钢）；
(c) 收缩裂纹（材料：低碳钢）；(d) 散焦焊后无裂纹（材料：低碳钢）

相反，由于气孔的截面形状大多为圆形或椭圆形，气孔对焊接质量的影响并不那么重要。但为了保持静动力强度特性，气孔的大小和频率不能超过限值[36]。焊道上部的咬边和底部的缩沟也是熔池动力学作用的结果，其对疲劳强度的不利影响比气孔要更大。

气孔是由冶金气体反应引起的，如当焊接材料与合金元素具有高蒸气压或冷却使得气体在熔池中的溶解度降低时，由于快速凝固过程，气体不能再离开熔池或空隙闭合时就会造成气孔，如图 8-2 所示。因此，为避免焊缝中出现缩孔和气孔，要选择合适的束流参数，来增大熔池尺寸、延长凝固时间。在实际应用中，或利用电子束散焦振荡，或利用第二束（第一束非常迅速地偏离主焊接位置）重熔焊缝。

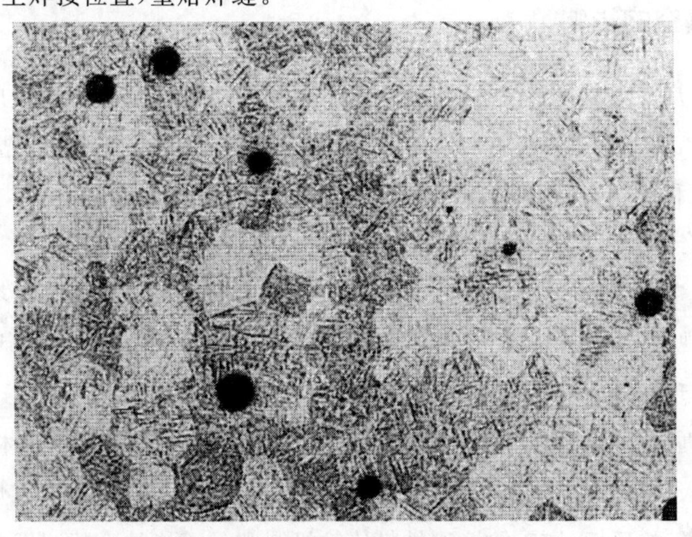

图 8-2 具有气孔的焊缝截面(200 倍)

（材料：高强度钛合金 TiAl6V4）

根据材料的不同，宏观水平截面显示的焊缝正面或多或少具有明显的凝固环，可表明热流方向，如图 8-3 所示。从熔池与基体母材的界面处开始冷却，最后到焊缝中心处结束，凝固方向同时发生变化。详细研究表明，环距随电子束电流的增大而增大，随焊接速度的增大而减小。凝固环与工件运动不一致和热输入不一致之间不存在相关性。凝固环是由一定的合金元素和杂质引起的，这些合金元素和杂质会阻碍熔池的凝固，使熔池的热量不规则、不均匀地释放，形成树枝状结构带。因此，这些环是凝固速度周期性变化的结果[38]。

低浓度的杂质富集是无害的。但是，如果杂质富集处太多，并且它们在焊缝中间结合后存在一个连续的峰值，则会因为残余应力而形成裂纹，如图 8-4 所示。这一问题可以通过束流振荡、散焦和拓宽焊缝来克服。

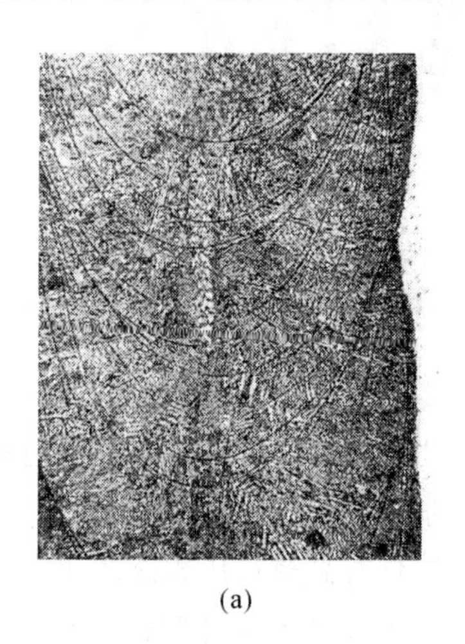

(a)

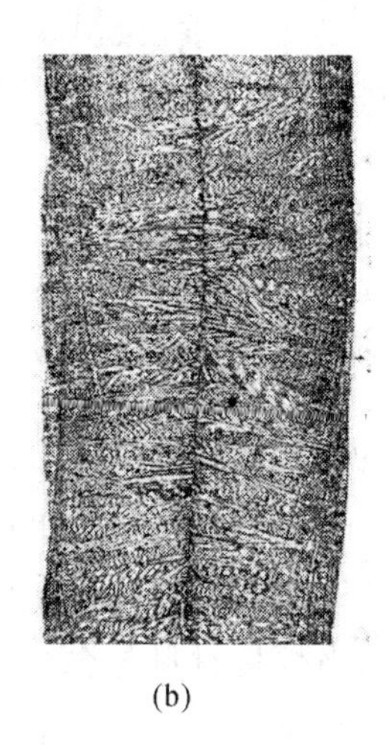

(b)

图 8-3 X2NiCoMo18-9-5 **水平截面图(80 倍)**

(a) 凝固环，$v=10$ mm/s；(b) 凝固环，$v=30$ mm/s

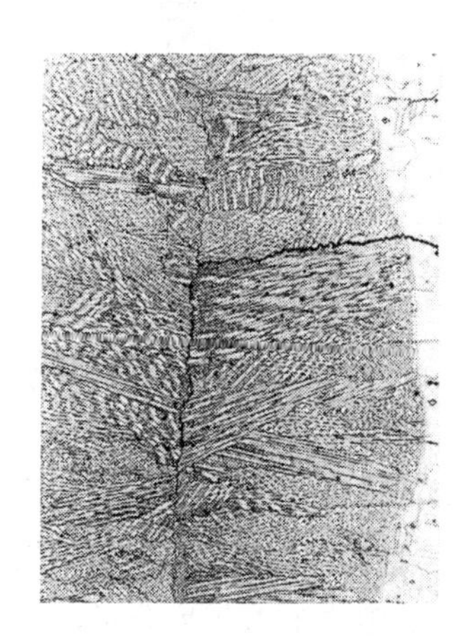

图 8-4 奥氏体钢焊缝热裂纹的水平截面图(50 倍)

8.2.3 真空的影响

与著名的大规模工业真空熔炼过程所利用真空环境一样，金属在真空中的熔化和蒸发有利于脱气过程，通常会改善材料的性能。电子束焊接虽然主要在真空中进行，但由于焊接过程中材料熔化和凝固速度非常快，真空反而不利于熔化区金属的脱气。另一方面，一些铝、铜材料含有合金元素(如镁和锌)，具有较高的蒸气压力，在焊接过程中熔池内的蒸气压力与熔池外的真空状态下的压差非常大，会导致熔池内低熔点金属蒸气更容易发生剧烈的喷溅现象(从宏观上看就像是火山喷发一样)。在这种情况下，即使在真空条件下，增加熔池尺寸也不足以实现凝固前的排气过程。

除此之外，真空环境对电子束焊接还有其他不利影响。从带保护气体的 TIG 焊接可知，在氩气中加入 1%～3%的氧气可以降低熔池的表面张力。真空电子束焊接几乎是处于一个完全缺乏氧气的环境，快速的熔池材料传输机制和足够快的冷却速度会导致熔池流动更加缓慢，使熔池形成涟漪，导致焊缝发生咬边的概率增加。

8.2.4 热影响区

焊接后焊缝附近存在固体区，这些固体区经历了加热和冷却循环的过程，但是固体区的这个循环过程中的最高温度和温度梯度与熔化区内熔池温度和温度梯度相比，存在着显著差异。在工件焊接过程中材料的不同区域能达到的最高温度取决于该区域到熔合区边界的距离。图 8-5 所示为钢的冶金结构温度在 250 ℃以上的区域。此外，快速的热循环抑制了基体材料中晶体的生长，这有利于提高高合金钢的耐蚀性。

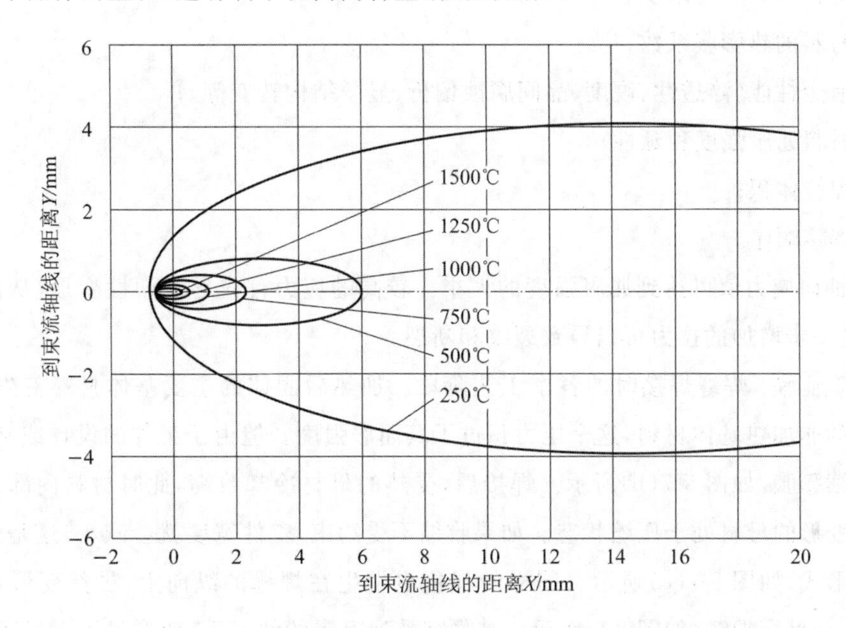

图 8-5 电子束焊接过程中准稳定温度场的变化规律

(t=8 mm，v=6.4 mm/s)

在所有对熔合区和热影响区的评估中都观察到，与其他焊接工艺相比，电子束焊接后工件中发生组织变化和强度变化的区域的范围更小，如图 8-6 所示。因此，在静态应力作用下，熔合区和热影响区的铸态组织对抗拉强度和伸长率的影响很小。然而，与其他焊接工艺类似，如果焊缝承受到动态载荷或经过焊后热处理，由凝固熔合区的铸态微观组织导致的冶金缺口通常会降低焊件强度性能。

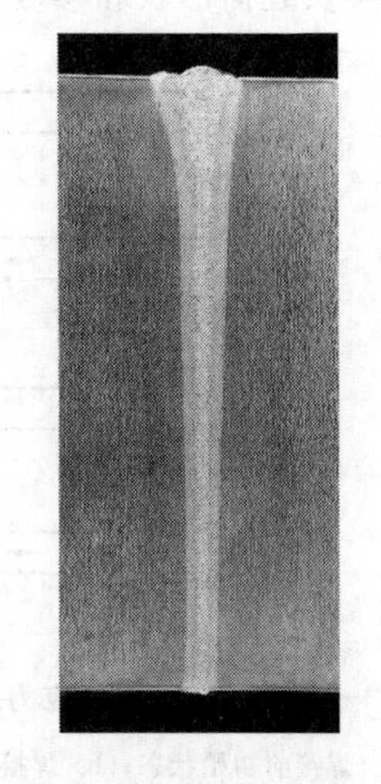

图 8-6 低碳钢焊接截面及热影响区截面(t=150 mm)

8.2.5 焊接产生的残余应力

如前所述，工件的可焊性不能仅根据材料的可焊性来评估。设计因素也有可能是导致焊接残余应力和各种裂纹(热裂纹、冷裂纹、层状裂纹、收缩裂纹等)的关键因素[39]。了解残余应力出现的原因有助于避免焊缝缺陷的产生，并最终制作出公差符合工件要求的焊接工件。

残余焊接应力主要包括收缩应力、相变应力。

(1) 收缩应力是由焊缝区不均匀的加热和冷却引起的，导致了不同的伸缩率；

(2) 内部的相变应力是不同时间、不同部位的突然冷却(温度变化)和晶格转变引起体积变化(马氏体形成)所共同造成的内部相变残余应力；

残余焊接应力也会导致焊接变形。残余焊接应力取决于：

(1) 工件和夹具的刚度；

(2) 材料的热膨胀系数；

(3) 冶金性能(淬透性、硬度、晶间腐蚀偏析、显微结构转变等)；

(4) 材料屈服强度和延性；

(5) 焊缝体积；

(6) 焊接顺序。

单个轴向应力值可达到屈服强度的大小。较高的应力首先导致塑性变形，从而使应力减小，而进一步增加的拉力可以导致裂纹和断裂。

图 8-7 显示了焊缝焊接时的各个工艺阶段。加热后固体的主要基体材料首先膨胀，并挤压邻近的非加热基体材料，这个压力超过了其屈服强度。但由于工件的设计或夹紧特性，它无法继续膨胀，如图 8-7(b)所示。焊接后，受热的母材冷却收缩，此时材料内部未受热且发生塑性变形的母材处于压缩状态。如果收缩不受约束，工件宽度就会减小，这是焊接变形最简单的形式，如图 8-7(c)所示。同样的现象也发生在焊缝的纵向上，虽然变形量要小得多，但变形会贯穿焊缝，如图 8-8 所示。在收缩受到阻碍的情况下，变形量可以显著减小，不过会产生附加的焊接残余应力(成为焊接总应力的一部分)，如图 8-7(d)所示。即使是具有相同接头几何形状和参数设置的试焊，试样和焊接结构中的残余应力也可能相差很大。

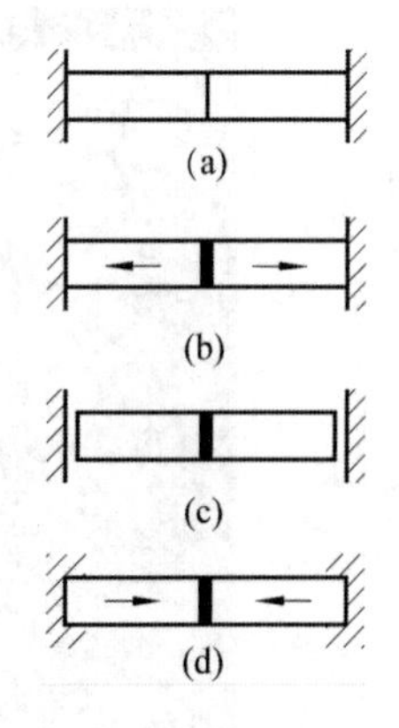

图 8-7　说明残余应力发展的实例

(a) 焊接前初始状态；(b) 焊接时的膨胀和收缩；
(c) 焊接后无约束收缩；(d) 有约束情况下的残余应力

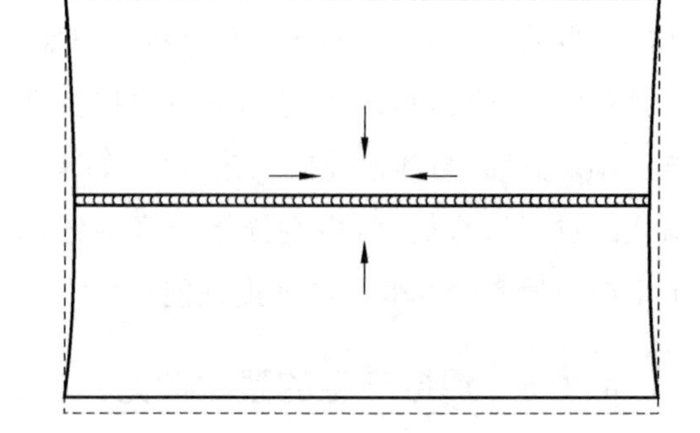

图 8-8　焊接构件在纵向和横向的变形

收缩应力和变形之间的关系并不总是会立即显现出来，虽然这两者是相关联的，在目前的情况下，变形较小的工件也会具有较高的残余应力，变形较大的工件可能具有较低的残余应力。电子束焊接在这方面有一个特殊的优势：因为在焊接中焊缝熔化体积较小（焊缝宽度较小），同时使用的焊接速度较大，所以焊接后工件收缩和残余应力特别小。

在许多情况下，工件的实际情况要复杂得多。首先要考虑的是，焊缝的冷却不均匀，正面的冷却速度比内部要快。这导致残余应力分布不均匀，这些应力如果超过屈服强度，则会导致局部塑性屈服变形。在某些材料中，相变与体积的变化也起着一定的作用。例如，如果钢进行了马氏体的硬度转化和中间相的转变，那么其在冷却过程中就会产生额外的残余应力。因为工件中所有残余拉力与压应力之和必须是平衡的。

由于电子束焊接的几何结构简单，焊接次数减少，以上提到的三种焊接过程的不同的局部应力值可以合理计算。其他焊接工艺的残余应力通常只能通过试验得到。

8.3 相关材料的影响

8.3.1 钢和铁

由于钢和铁的可焊性非常好，非常适合使用电子束焊接和其他的焊接方法来进行焊接，这里只介绍电子束焊接的相关性能[40,41]。

1. 非合金钢和低合金钢

在相变硬化钢的电子束焊接过程中，马氏体的形成与金属中的碳含量有关。由于冷却速率非常快，因此从碳含量（质量分数）大于 0.2%开始，随着碳含量的不断增加，所形成的马氏体也不断增加，到碳含量达到 0.6%左右时，材料达到 700 HV 的硬度。也正因为如此，焊接相变硬化钢时才有可能出现冷裂纹，特别是在需要防止工件收缩的时候。为了消除这一问题，应尽量减少焊接过程中马氏体的形成，降低焊接速度，或者采用第二个束流预加热和/或后加热。然而，由于具有最大硬度值的区域仅限于狭窄的熔合区和热影响区，因此这些区域对静态强度特性的影响很小，如图 8-9 所示。得益于相对较低的焊接线能量，根据工件厚度的不同，$t_{8/5}$ 的冷却时间（800～500 ℃）只有短短几秒，而这一段时间恰恰会对材料的硬度产生较大的影响。在拉伸试验中，由于焊缝起到约束作用，试样在远离焊缝的未受影响的基体材料中断裂。在缺口冲击弯曲试验中，韧性基体材料会产生裂纹。在过去，德国的检验机构经常对电子束焊缝的高硬度（350 HV 极限硬度）的评定意见不一。今天，相关标准中没有规定程序试验的最高硬度值[42]，但是对于质量等级为 B 和 C 的焊件，只在“被要求”和“根据基材和填充材料要求”时进行硬度试验。

预防低磷和低硫含量（小于 0.03%）非合金钢和低合金钢的热裂纹是非常有必要的。如果磷、硫含量接近材料规格中显示的上限，则必须使用适当的焊接填充材料。

2. 高合金钢

高合金钢的热导率比非合金钢低，即高合金钢的热导率也较低，而且高合金钢大多是可

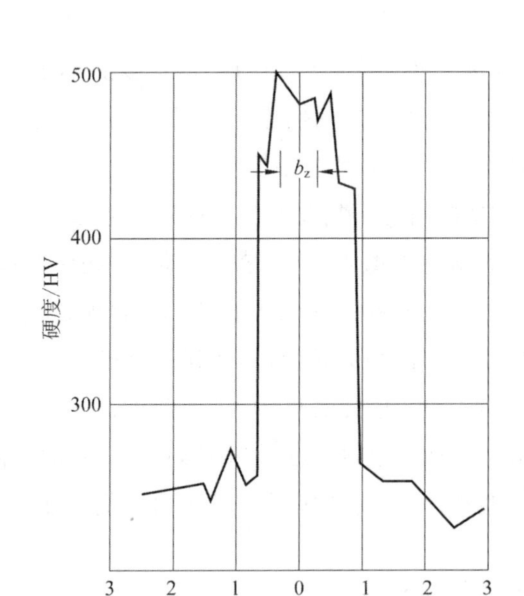

图 8-9 未热处理的低碳钢焊缝的硬度分布（t=3 mm，b_z=熔合区宽度）

焊的，这就为确定最佳焊接设置参数提供了方便。图 8-10 显示了时效硬化钢焊缝上的典型硬度梯度。熔合区与热影响区硬度都降低到退火状态。晶界的晶间析出被溶解，降低了材料的强度和韧性。在母材附近的过渡区，淬火可使材料硬度再一次提高到远高于初始值的水平。同时硬度下降的现象只出现在距离焊缝中心极小的距离内，对静强度性能影响不大[43]。为了抵抗动态载荷，需要对工件进行完全热处理（固溶退火、淬火和时效处理）。当然，与所有焊接接头一样，高合金钢焊接接头也不可能完全消除冶金缺口，即熔合区的铸态组织，这也是导致材料强度性能降低的原因[44]。

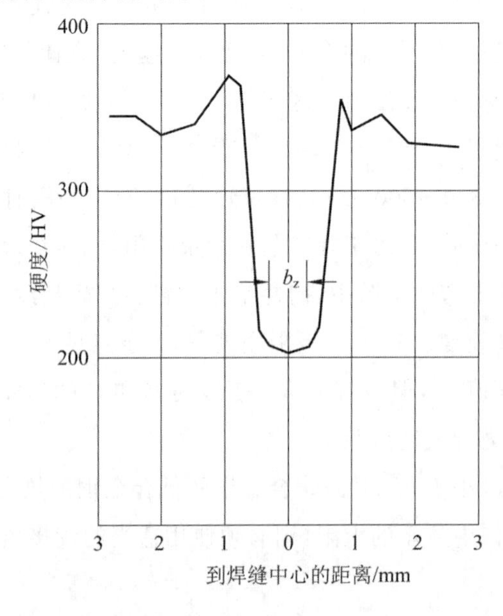

图 8-10 时效硬化钢焊缝的硬度分布（t=3 mm，b_z=熔合区宽度）

在某些情况下，高合金钢电子束焊接时存在较强的热裂倾向，而在电弧焊接过程中，添加填充材料可以解决这一问题。热裂纹是拉伸残余应力与奥氏体晶界低熔点共晶体相互作用的结果，如图 8-11 所示。多年来许多人声称通过一定的方法是可能避免晶间热裂纹出现的，这也让含 δ 铁素体约 5%的不锈钢中可能会出现热裂纹这一说法不再合理。其实，是否产生晶间热裂纹是由熔融金属的凝固方式决定的。根据钢中合金成分的不同，熔融金属主要以热裂倾向较小的铁素体或直接导致热裂纹[45]的奥氏体的形式凝固。当在舍夫勒相图[46]中比较两种凝固类型的共晶边界线（72%Fe-15%Cr-13%Ni）的时候，会发现这两种类型的共晶边界线并不是含 5%δ 铁素体线，如图 8-12 所示。一般结论是在进行高合金钢的焊接时，应该添加主体为铁素体的填充材料，这意味添加材料应该是 δ 铁素体含量更高的材料。但必须避免使 δ 铁素体含量高于 15%，因为 δ 铁素体有其他副作用。由于钢中产生了大量的铬和铁素体，因此 δ 铁素体容易在高温下转变为具有脆性和腐蚀倾向的金属间化合物（σ 相）。同时也要注意，电子束焊接由于熔合区冷却速率高，不可能产生冶金平衡态，因此，对于局部内应力，可能需要使舍夫勒相图中的热裂纹线产生轻微的位移。

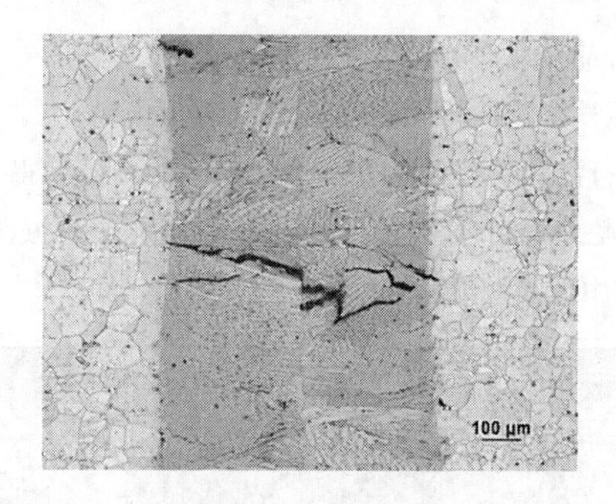

图 8-11　熔合区晶间热裂纹（材料：NiCr25FeAlY 镍合金）

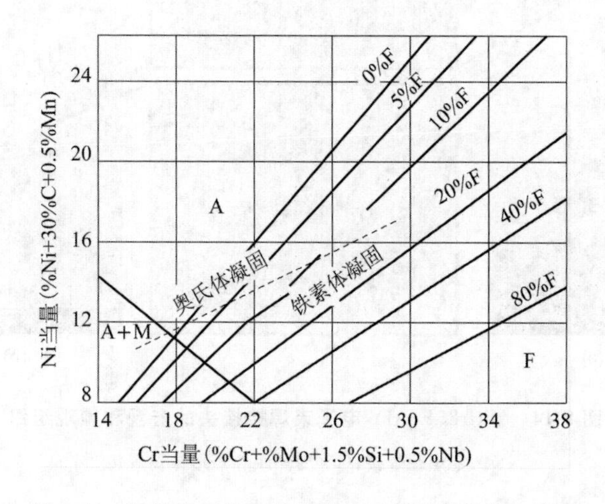

图 8-12　焊缝奥氏体与铁素体凝固边界线的舍夫勒图

通过简单的车间试验，可以检验出高合金钢凝固的焊接金属组织是奥氏体还是铁素体。在焊缝上悬挂一块磁铁，以检查是否有磁性吸引的迹象，若无这种迹象，则凝固的熔融金属为奥氏体，容易产生热裂纹。但是，如果有磁性吸引迹象，它就是以铁素体形式凝固的，焊缝应该没有热裂纹，如图 8-13 所示。

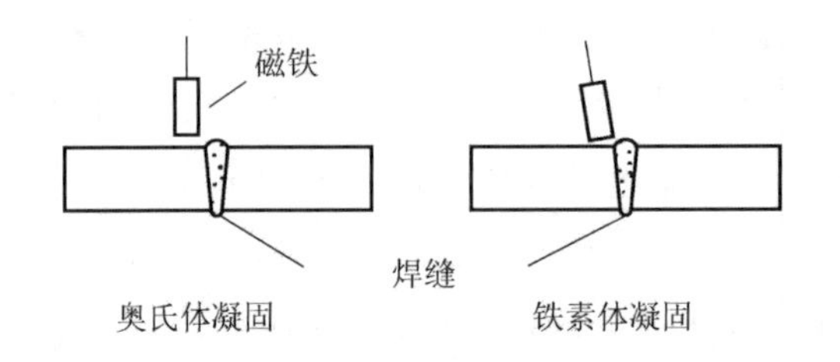

图 8-13　车间试验(以区分奥氏体和铁素体凝固焊道)

在电子束焊接奥氏体钢的过程中，可以通过焊缝纵向矩形振荡、聚焦振荡，以及降低焊接速度来降低热裂倾向。文献[47]以高耐热合金 NiCr25FeAlY 为例，说明以下因素之间存在明显的相互作用：

(1) 缓和过饱和混合晶体晶界的析出过程；

(2) 束流在熔池内振荡产生的特殊湍流；

(3) 低焊接速度、平行的焊缝熔合区边缘和窄小的熔合区(使得残余应力较小)。

在图 8-14 中可以清楚地看到，通过使用纵向矩形振荡、聚焦振荡，以及降低焊接速度这些措施，熔合区晶体结构中的晶粒细化了。

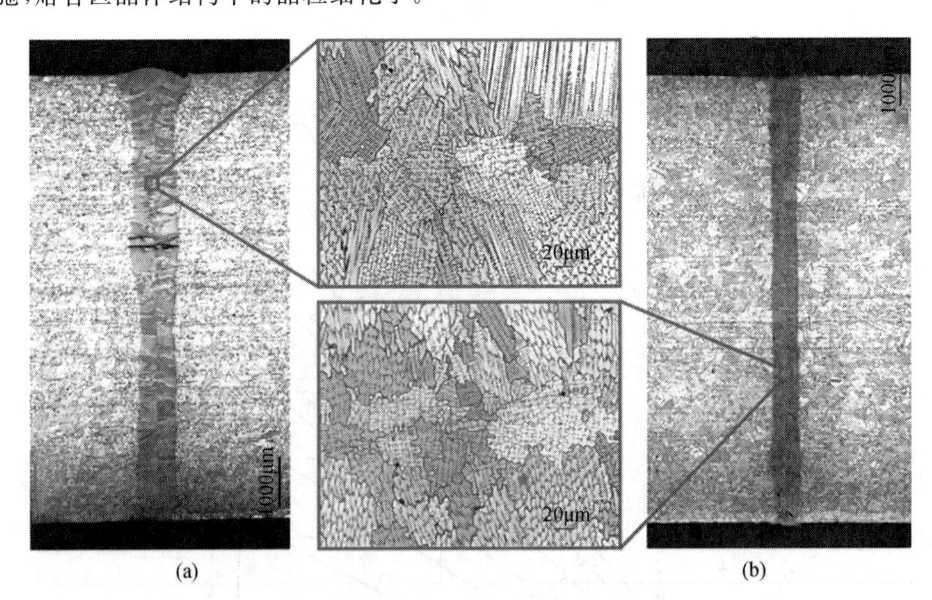

图 8-14　NiCr25FeAlY **电子束焊接接头的宏观和微观组织**

(a) 定焦距焊接；(b) 变焦距和矩形振荡焊接

电子束能够非常迅速地偏转，这为另一种防止热裂纹形成的方式提供了可能。电子束在较短的时间内从焊接位置射向新凝固的熔池附近的左右两个表面区域，材料在这两个区域受热而不熔化，形成热斑，如图 8-15 所示[48]。这些热斑产生了临时的压应力，而该压应力通过合理安排可以补偿熔池凝固过程中的拉伸应力，直到低熔点共晶达到固相点。如果这些热斑产生的压应力不超过基体材料的屈服强度，则残余压应力减小，热影响区拉应力增大，但此时奥氏体晶体已经凝固，不会再产生热裂纹。然而，这种基于表面的方法仅限于用在厚度小于 3 mm 的材料的焊接中。

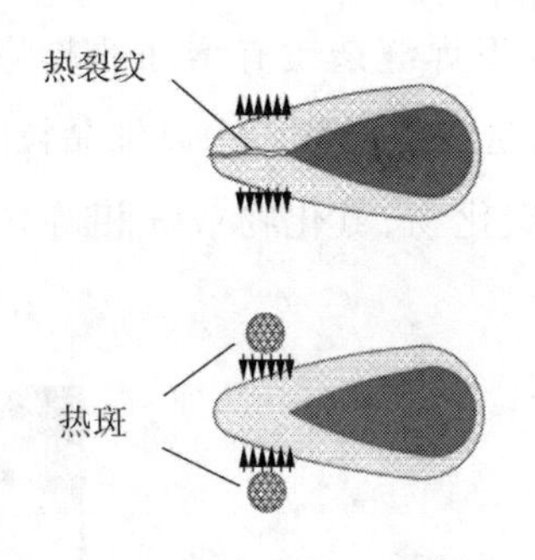

图 8-15　通过热斑抑制热裂纹

在许多情况下，高合金铬镍钢的可焊性取决于钢中氧和氮以及稳定元素铌和钛的含量。因此，某些合金钢，特别是高耐热钢，只有在满足这些严格要求的情况下，才能在真空熔融条件下成功地进行电子束焊接。铌和钽的含量应避免过高，这意味着其含量不仅不能超过使碳稳定的最低水平，而且不能超过所需稳定元素的最高水平。铌和钽含量的极限值必须根据具体情况来确定。

双相钢具有高强度、高韧度和耐各种腐蚀的特点。它们由两相组织——奥氏体和铁素体组成，且二者含量大致相等。双相钢是通过特种轧制和热处理，将奥氏体嵌入铁素体基体中产生的。

在钢的焊接过程中熔池和部分热影响区中的奥氏体转变为铁素体，当熔池和热影响区的温度降低到 1200～800 ℃时又会转变为奥氏体。这种奥氏体的回归即奥氏体转变为铁素体再转变为奥氏体的过程受到晶格中一系列扩散过程的影响，因此与冷却时间有关。在传统焊接的冷却过程中，熔合区和热影响区的温度在 1200～800 ℃内的冷却停留时间比较长，因此熔池和热影响区内的铁素体会几乎完全发生奥氏体转变。但在使用电子束焊接时，即使在较低的焊接速度下，工件的冷却时间也明显低于传统焊接中的停留时间，造成凝固区有高含量(80%～90%)的铁素体存在，因此凝固区材料延性和耐蚀性降低到不可用的水平。此外，对于厚度大于 25 mm 的材料，焊接速度较低时尤其难以控制熔池，因此必须采用水平束流焊接(PC 位置)，这增加了晶粒长大的趋势，导致材料韧度下降，通过热处理也无法恢复。此外，请注意，目前使用的双相钢已达到其承载能力的极限。所谓的“批次相关影响”，即母材化学成分的微小差异，不仅对强度性能有害，而且还会影响焊接时熔池的黏度，导致焊道上下表面焊缝不规则。

为了避免这些困难，现在制定了各种标准。例如 ASTM A 358 包括用额外的填充材料焊接双相钢管的说明，虽然这些填充材料化学成分与基体材料相同，但含有较高的镍含量，可以弥补奥氏体的缺乏。在熔合区单独添加镍，几乎可以达到相同的奥氏体与铁素体的比例。在 1080 ℃固溶退火后，在水中淬火，基体材料的强度和耐蚀性就能得到恢复[49]。如果使用焊丝形式的填充材料，必须确保金属在焊缝熔池内从表面到根部都能进行良好、均匀的混合。因此，厚度为 20 mm 以上的焊缝可以添加约 1 mm 厚的带材，如图 8-16 和图 8-17所示。还没有报道指出在这种情况下焊缝杂质有增加的趋势。图 8-18 显示了类似接头的微观结构。奥氏体和铁素体在熔合区组织（焊缝）中以细晶粒的魏氏体组织形式析出。含量约为 45％的铁素体没有被诸如铬碳化物、氮化物或 σ 相等在光学显微镜下可见的物质分隔开来。

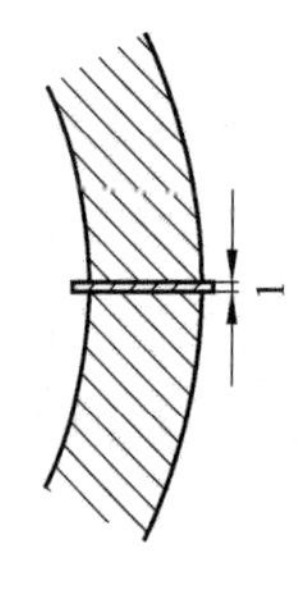

图 8-16　水平电子束焊接的双相钢管内的纵向接头（添加一种填充金属进行焊接）

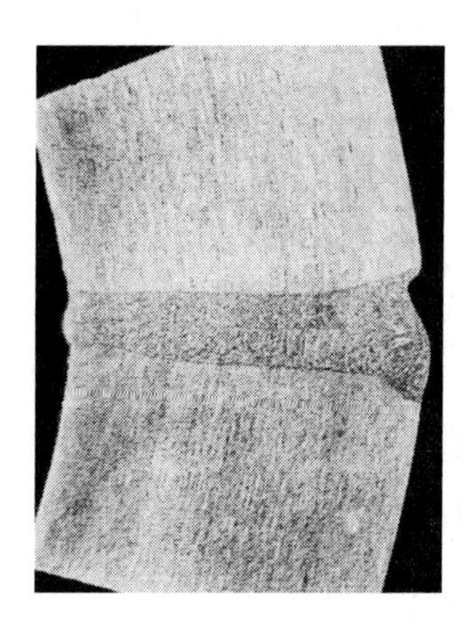

图 8-17　新型双相钢 1.4462 的纵向焊缝的水平电子束焊接截面图（t＝25 mm）

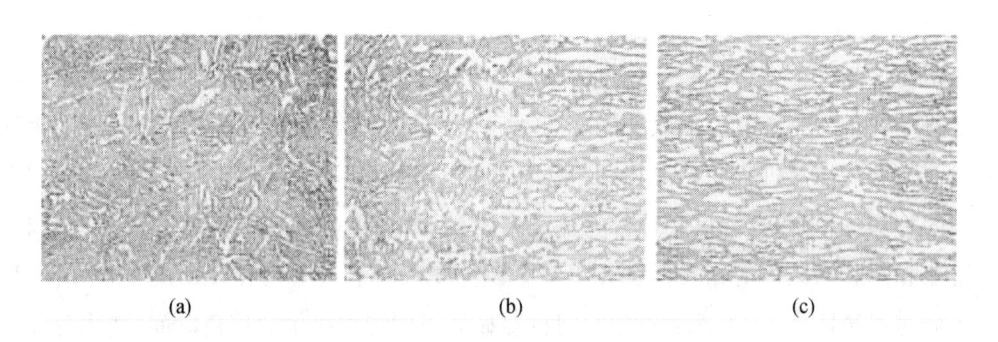

图 18-18　加入填充材料（高镍含量）焊接的双相钢 1.4462 电子束显微照片

（a）焊缝；（b）过渡区；（c）基体材料

文献[50]报道，有几种双相合金钢可以采用多束技术进行电子束焊接。预热至 250 ℃，但不使用填充材料或热处理，在使用多束技术焊接时材料在 $t_{12/8}$ 范围（1200～800 ℃）内的冷却停留时间要长一些，这会使得材料中奥氏体含量再次变得充足。该多束技术的使用要点包括在焊缝中心使用三个预热点，使用焊接速度为 0.5 m/min、横向振荡幅值为 4 mm 的束流来进行焊接。

然而，通过对标准合金 X2CrNiMoN22-5-3 的金相测试发现，该标准合金奥氏体成分约为 21%。只有使用镍含量较高的合金，才能获得含量约 45%的奥氏体。所有双相合金的拉伸和缺口冲击强度测试以及耐点蚀性能测试的结果都非常好，如图 8-19 所示。

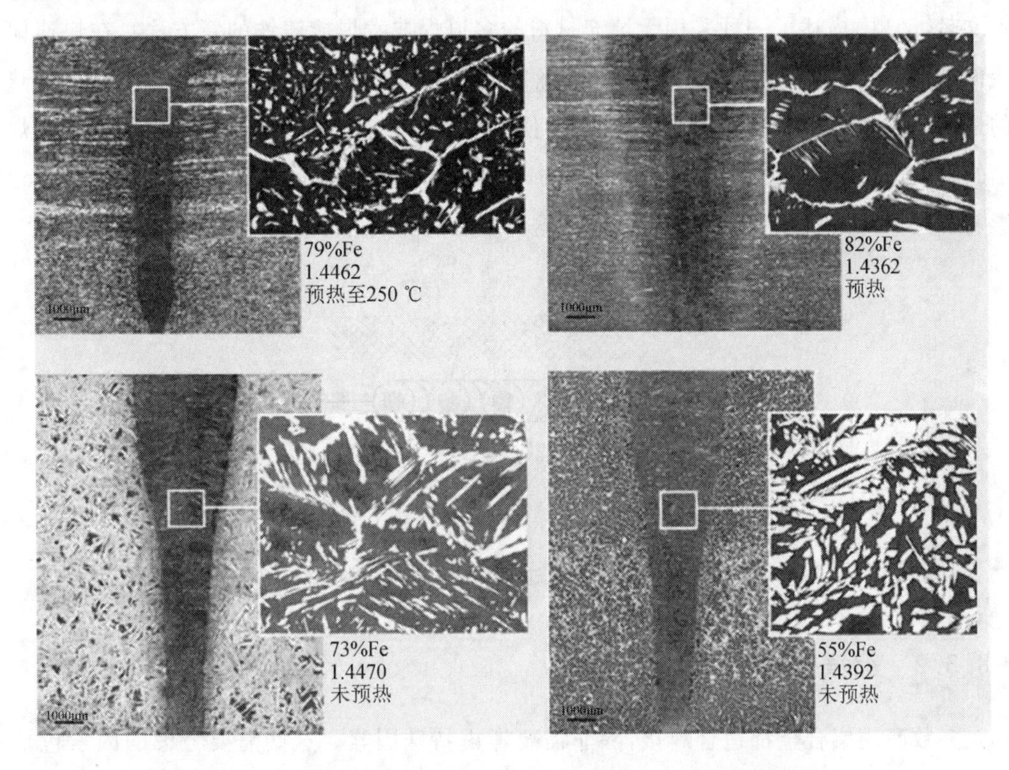

图 8-19 各种铁素体含量的双相钢合金的电子束焊接显微图

3. 铸铁

铸铁材料的主要特点是碳含量大于 2%。碳嵌入铁的方式取决于热处理的方式，见表 8-1。

表 8-1 铸铁的分类(按碳在铸铁中的不同形式)

名称	根据 EN1561 和 1562 的缩写	碳的形式	特性
灰铸铁	GJL(EN1561)	片状石墨	高强度、低延性、良好的机械阻尼性
球墨铸铁	GJS(EN1561)	球状石墨	高动态强度，良好的韧性
白口可锻铸铁	GJMW(EN1562)	钟状石墨	高的静态和动态强度性能，延性好
黑口可锻铸铁	GJMB(EN1562)	不同形态石墨	比白口可锻铸铁具有更好的机械加工性

铸铁的可焊性取决于石墨的形态，石墨具有多孔结构，易裂，并具有较低的基体材料延性。虽然球墨铸铁和可锻铸铁非常适于焊接，但片状石墨铸铁由于具有较大的脆性，因此焊接难度较大。片状石墨铸铁的薄片结构起着内部缺口的作用，对焊接残余应力几乎没有抵抗能力，所以在焊接过程中和焊接后都会产生裂纹。黑色可锻铸铁也存在同样的问题。与

其他焊接工艺一样，铸铁的焊接补救措施是将工件完全预热至 550～700 ℃之间；如果使用附加的高延性填充材料(含镍)，可以将预热温度降低至 200～300 ℃。这两种措施均可用于电子束焊接，但应用范围非常有限。

文献[51]中描述了一种采用无填充材料的多道焊技术焊接铸铁的新方法。在快速偏转束流的帮助下，焊缝在一个位置多次熔化，然后加热，如图 8-20 所示。多道焊和焊后加热的目的是延长熔池的冷却时间，直到气孔闭合，使得焊后收缩应力大大减小。焊接的同时对焊缝周围的区域进行加热已被证明是特别有益的，因为只有在热影响区退火后，热量才对焊缝组织的影响不大。但由于加热的深度有限，采用这种方法只能成功地焊接最多 3 mm 厚的铸铁。

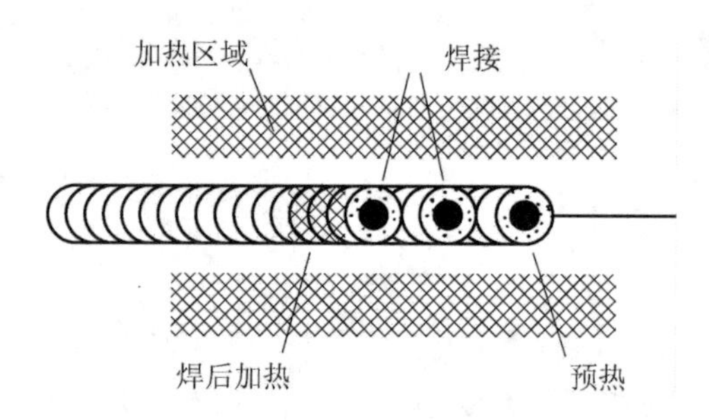

图 8-20　铸铁焊接过程中的多次熔化和加热

8.3.2　铝镁材料

大多数商用铝合金都适合焊接，除非需要考虑特殊因素。这些需要考虑的因素包括固体氧化物层、过高的热导率、高热膨胀系数和热裂倾向，特别是在高强度合金中。与其他连接工艺相比，氧化铝(2050 ℃)与基体材料(660 ℃)熔点的巨大差异，以及熔池对大气气体(主要是氢气)的高亲和力，在电子束焊接中并不构成问题，因为电子束焊接是在真空中进行的。纯铝是一个例外，因为它没有凝固的时间间隔，这意味着熔池在冷却时会突然变成固态，几乎不可能让熔融的金属气泡上升到表面。尽管熔点较低，但由于工件在焊接后散热较快，且热导率较高，熔池凝固速度较快，因此所需的能量与钢的焊接能量大致相同[19]。

铝在固态时对氧有很高的亲和力。在大气中，金属表面会覆盖一层致密的氧化物且与金属紧密结合在一起，而这层金属表面通常含有污垢颗粒。虽然氧化层被高速运动的初始电子完全破坏，但产生的碎片会进入熔融结构，造成气孔和收缩裂纹。为了避免这种影响，必须用机械或化学方法去除接缝槽上的氧化层[42]。进行清洗处理后，在一定的时间内会形成一个新的氧化层，但新氧化层比原来的氧化层要薄得多，基本上也没有污垢颗粒。

从表 8-2 可以看出，焊接铝合金时必须经常添加额外的填充材料。这主要是由于合金元素锰和硅的影响。铝中一定浓度的锰和硅造成了很高的热裂倾向。图 8-21 所示为不同镁、硅合金对铝焊缝裂纹倾向的影响。与在 TIG 焊接中一样，电子束焊接铝合金必须使用填充材料，使合金元素在基体材料中含量更高，从而超过相应的冶金最大裂纹标准[53]。预热 200～300 ℃是防止热裂的另一种途径。

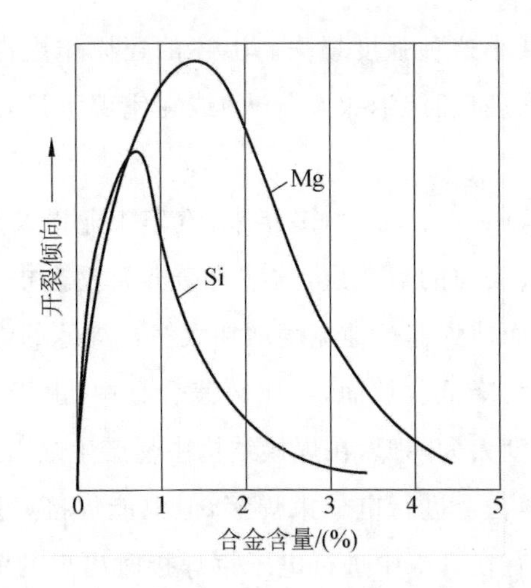

图 8-21 不同镁、硅合金含量对铝焊缝裂纹倾向的影响

表 8-2 铝合金与其他填充材料的电子束可焊性

铝合金系列(根据 EN573-1[54])	系列号	添加或不添加填充材料	可焊性
Al99.5	1000	不需要	好
AlCu 系	2000	需要	好
AlMn 系	3000	需要	好
AlSi 系	4000	需要	好
AlMg 系	5000	需要	好
AlMgSi 系	6000	需要	好
AlZn 系	7000	需要	较差

目前,高强度铝合金($R_m >$ 400 MPa)在航空航天领域的应用日益广泛,但为了克服热裂倾向大的问题,只能添加填充材料进行焊接。此外,由于该工业部门的构件主要受动载荷作用,必须使用焊接填料使熔融组织的强度和延性达到基体金属性能[55]。

锌是电子束焊接铝时非常有害的合金元素。它不仅会增加热裂的敏感性,而且由于高蒸气压的作用,还会促进熔合区孔隙的形成。因此锌含量较高的铝合金材料只适用于添加适当的填充材料和/或采用多熔池技术的焊接。

如果填充材料是以金属丝的形式进入熔池的,则与基体材料发生冶金混合的程度只能达到熔深的 40%左右。在全熔透焊接中,几乎没有填充材料能够在熔融状态下到达焊道背面,就像在部分熔透焊接时,填充金属只能到达一定的深度一样。通过降低焊接速度、束流的扫描振荡和/或散焦,可以通过扩大熔池来改善冶金混合程度[56]。通过 Y 形焊缝或一定的间隙(0.5 mm)可增大填充材料的混合深度,使其进入熔合区[57]。

非时效铝合金常发生应变硬化。材料经过屈服滑移后,要继续发生应变必须增加应力。应力增加阶段(通常称为强化阶段)材料抵抗变形的能力得到提高,这一物理现象称为应变硬化。但在焊接时熔合区和热影响区则失去了强化阶段增加的强度,这也可以称之为还原作用。由于电子束焊接形成的焊缝以及焊缝的熔合区和热影响区都非常狭窄,因此使用电子束焊接可以最大限度地减小这种强度损失。上述的还原作用也会发生在时效合金上，但可以对热时效材料进行热处理(固溶退火和淬火)或在室温下进行冷时效处理，重新建立起足够的强度。

由于镁合金的比密度低(1.7 g/cm^3)，多年来，汽车工业以及航空航天工业一直在尝试使用镁合金。如果去除接头表面的氧化层，这些合金非常适合电子束焊接。为防止镁的过度蒸发，不能因束流的振动而使焊缝熔池宽度增加太多。焊缝的静、动强度值与基体材料基本相同，只是断后伸长率大大降低。然而，在压铸镁合金中，由于基体材料的孔隙率转移到熔合区，基体材料的动态强度大大降低，在焊接结构中易产生缺口效应[58]。

也可在大气条件下对镁合金进行电子束焊接，但只能焊接厚度较小的工件。由于是在大气中焊接，焊缝截面也没有在真空中进行电子束焊接时出现的深焊效应，如图 8-22 所示，高冷却速率导致熔合区产生了细晶粒组织[59]。与铝合金相比，镁合金的缺点是耐蚀能力有限，强度较低。

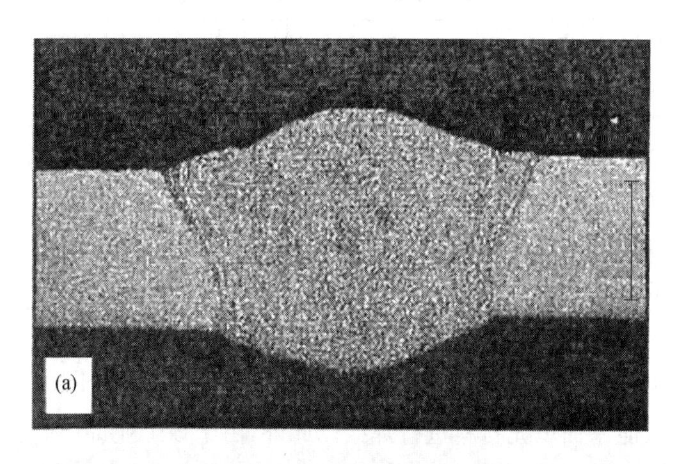

图 8-22　对 AZ31B(镁合金)采用填充金属 AZ61A 的对接接头的焊接截面(d=1.6 mm)

(a) t=1.3 mm；(b) t=3.4 mm

8.3.3　铜材料

虽然纯铜热导率高，但不需要预热就可以进行电子束焊接。然而，为了消除快速凝固的熔融金属形成缩孔和空洞的趋势，必须对束流进行散焦和振荡扫描。此外，即使铜中杂质含量很低，也必须注意杂质，特别是碳、氧和硫。无氧铜(OFHC)和磷脱氧铜适合焊接。大多数铜合金(例如含铬、镍、锡、铝和锆的铜合金)都适用于焊接，锌(黄铜)合金则不适用。

8.3.4 镍钴材料

纯镍及其许多含有少量铍、铬和铁的合金适合焊接，其中也包括著名的含铜35%的镍合金“蒙乃尔”。高蠕变耐高温镍合金的电子束焊接在喷气发动机和涡轮制造中具有重要意义。在熔合区和热影响区，合金含量的增加，特别是铝含量的增加，将使材料热裂倾向增大。聚焦振荡焊接已被证明是这类合金的有效补救方法[47]。图8-23所示为NiCr19Co14Mo焊缝横截面的蚀刻图。

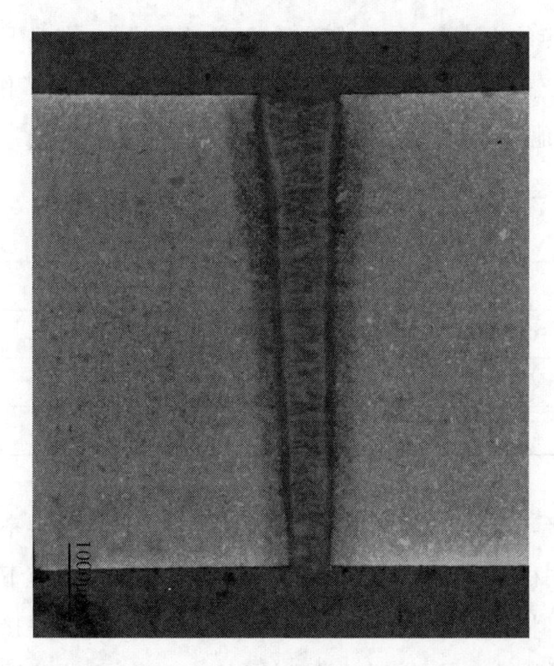

图8-23 NiCr19Co14Mo(镍基高温合金)电子束焊接截面

(t=8 mm，用Bloch和Wedl Ⅱ方法蚀刻)

钴合金是一种稀有的金属，因其耐磨性、耐蚀性和耐热性而受到重视。在大多数情况下，它们适合焊接。钨铬钴合金(硬合金)是一种特殊的含钴合金，里面含有不同比例的具有不同硬度的碳化物。最大硬度超过45 HRC的钴合金的可焊性将变得很差。

8.3.5 钛材料

钛材料广泛应用于航空航天工业和化工领域，其突出特点包括：

(1) 密度小4.5 g/cm^3，比强度高；

(2) 高强度，极限屈服比大；

(3) 具有优异的耐蚀性(纯钛)；

（4）几乎无磁性（低渗透性）。

对于焊接，重要的是要注意钛和其他特殊金属属于所谓的气敏材料。这意味着，在大气中存在氧气、氮气和氢气的情况下，当气敏材料的温度超过 250 ℃时，气敏材料就会变得脆弱。高温下这些气体与材料会发生反应，导致退火后金属表面颜色会从深蓝色变为淡黄色。由于气体敏感性，在气焊过程中，需要辅助设备来填充工作室或进行局部保护，用氩气是一个好的选择。然而，电子束焊接提供了一个保证工作压力 p_A 小于 7×10^{-4} mbar 的真空环境，并且焊接后钛合金表面不会留下任何退火颜色，但是对于较大的工件，如果焊接后的工作室内过早充气，那么进入的空气遇到温度还很高的焊件，也会使焊件的表面颜色发生改变。

当钛冷却结晶时会产生两种结构，最初是立方体中间 β 相，当温度从 880 ℃冷却至室温时，β 相逐渐转变为稳定的六边形 α 相。随着合金含量的增加，室温下钛的结构也会发生转变，从 α 相可以变为 α+β 或 β 相的钛合金。纯钛，尤其那些是掺杂了作为 α 稳定剂的氧化物的钛合金，以及所有其他 α 合金和著名的 α+β 合金都非常适于焊接。由于冶金原因，β 合金往往容易脆化，只有在经过特殊热处理后才能焊接，见表 8-3 [60]。

表 8-3　钛合金的结构

钛合金	晶体结构
Ti1～Ti4；Ti1Pd～Ti3Pd，TiAlSn2.5；TiCu2.5	α
TiAl3V2.5；TiAl6V4；TiAl6Zr4Mo2Sn2	α + β
TiV15Al3Cr3Sn3	β

对于钛合金的焊接，焊接速度越快越好，因为钛合金较低的热导率会导致熔化区和热影响区晶粒尺寸变大。同样，在熔池的凝固过程中，气体的溶解度迅速下降，特别是氢（从基体材料中）的溶解度下降，将增大形成气孔的倾向。除了已知的扩大焊接熔池和更好地进行排气（光束聚焦和振荡）的措施外，彻底清洁接缝（见第 9.9 节）对改善钛合金的可焊性也是非常有帮助的。因此，在钛合金的焊接过程中，建议使用隔离设施和车间区域，以及进行标记过的工具，以防止交叉污染。

8.3.6　特种金属

钼、铌、钽、钒、钨和锆属于特种金属，它们与钛一样，在某些工业领域中占有重要地位，但与较知名的金属相比，它们很少用于焊接。这些特种金属的焊接性能在许多方面是相似的，因此可以将它们看作一类材料。由于会与大气气体进行反应，即使在 250 ℃以上的相对较低的温度下，它们也表现出强烈的脆化倾向。真空电子束焊接非常适合这类气敏材料。需要注意的是，由于所有的特殊金属都是碳化物形成元素，因此需要一个基本上无油的工作环境，所以工作室必须用冷泵进行抽气，而不是用油扩散泵。此外，对焊接接头进行彻底的酸洗也是非常有益的，但时间不宜过长，因为酸洗时间过长会造成吸氢的风险。

钼和钨也是那种会因脆化而使焊接过程变得复杂的金属。加入铼（形成 Mo41Re）、钛和锆（形成 TZM 等合金）可显著提高钼的可焊性。钨的焊缝的粗晶组织只有在 1000 ℃的真空下进行热锻（锤击、轧制）后才能消除，但这在实际生产中几乎是不可能的。

铌常被用作超导合金，是因为其电阻在极低温度（小于 10K）下会迅速下降，可以通过非常高的电流而且没有任何损失，因此在通过大电流的情况下可以产生强磁场，常被用于粒子加速器的制造。粒子加速器有很多空心体的铌谐振腔，它需要在一个特别低的压力（$p_A < 5 \times 10^{-5}$ mbar）下进行焊接，不仅是为了保证焊接接头的纯度，还因为铌谐振腔内残余的气体会被加热的铌和锆吸收[61,62]。

锆和合金锆-2、锆-4 具有与钛相同的良好可焊性。经清洗处理后[34]，在 $p_A < 2 \times 10^{-4}$ mbar 的工作压力下，使用电子束焊接后焊缝表面没有退火色。其他特殊金属，如钽和钒，也很容易在相同的条件下焊接。

8.3.7 金属组合

由于工件常常需要具有不同的用途和功能，因此对同一工件经常会提出互相冲突的要求，例如：

(1) 相当大的静态和动态强度；

(2) 高耐磨性和耐蚀性；

(3) 简化制造，节省成本；

(4) 减轻材料重量；

(5) 延长使用寿命等。

理想情况下，组件的设计应针对每种性能要求，在适当的位置使用最合适的材料。多年来，电子束焊接为满足这些要求提供了许多不同的解决方案，如接头焊接、堆焊和异种金属焊接。

即使知道两种不同金属各自的可焊性，也无法推断它们在焊接时的行为。最重要是要考虑两种金属的冶金行为，即它们在熔合区中形成二元合金时所发挥的作用。最重要的问题是，这种金属组合在多大程度上会倾向于形成所谓的金属间化合物。这些化合物不是金属合金，而由于其独特的脆性和高电阻性，具有非金属性质，更像陶瓷材料。下列组合易产生金属间化合物：

(1) 铝-铜；

(2) 铝-钢；

(3) 铜-钛；

(4) 钢-钛。

两种材料的比例相当时才会形成金属间化合物，因此可以通过精确控制熔融结构组成比例来避免金属间化合物的形成。使用电子束的横向偏移是最简单的方法，如图 8-24(a)所示。另一种方法是将工件倾斜定位，使其中一种金属刚好被润湿，并在熔融结构中形成一种钎焊接头，使其冶金混合量最小化，如图 8-24(b)所示。这种方法特别适合不同熔点金属的焊接。但是，请注意，由于运动装置的精度误差和其他失调因素，可能无法维持所需的混合比例。

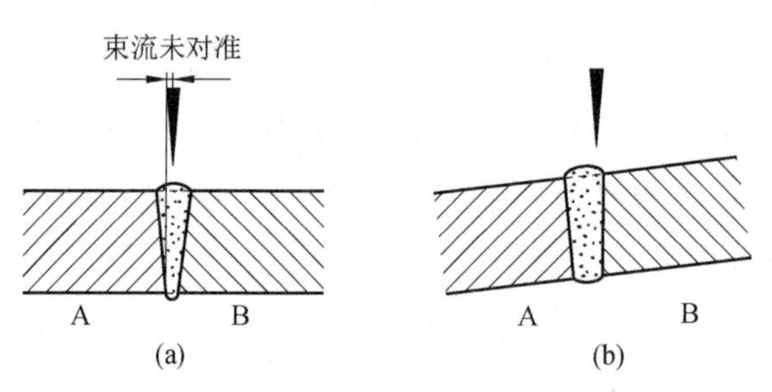

图 8-24　金属 A、B 焊接过程中混合配比对可焊性的影响

(a) 束流特意偏离焊缝中心一定距离；(b) 工件位置倾斜形成的"钎焊"接头

还有一种方法是在焊接中加入与两种金属冶金相容的中间金属。例如，在钢与铜的组合中，所添加的镍作为熔融结构中的第二种元素被完全合金化，如图 8-25 所示。

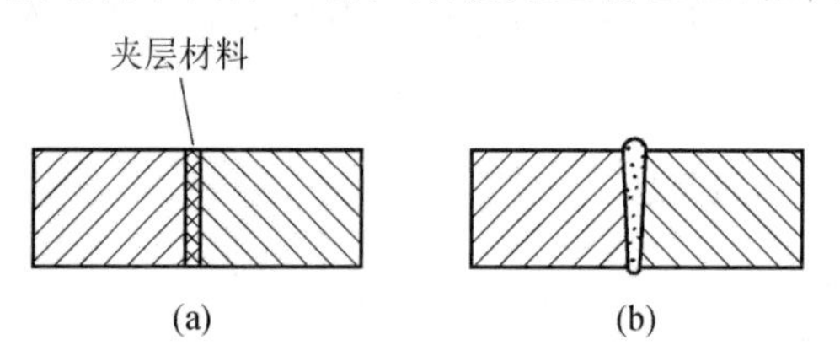

图 8-25　添加中间夹层材料来焊接不同金属

(a) 预制接头；(b) 焊接接头

如果中间相不能满足焊接要求，可以使用过渡材料，如图 8-26 所示。过渡材料可起到缓冲作用，使得接头中形成一个容易开裂的具有金属间化合物的熔合区，最终通过过渡材料形成两条合格的焊缝，从而通过第三种金属成功实现原本不相容的两种金属的连接。

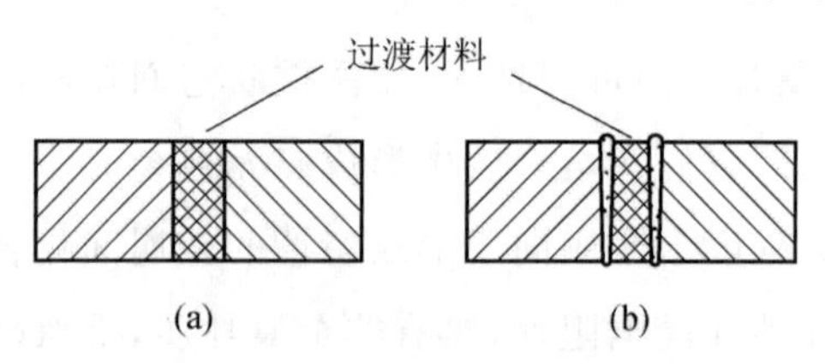

图 8-26　添加过渡材料来焊接不同金属

(a) 预制接头；(b) 焊接接头

多束技术可应用于金属组合件的焊接。电子束同时聚焦在两种材料上，具有较高的偏转频率，从而有效地与两种材料进行准同步连接，如图 8-27 所示。这样做的好处是，热能可以单独调整，以适应这两种金属的物理和冶金性能。文献[63]报道，铝与镀锌钢或未镀锌钢、钼与钢、钢与钨可以用这种方法实现高质量的连接，但这种方法只能在较窄的焊接速度范围内实现。例如,可以通过使用伴随有热斑的局部加热来产生压应力,从而避免开裂(见图 8-15)。

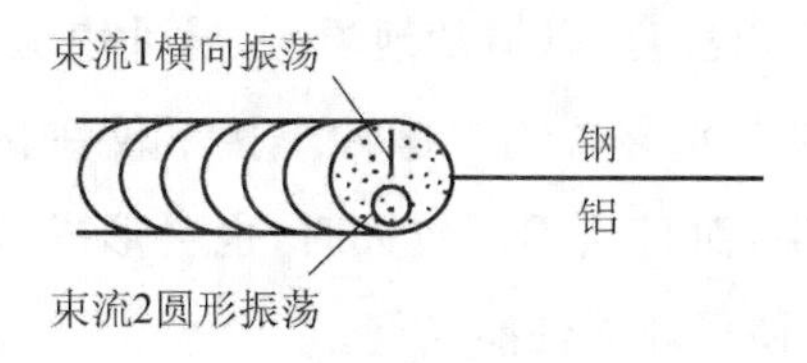

图 8-27　用多束技术实现不同热输入焊接的实例

图 8-20 所示为一种采用多束技术焊接铸铁(GJS 500)与非合金钢(如 16MnCr5),且不需要额外填充材料的方法。首先,用一排分成三束的具有不同能量的束流对准焊缝中心。第一束用来加热两个金属部件,产生薄的熔膜;第二束用来进行实际焊接;第三束用于焊缝的轻度加热。图 8-28 为采用这种方法焊接灰铸铁与低碳钢后的硬度为 650HV0.3、带裂纹的与无气孔的焊缝金相组织的对比结果。如果电子束向低合金钢偏移约 0.15 mm,则平均硬度降低到 350 HV0.3 左右[64]。图 8-29 显示了一个制造实例,该电子束焊接的阀体由铸铁制成,法兰材料为 16MnCr5。

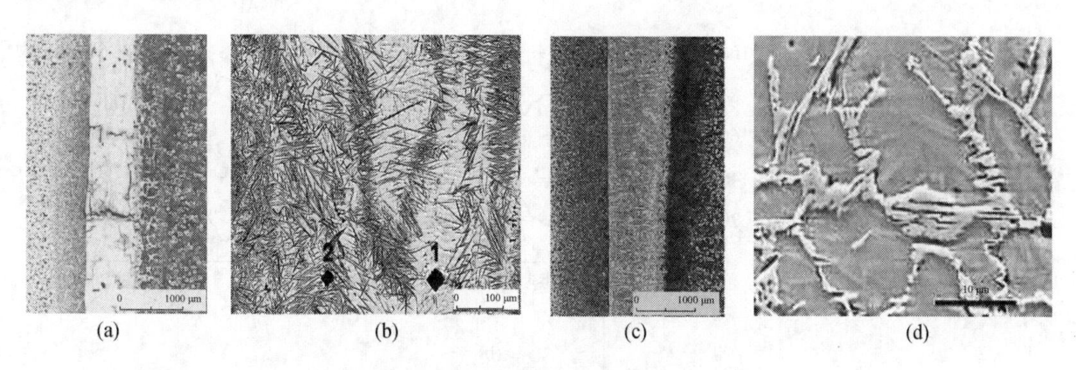

图 8-28　灰铸铁与低碳钢焊接的熔合区对比

(a)(b) 单束焊接;(c)(d) 三束焊接

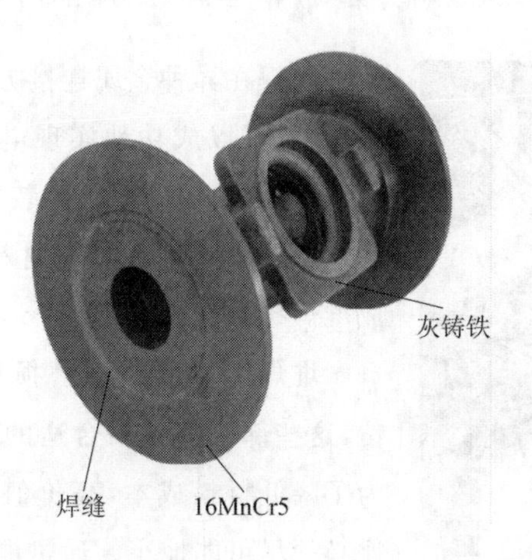

图 8-29　灰铸铁和 16MnCr5 的阀壳采用电子束焊接

不同的金属也可以用脉冲束流成功地进行连接。如果使用一定的脉冲频率(谐振频率),就可以控制熔池动力学,从而形成没有金属间化合物的具有微小颗粒的凝固树枝晶[65]。在图 8-30 的分析图中,我们可以清楚地看到,脉冲束流使整个焊缝宽度下的铜含量保持在 20%左右,铝含量保持在 80%左右。脉冲焊接不仅在材料厚度较小(2～3 mm)、热传导焊接时会产生这样的结果,而且当焊深较大时,也会形成较窄的焊缝,此时高冷却速率抑制了金属间化合物的形成,使得焊缝性能良好。

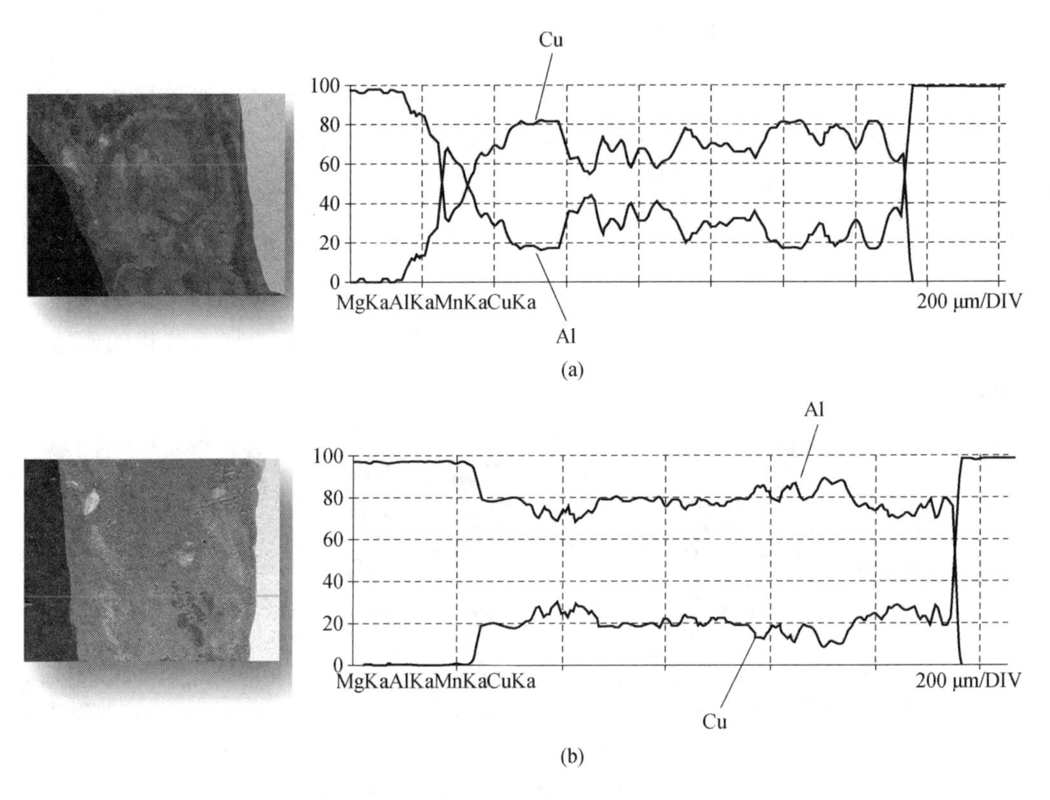

图 8-30　铝与铜焊缝在焊缝宽度方向上呈混合分布

(a) 无脉冲电子束;(b) 有 f=500 Hz 的脉冲电子束

图 8-31　工作室内的送丝装置

堆焊在异种金属连接方面已经应用了很长一段时间,并且可以成功地实现电子束的特殊应用。在工作室内,通常使用一个送丝装置将填充材料带到焊接点,通过电子束来熔化填充材料,这就是通过电子束来形成堆焊接头的工艺,如图 8-31 所示。

堆焊主要应用于磨损和腐蚀应力较大的施工部位,这些部位都涂以合适的高价值的易耗品[66]。通常为了降低材料成本,高价值材料与低价值基材的混合比必须尽可能地小。通过电子束来对高价值材料进行熔焊也是一种热传导焊接应用,如图 8-32 所示。

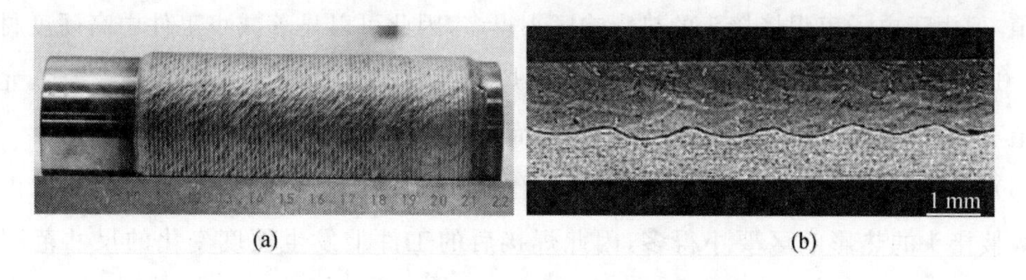

图 8-32 在轴上进行电子束金属沉积的例子

(a) 轴加工前的焊缝情况；(b) 被加工后焊缝的横截面

8.3.8 与材料相关的束流偏转

电子束在受到外加电场和磁场的影响时，会产生不必要的破坏性束流偏转。因此，靠近焊件的夹具、工装和其他辅助设备通常由非磁性金属（铝、奥氏体钢、青铜等）制成。如果使用铁素体钢，其退磁值应小于 1 Gs(0.1 mT)[58]。对于焊接前进行预加工，以及工件和表面层冷加工时会产生磁场的工件尤其如此。当然，已经屏蔽过的电力驱动器和电机可以置于靠近光束的位置。出于同样的原因，非金属材料（塑料）必须用接地金属箔覆盖，而且要焊接的工件必须接地，否则可能会产生静电，干扰电子束的运行轨迹。

残余磁性会使电子束在焊接过程中向任意方向偏转，特别是对于较厚的铁素体钢工件，易导致熔合不良，如图 8-33 所示。残余磁性是由不规则的磁感应强度分布引起的，特别是在工件表面。它可以很容易地被电子光学观察系统通过扫描焊缝来发现和修正。电子枪通过使束流进行相反方向的偏转来补偿磁场的影响。

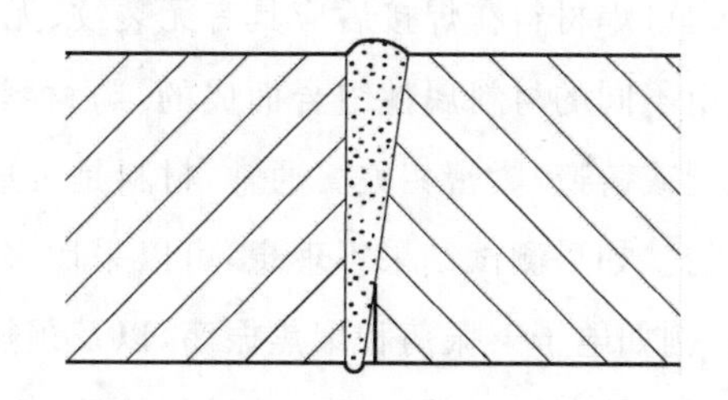

图 8-33 由于磁偏转而引起的未熔合缺陷

电子束在不同金属的焊接过程中也会发生偏转。不同的金属接头被加热时会发生电热应力，称为热电效应。由于焊接前用电子光学观察系统对焊缝进行扫描不会产生光束校正信号，因此焊接过程中必须使用在线系统。

8.4 强度和腐蚀性能

由于适用于焊接的金属种类如此之多，具有如此之多不同的物理性能，仅从理论上预测每一个电子束焊接接头的强度和耐蚀性是不可能的。根据 EN ISO 13919-1、ISO 13919-2 的质量等级 B 组和 C 组的要求，笔者总结了以往研究中的一些结果和关于焊缝的实践经验：

(1) 在静态或准静态载荷作用下，焊缝强度可达到基体材料的 90%～100%。

(2) 除咬边和裂纹外，焊缝缺陷对静强度性能的影响不显著。

(3) 虽然由其他方法焊接的形变硬化钢通常在熔化区和热影响区产生 350 HV 以上的

硬度值，但由于电子束焊接接头的热影响区小得多，因此可以显著减小工件中高硬度材料的尺寸。通常在横向弯曲试验中电子束焊接的焊件可以变形到180°而不开裂。当然，允许的最大值和额外检查的范围必须根据具体情况而定。

(4) 用其他方法焊接的沉淀硬化钢的熔化区和热影响区也有较低的硬度值，但由于电子束焊接接头的热影响区要小得多，因此焊接后的工件上发生硬度变化的尺寸范围也减小了。

(5) 在动载荷作用下，焊缝强度仅达到基材未回火或固溶退火状态下的值，因为和所有其他焊接工艺一样，电子束焊接熔合区的铸造结构产生了一个"冶金缺口"。

(6) 由于熔合区和热影响区具有的细晶粒主导的结构，其耐蚀性优于用其他焊接方法焊接的焊件。

8.5 可焊性

8.5.1 可焊性分类

可焊材料在焊接后应具有无裂纹、无气孔的焊缝[39]。可焊性和强度性能，特别是延性，是由不同的材料属性组合而成的，与材料成分、熔炼工艺（全脱氧或脱氧）、加工过程（锻造、轧制或铸造）紧密相关。通常，材料是否适合焊接是通过焊缝的无损检测和破坏性测试来确定的。如果测试结果不理想，可以采用多种不同的技术方案来减少电子束焊接过程中的缺陷，例如电子束振荡和聚焦振荡，以及预热和后处理。

虽然可焊性最初是一种材料特性，但考虑到电子束焊接控制技术实现的可能性，必须从另一个角度来评价可焊性。和其他的焊接方法一样，可焊性通常是焊接金属的先决条件。难焊接金属包括：

(1) 沸腾钢；

(2) 铁素体含量过低的奥氏体钢；

(3) 稳定元素含量在上限的钢；

(4) 磷、硫含量在上限的钢；

(5) 对热裂纹敏感的铝合金和钢材。

在焊接以上金属时，可以使用合适的电子束焊接填充材料和带有送丝装置及供应卷筒的设备。

8.5.2 不同金属的可焊性

表8-4详细说明了一些选定的金属是否适合采用电子束焊接。根据工艺和设备技术情况[41,67]，可焊性分为以下三类：

第Ⅰ类　适合于焊接。可以实现优质焊缝，焊接可靠，无任何困难。可达到的机械工艺性能取决于焊接工艺和材料的组成。

第Ⅱ类　大致适合于焊接。由于对成分有特殊的措施和限制，本组部分材料适合焊接。特殊措施有焊前热处理和焊后热处理，以及使用焊接填充材料。

第Ⅲ类　有限适合于焊接。这类材料的电子束焊接难度较大。在特殊情况下和有限应用的情况下，是有可能焊接成功的。

表 8-4　电子束焊接金属的可焊性(EN 1011-7)

金属类别		可焊性等级
钢铁类	最低屈服强度钢，275 $N/mm^2 < R_{eH} \leqslant 360\ N/mm^2$	Ⅰ
	最低屈服强度正火细晶粒钢，$R_{eH} > 360\ N/mm^2$	Ⅰ
	具有最低屈服强度，$R_{eH} > 690\ N/mm^2$ 的调质钢	Ⅱ
	铬含量小于19%的奥氏体不锈钢	Ⅰ
	铬含量大于19%的奥氏体不锈钢	Ⅱ
	具有规定抗拉强度或布氏硬度的层状石墨铸铁	Ⅲ
	具有规定抗拉强度、0.2%屈服强度和断后伸长率或规定布氏硬度的球墨铸铁	Ⅱ
铝合金类	铝锰合金	Ⅰ
	铝镁合金(1.5%<Mg* ≤3.5%)	Ⅱ
	铝铜合金(2%<Cu≤6%)	Ⅱ
铜合金类	纯铜	Ⅱ
	二元铜锌合金	Ⅲ
	铜镍合金	Ⅰ
镍合金类	镍铜合金(Ni≥45%，Cu≥10%)	Ⅰ
	镍铬合金(Ni≥40%)	Ⅱ
	镍铬钴合金(Ni≥45%，Co≥10%)	Ⅱ
钛合金类	纯钛	Ⅱ
	钛(O_2≤0.4%)	Ⅰ
	α钛合金(包括 Ti0.2Pd、Ti2.5Cu、Ti5Al2.5Sn、Ti8Al1Mo1V、Ti6Al2Sn4Zr2Mo Ti6Al2Nb1Ta0.8Mo)	Ⅱ
	α+β钛合金(包括 Ti3Al2.5V、Ti6Al4V、Ti6Al6V2Sn、Ti7Al4Mo)	Ⅱ

注*：此处元素符号代表该元素质量分数，下同。

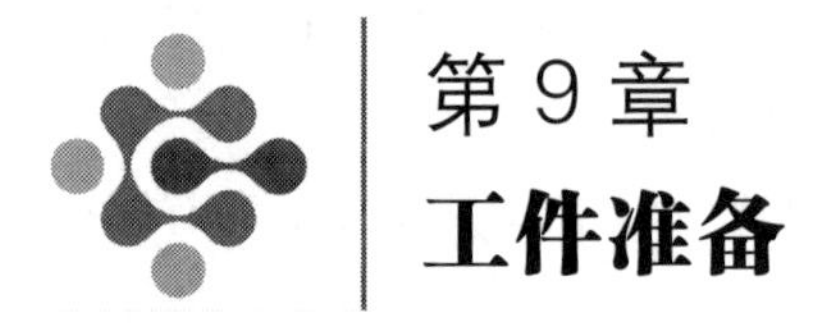

第9章 工件准备

9.1 概述

由于气体火焰和电弧的物理能量密度是有限的，而且热量是通过热传导方式传到金属中去的，因此它们只能将金属熔化几毫米的深度。为了焊接较厚的工件，需要提前加工好接头坡口，以便热源可以使用多层焊接技术依次熔化每一层金属。由于需要额外的填充材料来替换被移走的材料，所以这种焊接技术在经济上并不令人满意。只有在填充材料对构件强度很重要的角焊缝中，才有必要添加更多的材料。

电子束焊接对工件的准备还有其他要求。由于其高得多的能量密度，电子束能够熔化几厘米深的材料，然后熔融材料在冷却过程中凝固成焊接接头，不需要使用我们熟悉的V形坡口和焊材来代替被移除的基材，如图9-1所示①。这样就大大简化了焊接结构的几何形状，提供了其他焊接工艺无法达到的简化效果，如图9-2所示。此外，与其他方法相比，电子束焊接的焊件变形特别小，这也是使用电子束焊接的经济优势。为了充分利用这一优势，组件的设计和开发必须从一开始就考虑到电子束焊接对工件的要求[68,69]。

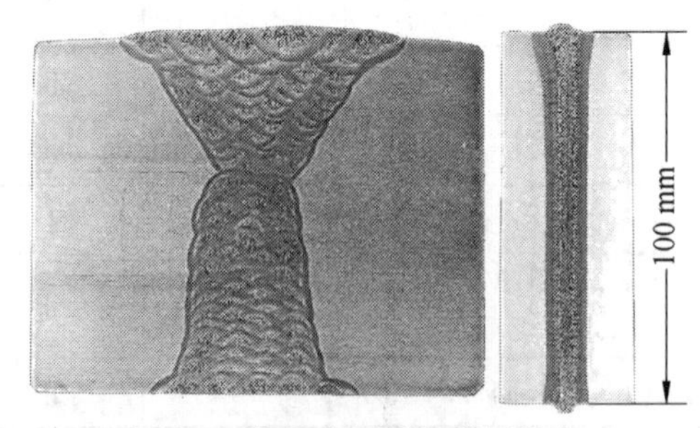

图9-1　多层电弧焊与等厚单个电子束焊接截面的比较

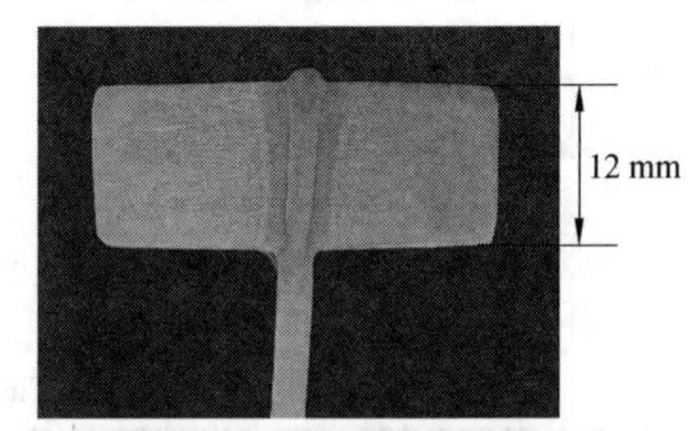

图9-2　法兰和腹板通过电子束焊接减小焊缝宽度的例子

图9-3至图9-5解释了不同类型电子束焊接工件制备中的一些最常用术语。为表达清楚起见，图形表示不是按比例的，而是反映实际的几何关系。

① 此处参考了C. Punshon的文章 *Development of Local Vacuum Electron Beam Welding for Rapid Fabrication of Large Structures*。

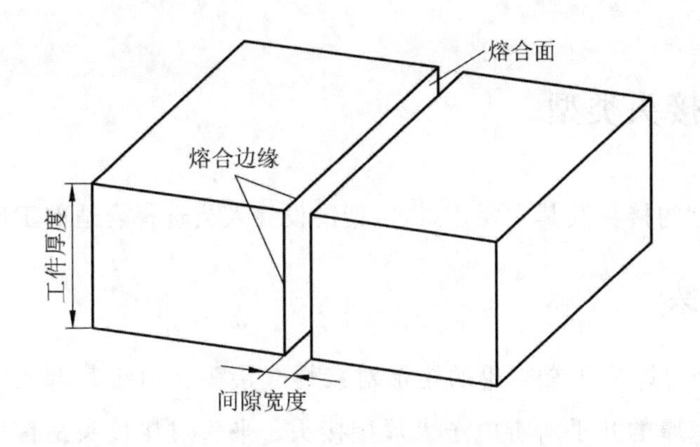

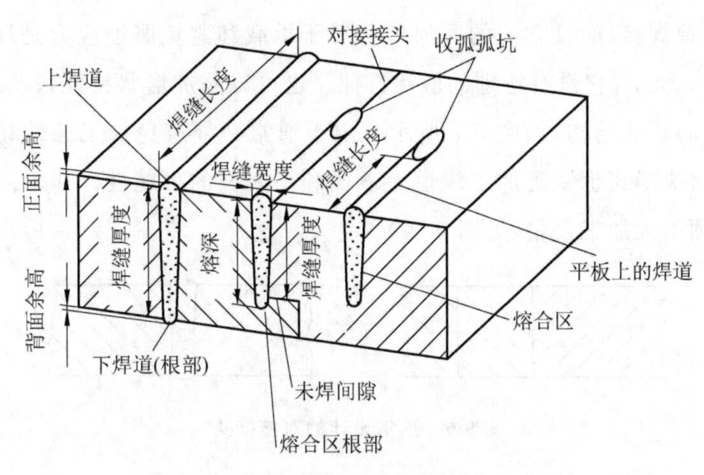

图 9-3 关于工件准备和焊缝的各种术语

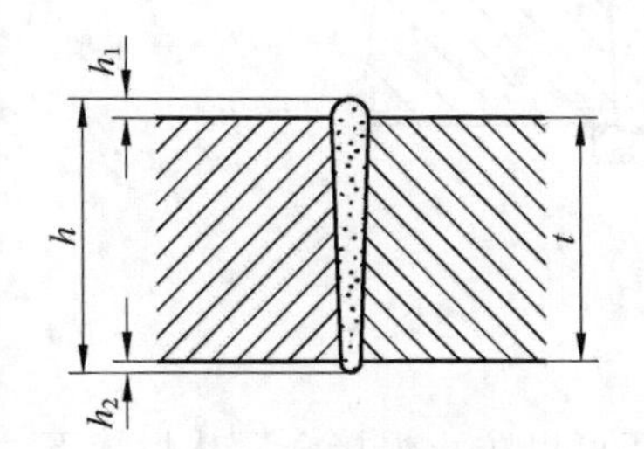

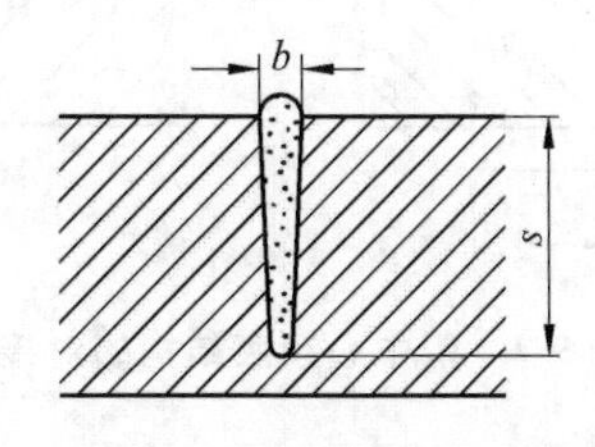

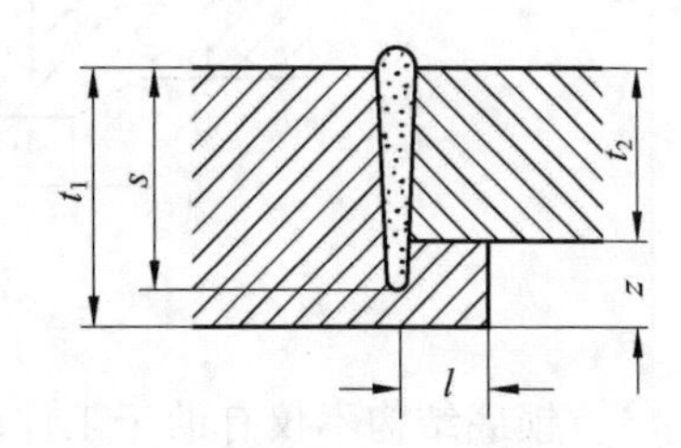

图 9-4 电子束焊接尺寸的缩写

b—名义上的焊缝宽度；h—焊缝厚度；h_1—焊道正面余高；h_2—焊道背面余高；s—熔深；t—工件厚度(焊缝深度)；t_1—工件厚度(较大的一侧)；t_2—工件厚度(较小的一侧)；l—锁底长度；z—锁底厚度

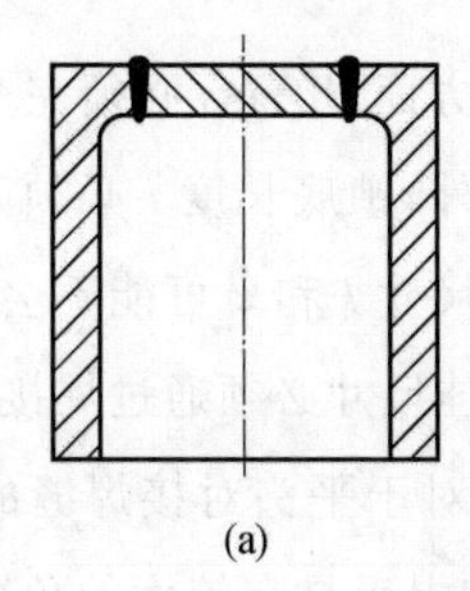

(a)

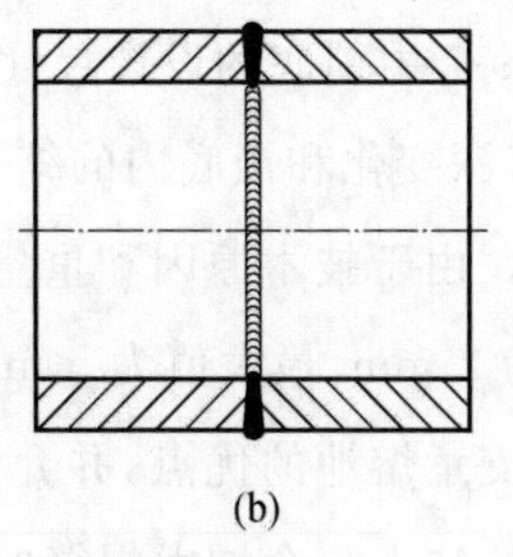

(b)

图 9-5 轴向焊缝与径向焊缝的定义

(a) 轴向焊缝，电子束平行于旋转轴；(b) 径向焊缝，电子束垂直于旋转轴

9.2 基本的接头类型

下面介绍几种典型的接头及其主要特点，以帮助设计人员选择合适的工件准备方法。

9.2.1 对接接头

图 9-6 显示了一个待焊的非常简单的矩形对接焊缝接头。由于其低成本，这种焊缝设计可用于小壁厚和大壁厚的几乎所有电子束焊接接头。平头对接接头是首选，因为它们能够被无误差地简单焊接，而且它们的几何形状对于承载和避免腐蚀应力是最佳的。其最简单的形式如图 9-6 所示，它没有特别的形状特征。也可以添加形状特征来改进工件的定位，例如添加一个中心锁底结构，如图 9-7 所示。由于通常必须避免加工工件相邻表面上的基材，这种简单的接头形式也缺乏加工焊道上表面和下表面的可能性。如果需要保证焊缝的动态强度，则必须引入加工余量（见图 9-11）。

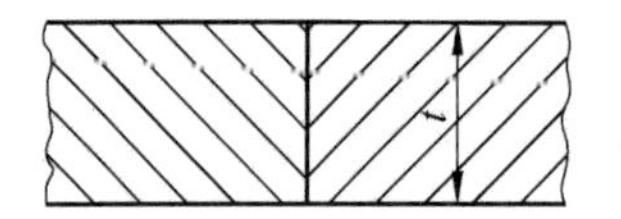

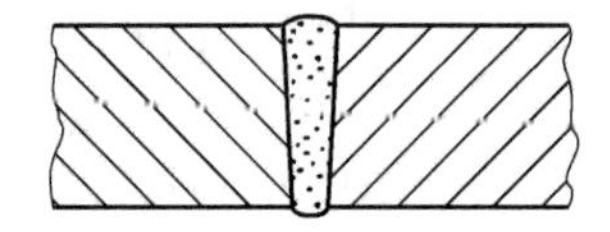

图 9-6 正常设计的对接接头

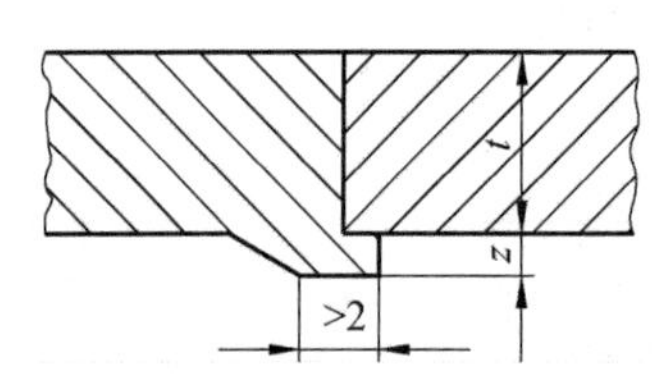

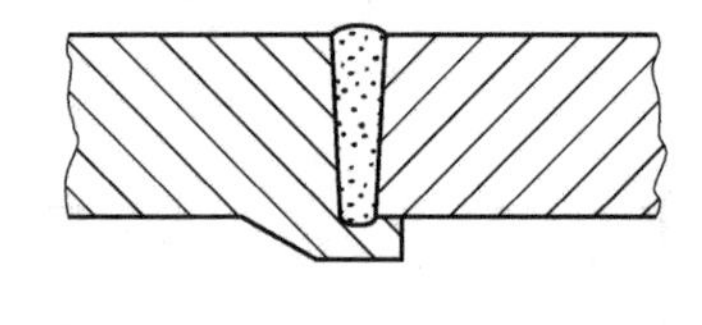

图 9-7 带中心锁底结构的对接接头

锁底结构不仅有助于工件的定位，特别是对于旋转部件，还可以防止焊接金属从焊缝下部飞溅出来。事实上，电子束焊接飞溅物由于尺寸小、热能低，仅轻黏在金属表面，相对无害。如果焊接空心组件时要求金属表面绝对无飞溅，且无法拆卸，则必须采用锁底对接结构。

必须仔细选择图 9-7 中锁底的设计尺寸 z。一方面，熔深 s 必须完全覆盖工件厚度 t，另一方面，必须考虑到熔深变化和锁底内的缩孔。此外，锁底长度 l 必须防止任何金属飞溅物穿过未焊材料的间隙。由于技术原因和重量限制，尺寸 l 和 z 可能不会太大。l 和 z 的典型值约为 $0.2t$，最小值为 2 mm，最大值为 5 mm。最佳尺寸必须通过焊接试验来确定。

锁底结构具有可支承熔池的优点，并允许在相对于平头对接焊缝的较大公差范围内调整最佳焊接数据。它的缺点是会增大焊缝的宽度和焊后具有较大的角变形。如果工件有动态应力或腐蚀应力要求，焊接后可能需要加工掉锁底结构。通过使用其他接头设计，特别是旋转部件,可以避免这种额外的工作,如图 9-8 所示。建议将锁底边缘定位在较宽的焊缝上段,并作一条标记线作为定位电子束的标记。同时要控制公差,使得只有中央凹槽下方的面相互接触。

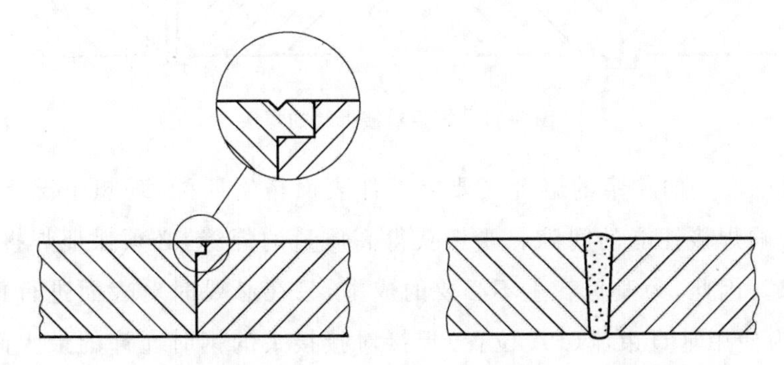

图 9-8 带锁底结构、表面有为电子束做标记的对接接头

另一种使用锁底结构进行焊缝对接准备的方法如图 9-9 所示。锁底的功能与图 9-8 所示相同,但锁底在焊接后可以被完全熔化掉,就像使用了额外的填充金属一样。

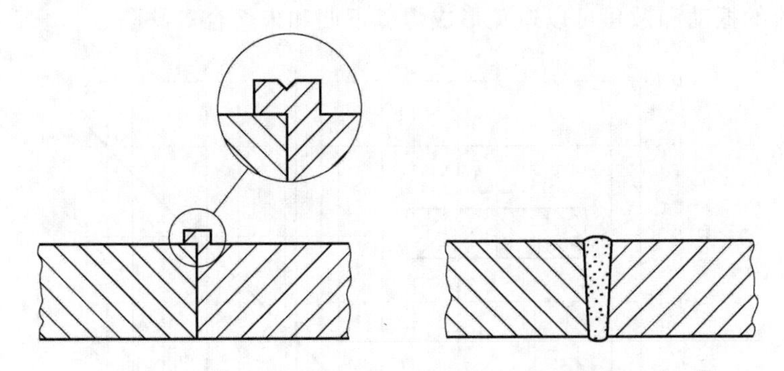

图 9-9 采用带定位标记的外部锁底结构的对接接头

锁底的定位功能可以用其他措施代替(例如采用点焊或夹紧装置)。如果仍然需要进行飞溅防护,可以在焊接时添加单独的焊缝垫板,焊接完成后再通过加工去掉垫板,如图 9-10 所示。在这种情况下,就要考虑在焊缝底部进行机械加工的可能性。

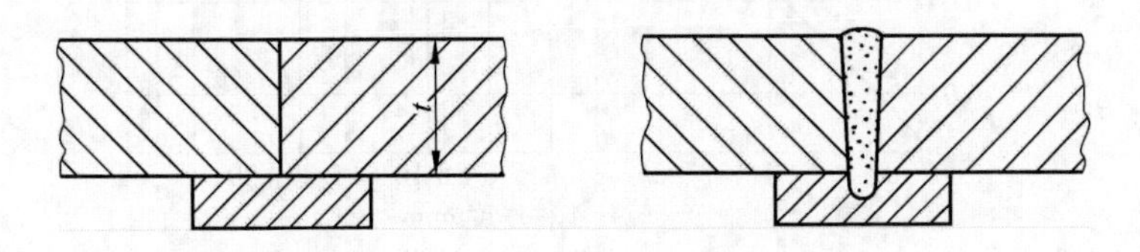

图 9-10 带背部垫板的对接接头

如果要焊接的部件需要承受较高的应力,则需要使用机械方法加工掉焊缝表面的余高凸起,消除咬边,使焊缝变得平滑,那么这就必须提供一定的加工余量(见图 9-11),但这个过程需要额外的生产成本。机械加工后的另一个优势就是,可以通过非破坏性检查更好地对焊缝进行评估,特别是 X 射线探伤。如果还要需要修补焊接,那么也必须有足够的加工余量，也可以在不影响工件厚度的情况下对焊缝做进一步加工。

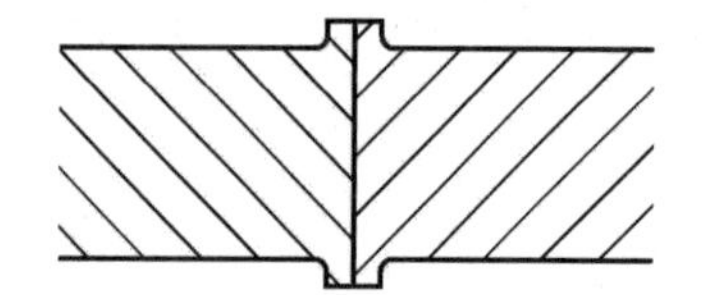
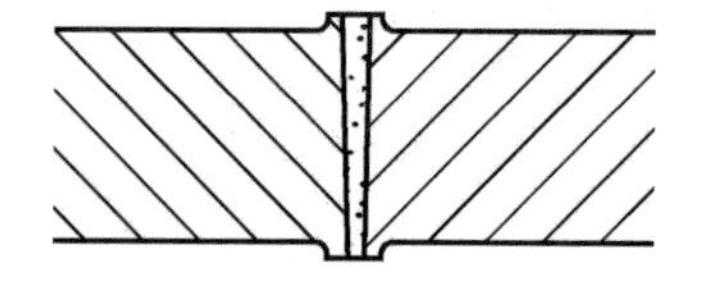

图 9-11 加强对接焊缝的焊接

焊接过程中产生的狭窄的熔合区要求工件表面精密匹配，理想情况下两个焊接面接触时应无影响焊接性能的间隙。要想获得高质量的焊缝，必须保证焊接接头严格的公差配合要求。因此，为避免产生不必要的成本，只在必要时对表面进行精确的加工。图 9-12 所示为使用垂直束流（PA 位置）焊接对接接头的钢时允许的最大间隙参考值。尽管这些只是参考值，但一些不同行业的有经验的专家进行的多次试验证实了这些值的正确性。

如果需要，间隙宽度可以在图 9-12 中指定的值的基础上有所减少或增加。对于较大的间隙宽度，束流的振动和散焦可以避免形成焊缝下凹和未熔合等缺陷。

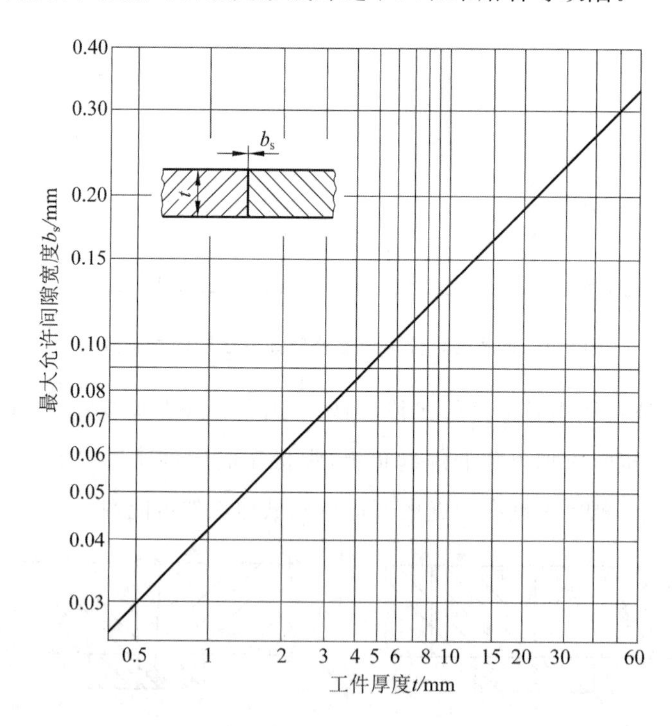

图 9-12 垂直束流位置焊接（PA 位置焊接）钢的对接接头时最大允许间隙宽度

9.2.2 角接接头、T 形接头和其他接头

在图 9-13 中，两块板成直角对接，形成角焊缝结构，用电子束焊接方法连接。如果腹板 t 的厚度小于 5 mm，仍然可以通过单向穿透将整个 5 mm 厚度的板连接起来，如图 9-13

(a)所示。如果 $t>5$ mm,则两边都必须焊接,如图 9-13(b)所示,因此两条焊缝在根部区域需要重叠。焊接角焊缝时,必须考虑电子束的发散角和工件的倾斜度,使电子束能够到达焊缝处。较大的偏转或倾斜角度,特别是对于单侧焊缝,可能导致腹板面熔化不充分,导致熔合不足。

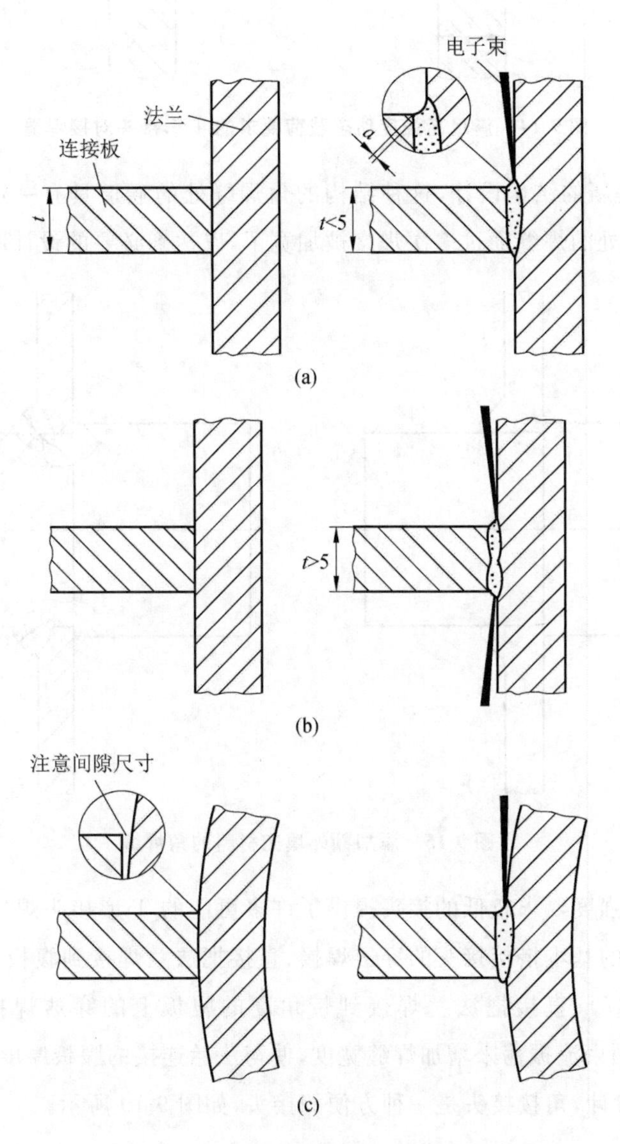

图 9-13 带角焊缝的 T 形接头

从图 9-13 可以看出,由于通常没有填充材料,电子束焊接角焊缝时焊深很难达到设计的接头厚度。因此,这种接头具有非常类似于缺口焊缝的特点,因此可能不适合应用在高动载强度的场合中。相关标准和规范中的计算只适用于焊缝设计厚度,而不适用于通过焊接将腹板连到法兰上的情况。

图 9-14 展示了如何将 T 形接头转换为对接接头,使其在设计变更的情况下适用于具有高强度动态载荷的场合。

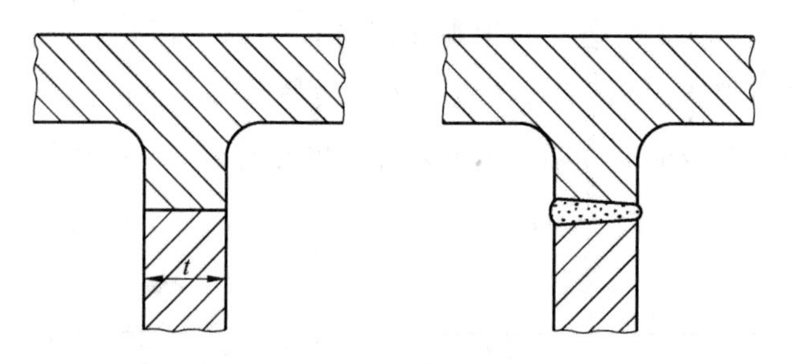

图 9-14 满足高强度动态载荷要求的 T 形接头对接焊缝

图 9-15 所示是新的结构设计，这种结构的角焊缝处的喉道具有一定的厚度，可以设计成多种样式。喉道处的焊缝通过多次焊接被加宽了，以达到必要的设计厚度。

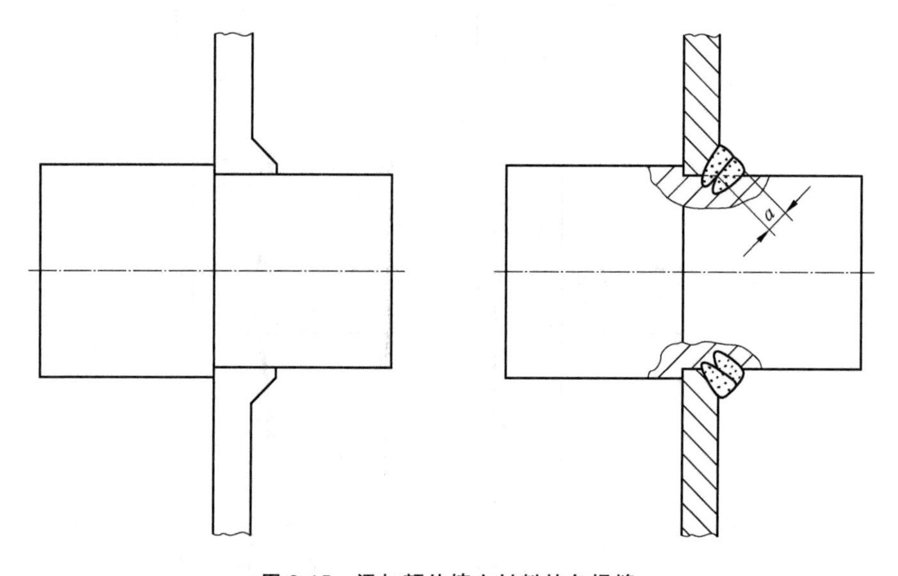

图 9-15 添加额外填充材料的角焊缝

电子束焊接为强度要求较低的接头提供了许多可能的 T 形接头焊接方案，包括图 9-16 所示的板与板重叠的基本搭接接头的穿透焊接、直接把法兰焊接到腹板上形成 T 形接头的穿透焊接（见图 9-17）、直接把法兰焊接到带角度的腹板上的穿透焊接（见图 9-18）。如图 9-17所示，可以用束流振荡来增加焊缝宽度，使与法兰连接的腹板厚度所占比例最大。此外，对于多组件的设计，角接接头是一种方便的接头，如图 9-19 所示。

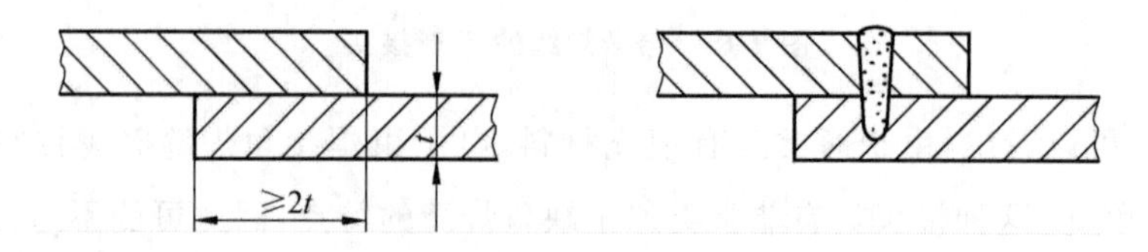

图 9-16 搭接接头的穿透焊接

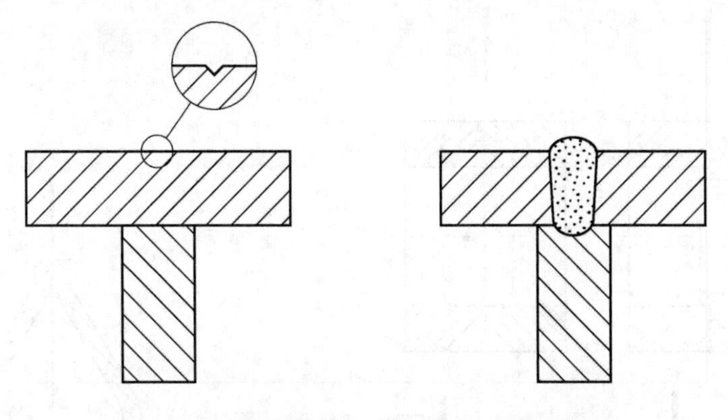

图 9-17　强度要求较低的 T 形接头的穿透焊接

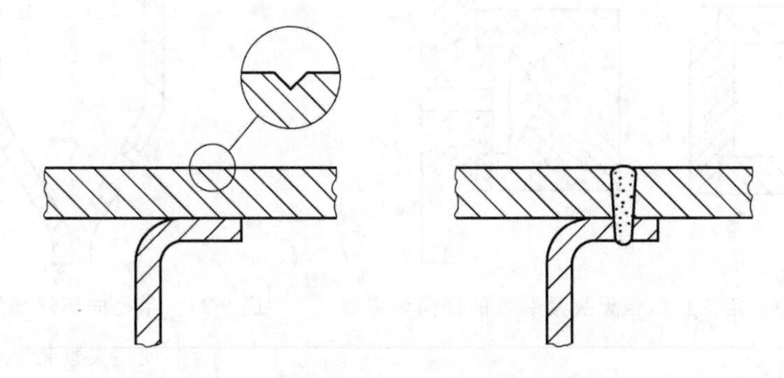

图 9-18　搭接的 T 形接头的穿透焊接

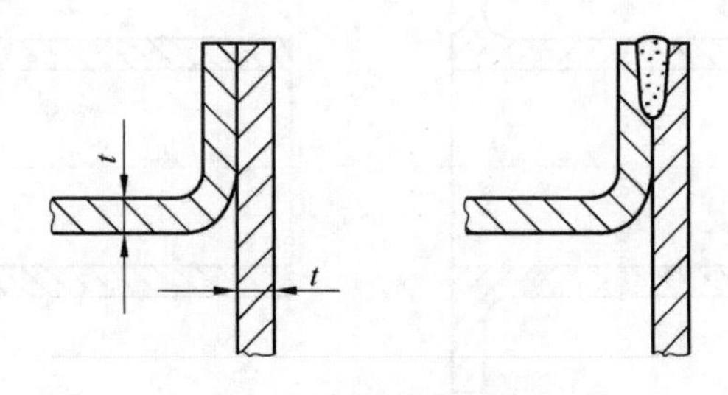

图 9-19　角接接头的焊接

9.2.3　环焊缝的特点

1. 环焊缝接头设计

前面所述的对接焊缝也适用于具有一些特殊附加特征的环焊缝的电子束焊接。径向环焊缝的定位特征是至关重要的。根据组件的形式、装配方法和功能,焊接对接焊缝前可能要准备一个锁底结构(见图 9-20),或者,在极少数情况下,需要一个夹紧装置(见图 9-21)。此外,可通过优化径向环焊缝位置来降低生产成本,如图 9-22 所示。

在旋转件的轴向焊接过程中,主要通过零件本身来进行定位对中,如图 9-23 所示。但是请注意,横向收缩会导致与起始点相对的焊缝间隙宽度增加(参见后面关于配合公差的部分内容)。

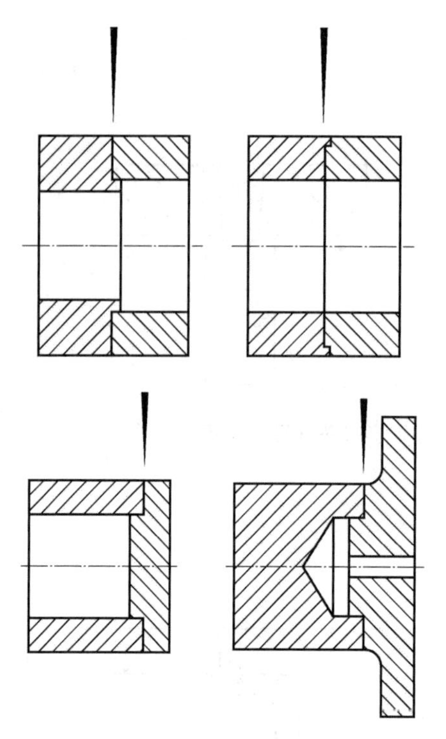

图 9-20　带中心定位止口但无夹紧装置的径向环焊缝

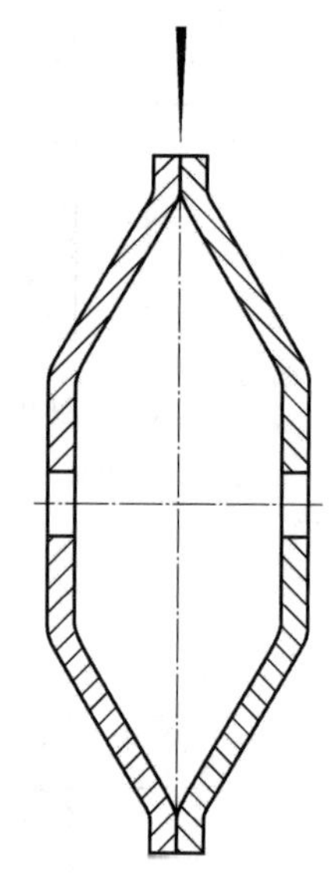

图 9-21　带径向环焊缝的端接接头

注：使用夹紧装置对中。

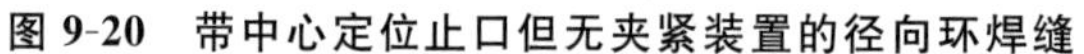

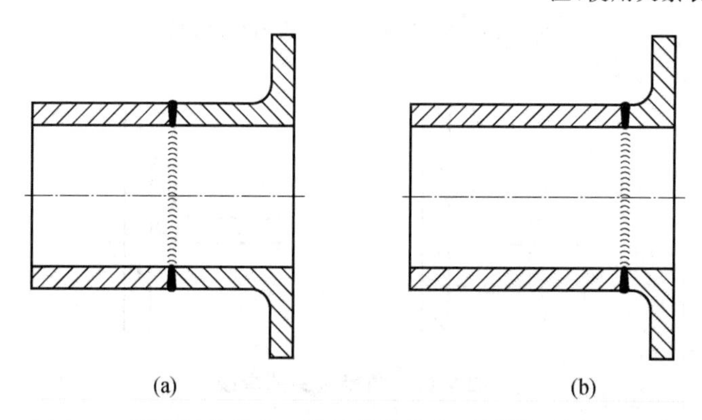

图 9-22　不合适的径向环焊缝的焊接位置和较好的焊接位置

(a) 不合适的焊接位置；(b) 较好的焊接位置

对于许多旋转部件，特别是传动齿轮，设计时不仅要考虑其强度，而且考虑其刚度。在这种情况下，焊缝不需要被完全焊透，因为较小的熔深足以实现扭矩传递，从而节省了大量时间和成本。因此，现代齿轮的设计大多采用局部熔透焊接的方法，如图 9-24 和图 9-25 所示。

2. 配合公差

推荐使用下面列出的轴向环焊缝的压力和过渡配合。

(1) 过渡配合 H7/k6 或 H7/n6。注意，在最大孔径和最小轴径之间可能有少量的间隙。

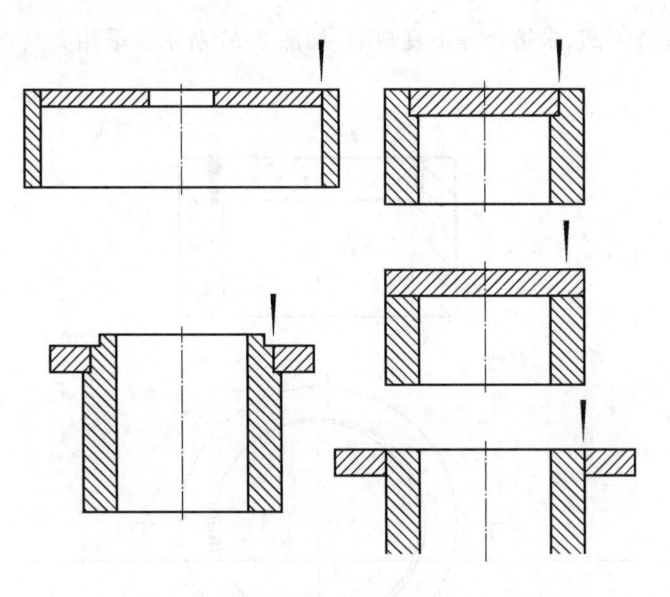

图 9-23　多种轴向环焊缝接头的设计形式

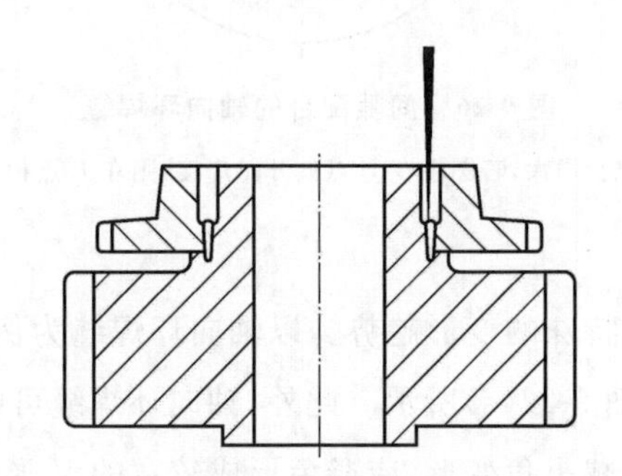

图 9-24　齿轮本体与同步环接头焊接的实例

图 9-25　准备焊接的齿轮本体与同步环

(2) 过盈配合 H7/s6。在这种情况下，焊接产生的压应力的释放会对整体变形产生影响。

(3) 配合 H7/r6。试验证明理想的配对方式是 H7/r6（译者注：H7/r6 的范围要小于 H7/n6）。

如果配合较松，焊缝开始时的横向收缩会导致工件中心线对称的焊缝区域的间隙显著增大，进而产生焊缝下凹、未熔合等不良缺陷，如图 9-26 所示。采用夹具也很难消除高收缩应力。

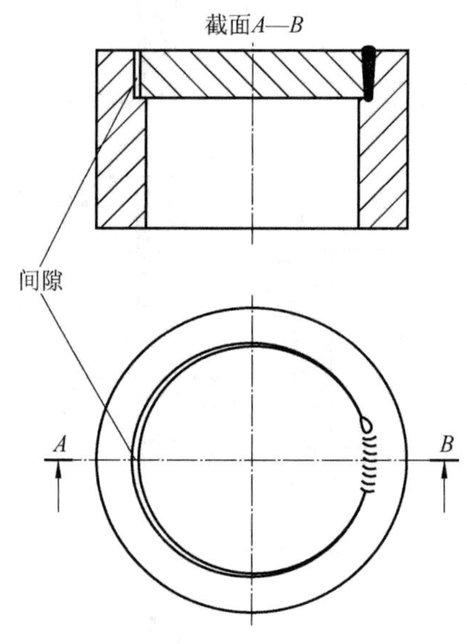

图 9-26 间隙配合的轴向环焊缝

注：在焊接开始点对面位置的间隙会增大，若图中在 B 点处开始焊接，则在 B 点相对的 A 点处的间隙会显著增大。

3. 变形趋势

环焊缝焊接时需要考虑特殊的变形趋势。以轴向环焊缝为例，由于工件开始横向收缩，焊缝产生径向位移趋势，如图 9-27(a)所示。此外，轴向环焊缝可能有角变形的趋势，特别是在焊接大直径圆盘时。为了减小角变形，应避免形成较宽的 V 形熔合区的焊缝，并首选具有较窄熔合区的焊缝。

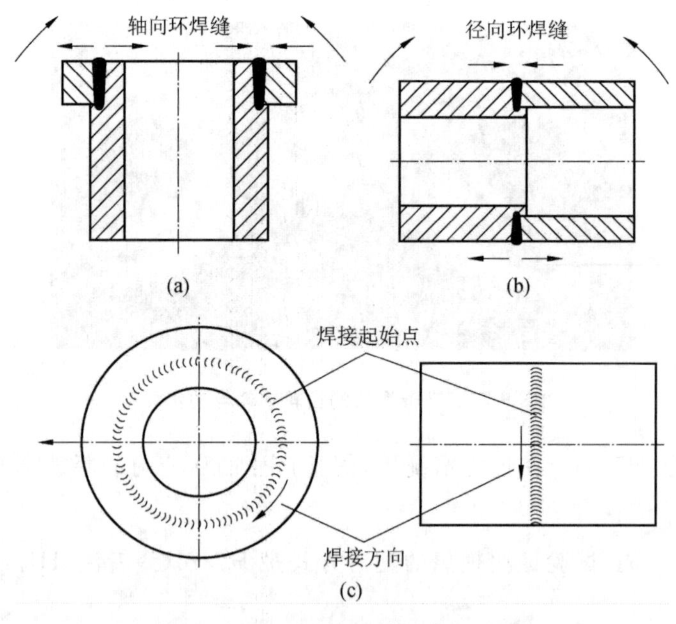

图 9-27 轴向和径向环焊缝的变形趋势

同样的，在径向环焊缝开始处的横向收缩会导致轴发生扭曲变形，如图 9-27(b)所示。进行点焊是一种较好的解决方案；如果有几个并列的径向环焊缝，可以在交替焊接时将焊接起始位置改变 180°。

9.3 不等厚接头的焊接

由于多方面原因，可以采取额外的设计措施来焊接不等厚的接头。在高强度应用场合，零件厚度发生突变的地方如同焊接部位的缺口一样容易产生应力集中，如图 9-28 所示。此外，由于焊接残余应力的存在，在焊道上表面凹陷处附近产生裂纹的风险将增大(特别是对于环焊缝)，如图 9-29 所示。此外，偏转角度 β 必须大于发散角度一半(即 α)，这也会导致焊缝的底部产生未熔合缺陷。可以通过把不等厚接头的对接焊缝从厚度变化区域转移到等厚区域，变成平对接焊缝来解决这些缺陷，并通过使厚度逐渐变化、形成过渡区域来避免应力集中，如图 9-30 所示。

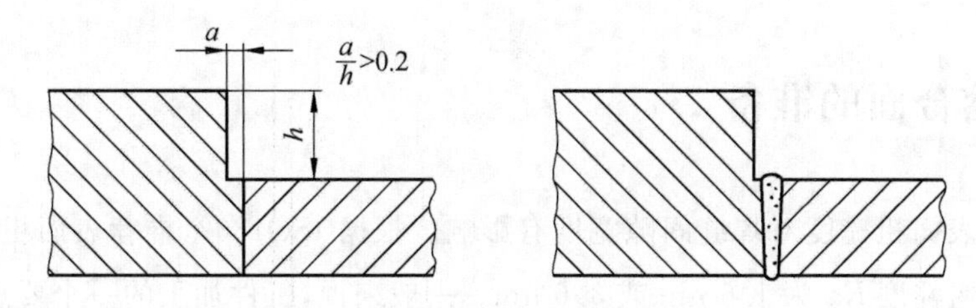

图 9-28　未准备充分的不等厚接头的焊接

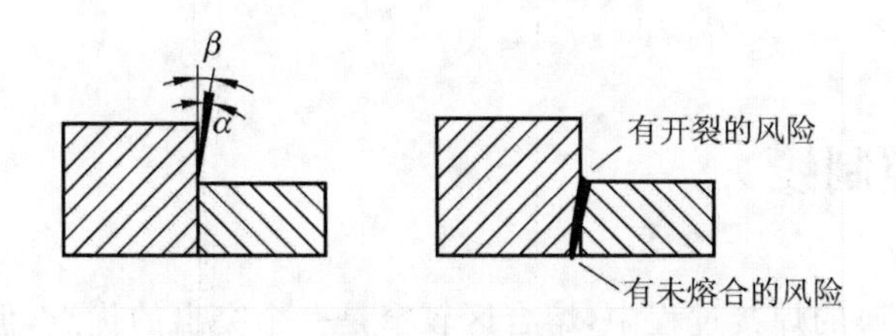

图 9-29　不等厚接头焊接时容易产生的缺陷

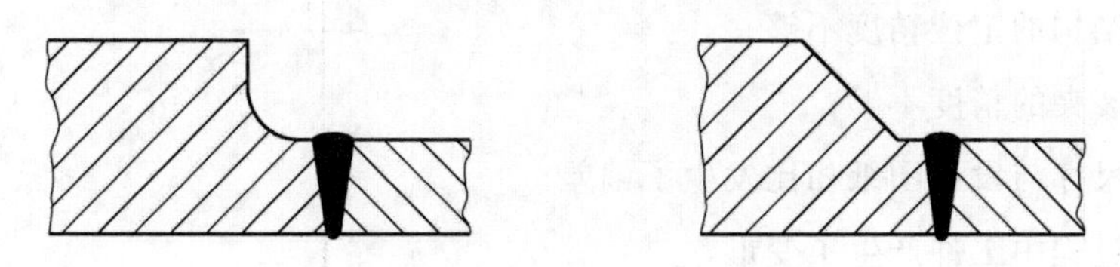

图 9-30　不等厚接头焊缝的正确形式

对于工件厚度差异较大的接头，沿焊缝线开槽可避免热量分布不均，如图 9-31 所示。该方法在焊接裂纹敏感材料时也很有用。如果工件厚度相差特别大，例如焊接箔片时，可以添加一条辅助压条来进行焊接，如图 9-32 所示。使用辅助压条的缺点是它们不能使压力均匀地分布在箔片上，从而与较厚的工件产生足够的热接触。由于接触不充分，箔片通常会因在焊接过程中吸收束流能量过多而被破坏。

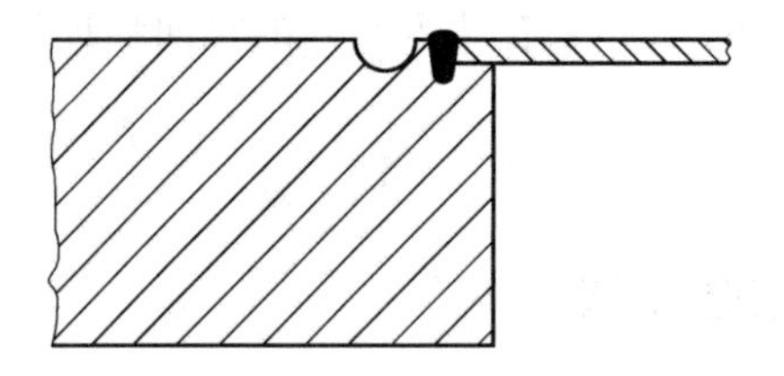

图 9-31　外部开槽使得散热均匀，同时减少残余应力

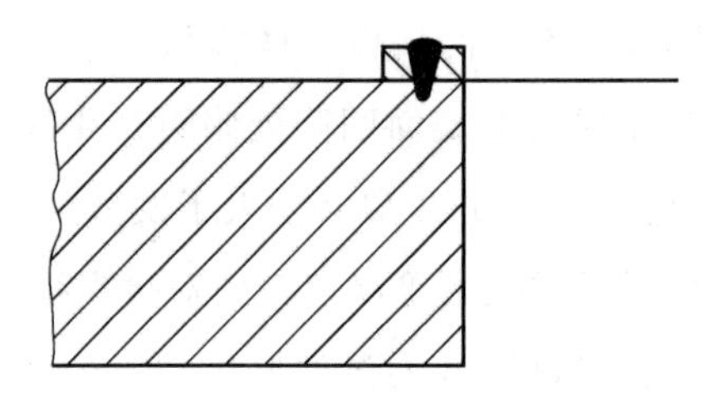

图 9-32　使用辅助压条来焊接箔片

9.4　熔合面的准备

熔合面的表面粗糙度对焊缝间隙宽度有影响。根据 ISO1302，推荐表面粗糙度等级 N7 和 N8，相应的粗糙度 Ra 为 1.6 μm 或 3.6 μm。一般来说，工件加工的一个要点就是根据零件精度要求进行精加工。此外，必须确定允许的最严重的焊接缺陷，并确定关于工件准备的焊接图纸。

9.5　焊缝控制线

虽然在大厚度金属的焊接过程中，熔合区较窄是一个突出的优点，但电子束与焊缝接头之间的位置偏差会显著增加未熔合的风险。造成这些偏差的原因可以是多种多样的：

(1) 运动结构的定位精度不够；

(2) 工件装夹的精度不够；

(3) 工件尺寸与设计图纸相比发生了偏差；

(4) 焊接过程中工件产生了变形；

(5) 工件本身具有磁性；

(6) 异种金属焊接时产生了热应力。

虽然在许多情况下，一些缺陷往往是用 X 射线和超声波测试方法检测到的，但由于使用这些测试方法也需要付出相当大的成本，最好先用其他检查方法来发现问题。通过对焊缝根部的目视检查可以发现束流是否对准焊缝，并且应该考虑到热量积聚可能导致焊缝变宽，如图 9-33 所示。因此,这种目视检查的可靠性也是有限的。

在实践中证明有效的另一种测试方法是在工件表面的顶部和底部使用控制线,如图 9-34所示。具体做法是在工件准备过程中,在各自接头外侧画一条平行于熔合面的线,以便在焊接后确定焊缝中心到先前表面的距离。考虑到其他尺寸公差,可以通过试焊和测量宏观上焊缝截面的宽度来计算焊缝最大安全偏差。

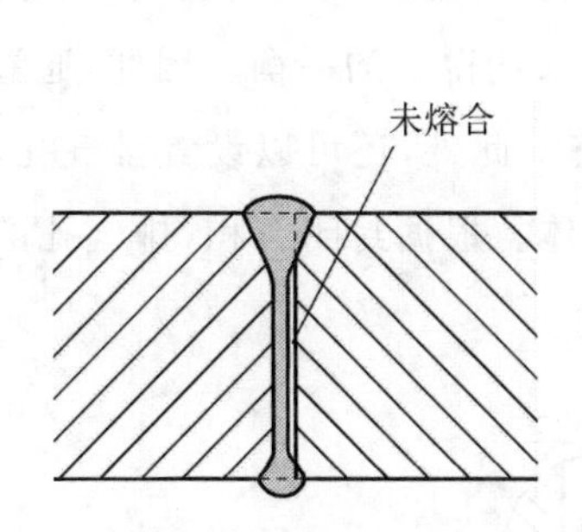

图 9-33　具有隐藏的未熔合缺陷的焊缝

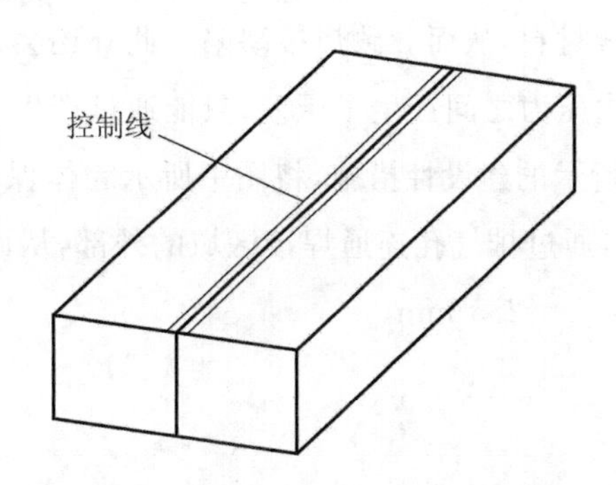

图 9-34　工作准备中用直线来控制焊缝位置

9.6　焊缝起点和终点

如 7.8 节所述,蒸气腔四周材料的运动方向与焊接方向相反。这种效应使得焊缝开始处有一定的材料堆积,成为焊缝加强高。在焊缝的末端,由于材料不足而形成了一个弧坑,通常带有裂纹(弧坑裂纹)。这两者都是在工件上必须要避免的焊接缺陷。在环焊缝的焊接过程中,通过特殊的束流功率控制,使束流功率在较长的焊缝路径上均匀分布,让以上两种缺陷不再出现。因此,环焊缝的开始位置和结束位置通常用肉眼是看不见的。

当焊接长接缝时,开始处和结束处都是开放的,使用临时的引入板和引出板,如图 9-35所示。采用引入板和引出板还有另外的优势:可以帮助消除其他的焊接缺陷。工件边缘的热量积聚效应,将导致工件边缘熔化形成缺口,因此,必须采用这些额外的部件(引入板和引出板)通过焊接或钉接方式与工件保持良好的热接触,以确保热量流动,从而避免造成工件边缘缺口。

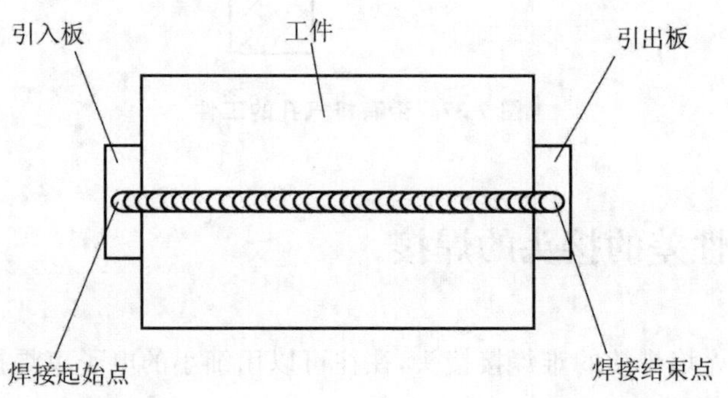

图 9-35　使用束流引入板和引出板进行焊接的例子(焊后切除凸出部分)

9.7 排气孔

在组件装配过程中，工件中可能会存在孔洞，也可能会在以后的焊接区域产生孔洞。这些孔洞中可能存在空气，不能被疏散，因此一旦焊缝深至这些孔洞处，随后释放的空气会排挤熔融材料，从而导致焊接缺陷。此外还会造成喷溅，原因是焊缝内部被困空气的压力和工作室内压力之间产生了压差，只能通过产生和打开蒸气腔来获得新的平衡。因此，通过如图 9-36 所示的建设性措施，将图中所示腔体保持在最小状态。此外，还可以设置排气孔（见图 9-37），通过排气孔连通焊接区域的外部，从而排出多余气体。根据封闭容积，排气孔的最小直径 $d_{min}=2.5$ mm。

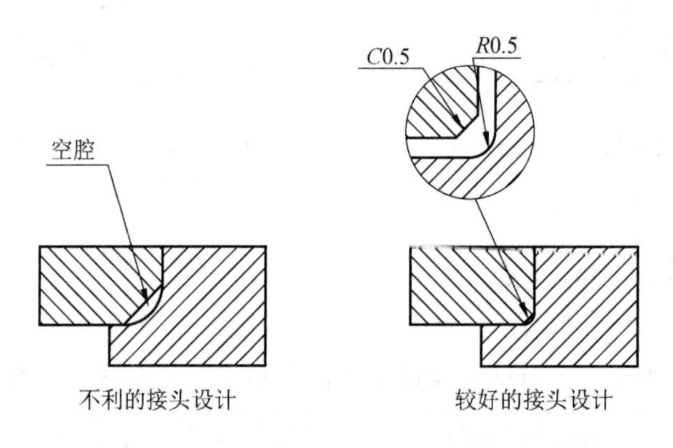

图 9-36　零件装配后的空腔及限制空腔的方案

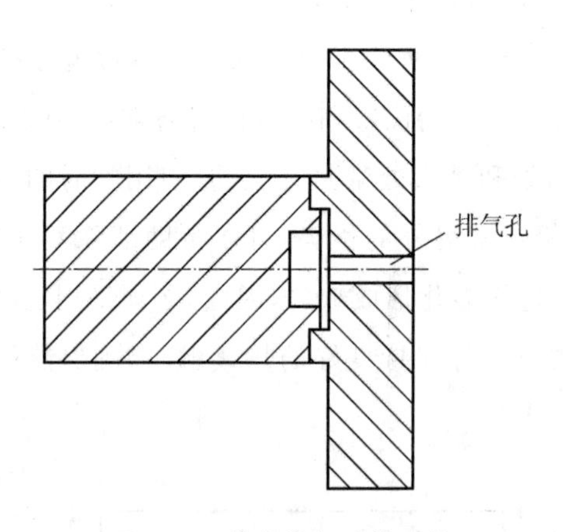

图 9-37　带有排气孔的工件

9.8 可达性差的接头的焊接

不能用电弧或火焰焊接的难焊接接头，往往可以用细小的电子束焊接，如图 9-38 所示。图 9-38 还显示，即使是物理上不可接近的焊缝也有可能用电子束焊接。如图 9-39(a)

所示，利用第一次焊接后穿透束流的剩余功率，可以焊接第二条焊缝，甚至多条焊缝。首先在焊缝位置做标记，以使束流能够对准工件内部焊缝。注意，对这种形式的焊缝通常不能进行无损检测，因为在工件内部还有一条焊缝。在图 9-39(b)中，我们可以看到电子束焊接对焊接构件的尺寸精度也有更高的要求。

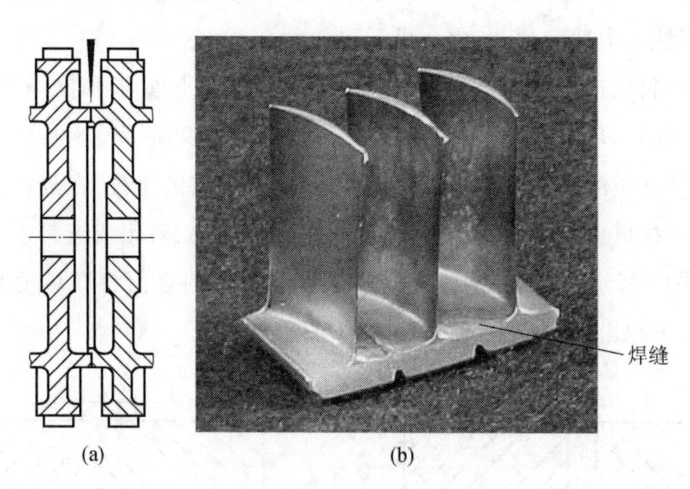

图 9-38　电子束焊接难焊接接头的例子

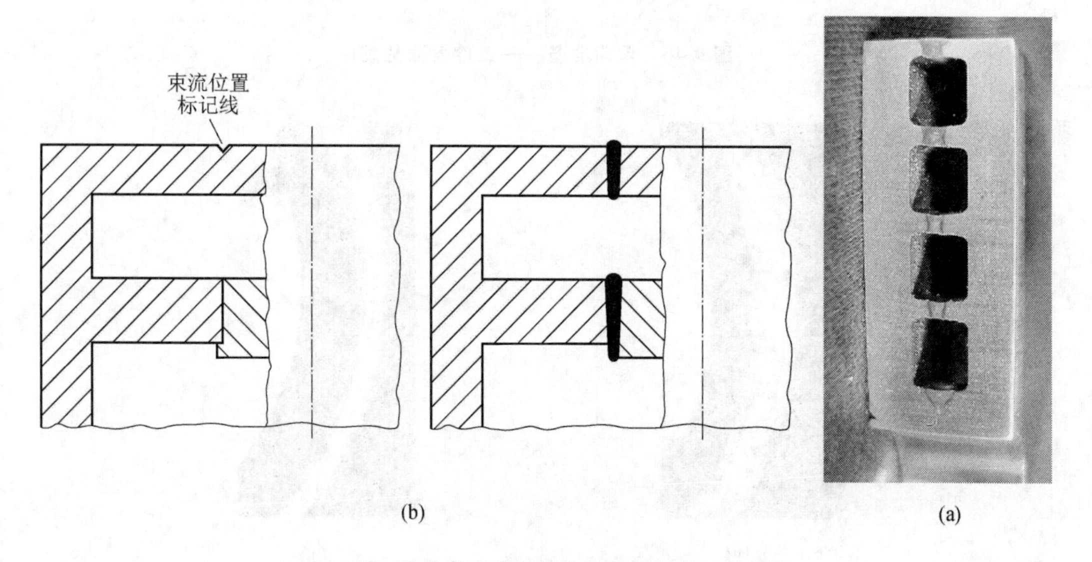

图 9-39　通过电子束来焊接不可接近接头的例子

9.9　工件与接头沟槽的清理

在电子束焊接中，应用于熔焊工件表面清洗的原则也必须严格遵守。焊缝沟槽应完全无锈层、氧化物、油或油脂、冷却剂和残余油漆等。对在大气中易迅速氧化的材料(铝、钛、锆等)，必须在焊接前进行清洗，或在惰性环境中进行中间过渡储存。可采用以下清洗方法：

(1) 机械清洁　具体流程为：切削或机械加工(车削、铣削等)→打磨→用研磨剂喷丸→用钢丝刷刷(每一种焊机材料的清洁工具必须单独分开使用)。

如果在这些情况下无法移除任何使用的冷却剂，则必须检查其与焊缝的相容性。

(2) 化学清洗　具体流程为：用酒精和蒸汽脱脂→用碱和酸清洗→用去离子水冲洗(如有需要，可在超声波浴中冲洗)→钝化→烘干。

清洗程序和材料的选择取决于焊接材料、工件尺寸、质量要求和操作条件。此外，必须遵守相关的事故预防和环境保护条例。完整的细节可参考文献[70]。

为了确保不受杂质的影响，对在焊接表面有涂层或镀层的工件，在焊接前要采取进一步的清理措施。在焊接坡口区域的渗碳、阳极处理、镀镉、氮化、磷化或镀锌表面必须通过机械加工去除，如图 9-40 所示。否则，这些有涂层或镀层类型的表面将在熔池和热影响区产生气孔和裂纹，并极大地影响焊缝质量，如图 9-41 所示。

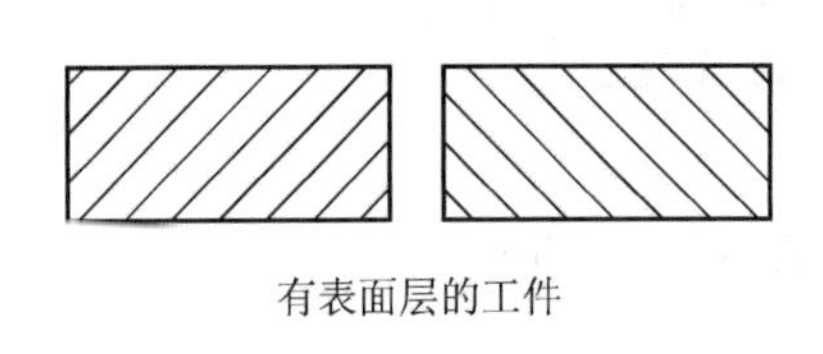

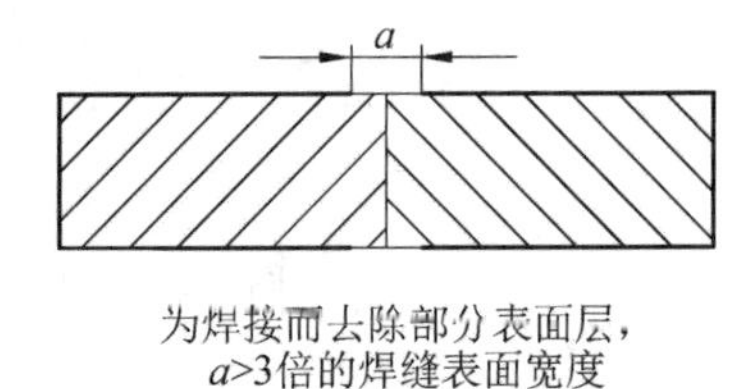

图 9-40　焊前准备——工件表面处理

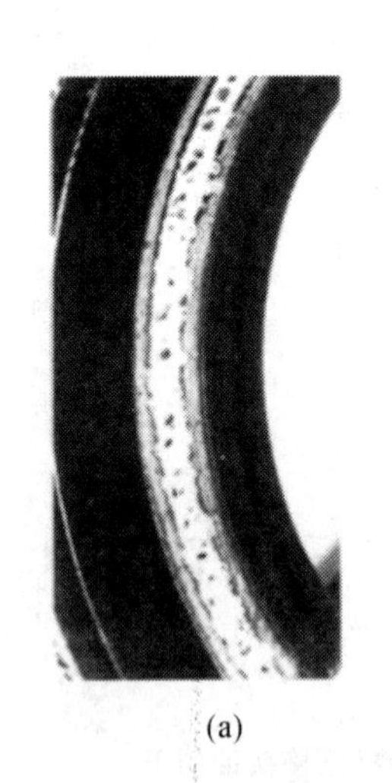

(a)

(b)

图 9-41　表面硬化齿轮上用电子束焊接的环形焊缝

(a) 未对焊接面的表面硬化层做处理的焊缝；(b) 把焊接面的表面硬化层加工掉之后的焊缝

9.10　焊接工装和夹具

电子束焊接用的焊接工装和夹具与其他焊接工艺用的工装和夹具之间只有细微的差别。如 8.3.8 节所述，会引起束流偏转的材料、工装和夹具必须由非磁性金属制成，如铝、铜材料或奥氏体钢。这些工装夹具必须允许电子束在焊道下自由传输，如图 9-42 所示。图中添加挡板原因是：为了实现所期望的全熔透，让背面焊道有一定微微凸起的表面余高，电子束必须在穿透工件后还有一定的残余的束流能量，而这些残余电子束继续向下运动就会打到下方的工件或者工作台上，进而损坏工件或者工作台。添加一个可替换的挡板可阻止残余电子束继续向下运动，从而保护下方的工件或工作台。

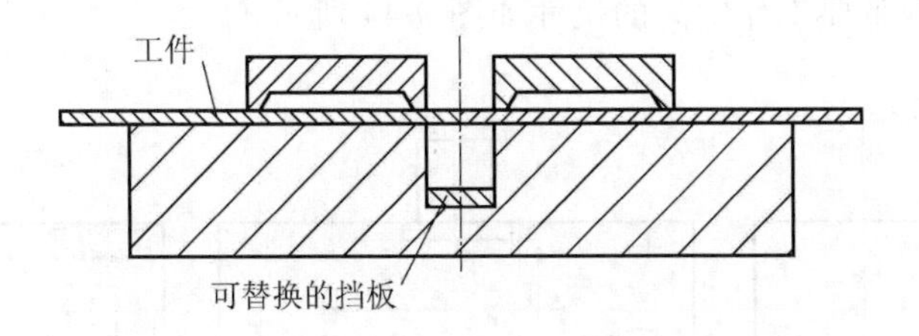

图 9-42　电子束焊金属薄片的工装夹具

注：可更换下方的挡板来保护工件不被剩余穿透的电子束的能量熔化。

残余束流能量可以熔化工件底面的部分工装夹具。这种不必要的熔化可以使用各种类型的保护工具来避免，如图 9-43 所示。通常是把金属片或管状截面的防护板安装在接头下方适当距离的位置处。它们能捕捉到焊道下的飞溅金属，或者能将热能降低到足够低的水平，以防止夹具和工件被熔化。工装夹具应采用与焊接工件相同的材料，从而防止焊接过程中冷凝的金属蒸气和飞溅对构件产生冶金性影响。

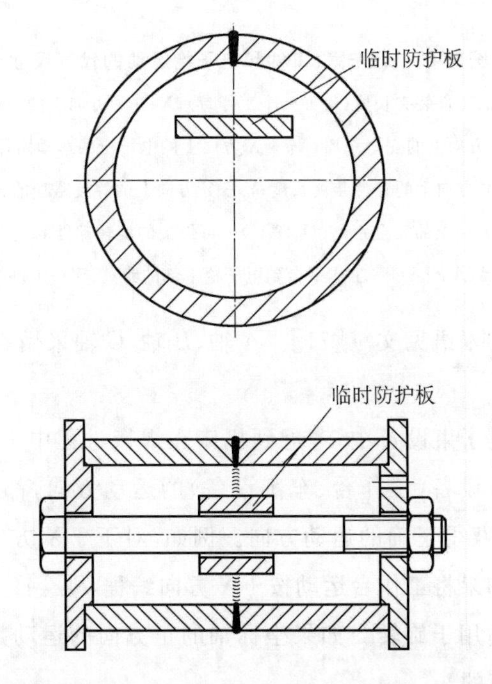

图 9-43　焊接纵向焊缝和环焊缝时，为防止电子束穿透工件和防止飞溅伤到工件而添加临时保护板

9.11 工作室、工件和电子枪运动的尺寸

无论电子束设备是专用型的还是通用型的，在设计工装和夹具时，都必须考虑工作室的可用尺寸。此外，必须观察运动装置的最小工作区域和安全距离。带有固定式和移动式电子枪的通用工作室内重要工作空间的尺寸如图 9-44 所示。

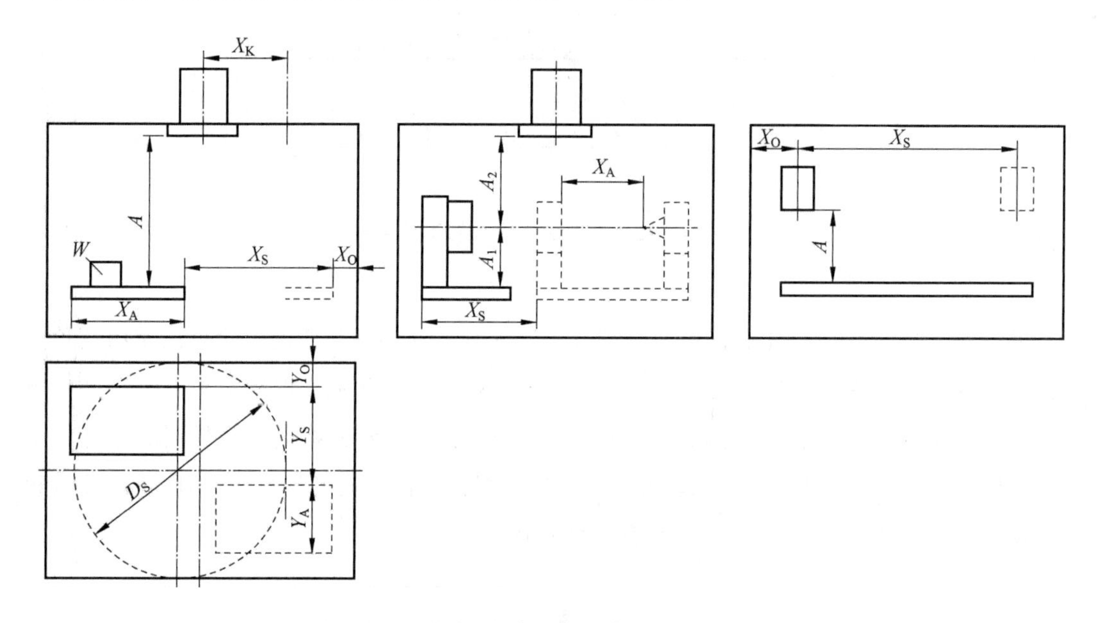

图 9-44 工作室、工件和电子枪运动的代表尺寸

X_A—X 方向上的工件装夹长度（例如一个工作台）；X_S—X 方向上的焊接路径的长度；
X_O—X 方向上的安全距离；X_K—X 方向上的电子枪的运动路径长度；
Y_A—Y 方向上的工件装夹长度；Y_S—Y 方向上的焊接路径的长度；
Y_O—Y 方向上的安全距离；$D_S(2A_1)$—可焊接的旋转部件的最大直径；
$A(A_1+A_2)$—工作平台到电子枪下部的距离；W—工件

关于坐标轴和方向的术语见文献[71]。A 轴、B 轴、C 轴采用直角右手坐标系，X 轴、Y 轴、Z 轴均为直线轴。

该坐标系可应用在电子束设备中，考虑到机床在焊接过程中工件可能发生运动，因此，无论是根据焊接方向还是设备（工作台、车削设备）的运动方向，都必须对编程符号进行约定，这样才能在坐标系中获得正确的运动方向。例如，对于 $+X$ 方向的焊缝，工作台的运动必须按 $-X$ 方向编程。如果将工作台运动按 $+X$ 方向编程，则会产生 $-X$ 方向的焊接，如图 9-45 所示。这个规则也适用于旋转。如果坐标轴的正方向的运动是顺时针方向，则认为焊接时逆时针旋转方向是正的。

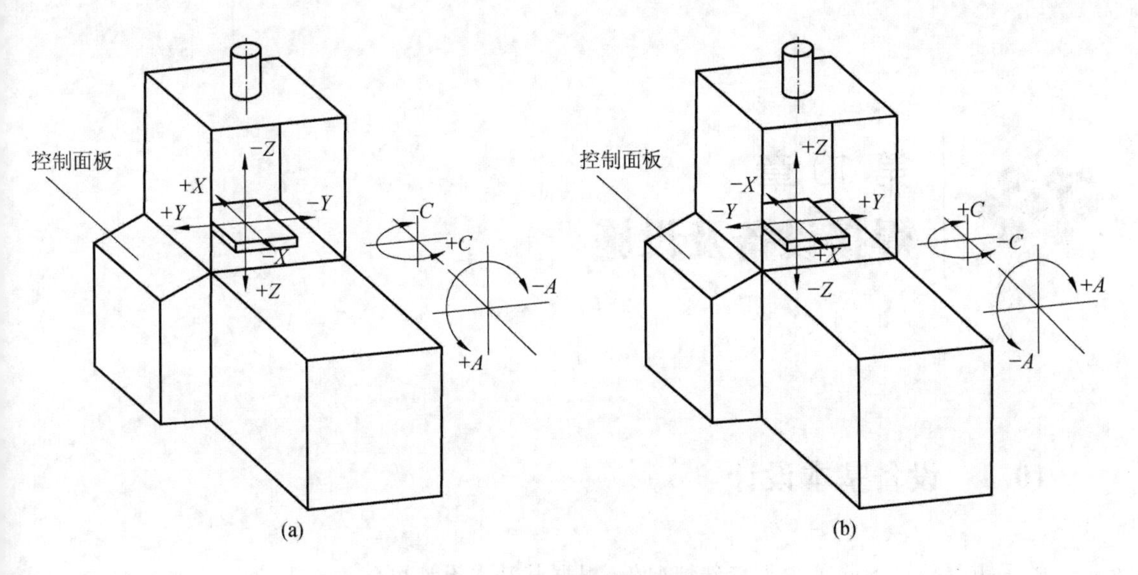

图 9-45　工作室内轴及运动方向定义

(a) 与焊接方向有关的轴;(b) 与设备运动方向有关的轴

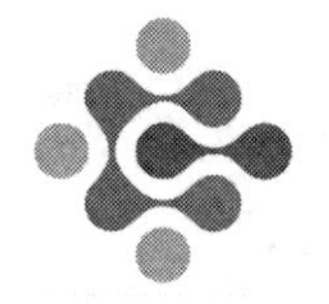

第 10 章 焊接设备及设施

10.1 设备基本设计

电子束焊接设备除了少数特殊情况外，根据其基本设计可分为五类：

(1) 通用设备；

(2) 循环设备；

(3) 多腔室和传输设备；

(4) 连续流动设备；

(5) 非真空设备。

所有这些设备都有以下共同组成部分：

(1) 高压电源；

(2) 电子枪；

(3) 工作室；

(4) 运动机构；

(5) 控制面板；

(6) 控制系统；

(7) 真空泵组。

组件的安装与工作流程相兼容，并遵循特定的方案。如图 10-1 所示，工作室放置在电子束焊接设备的中心，其他部件安装在其周围。

电子枪是用电缆连接到高压电源上的。真空泵位于真空室的正后方，并且可以安装隔声装置。如果加速电压 $U_A > 60$ kV，那么电子枪、工作室和泵体必须有防止 X 射线辐射的屏蔽组件。观察窗采用含铅玻璃。对于加速电压 $U_A < 60$ kV 的情况，不需要采用额外的保护措施，因为 X 射线能够完全被工作室壁和电子枪的筒壁所屏蔽(关于 X 射线防护的详细信息请参阅 14.2 节)。

根据焊接任务的类型，设备设有工作台、旋转装置，以及用于工件安装和作为工作室入口的输入工作台，如图 10-2 所示。

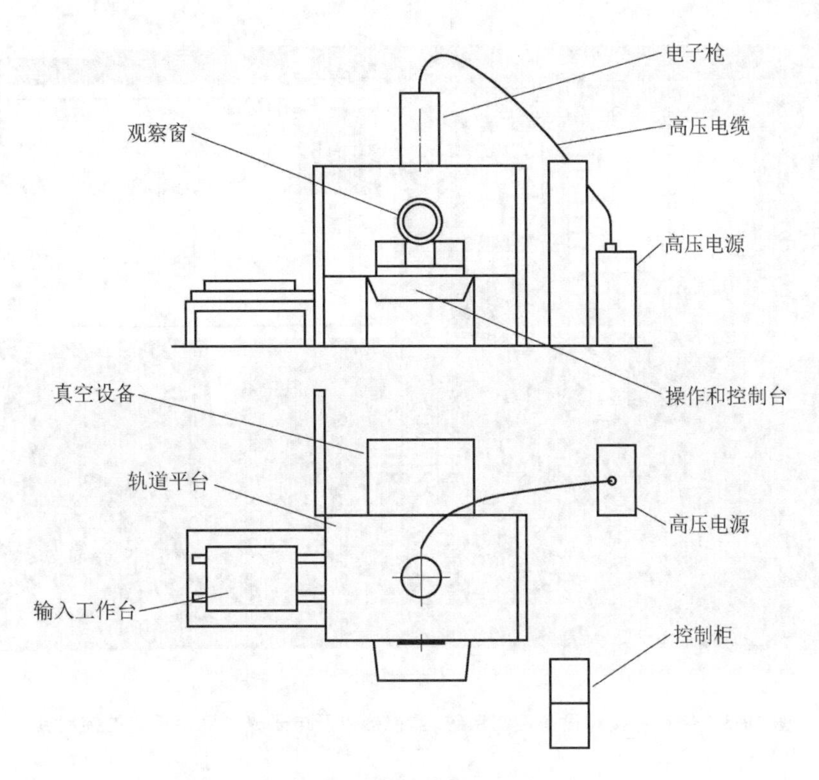

图 10-1　电子束焊接设备组件

图 10-2　具有旋转装置和准备工作台的通用焊接设备

控制台包含焊接和设备控制系统、监视器，以及电子光学观察系统。它与坐着的操作者的眼睛高度一致，以方便操作者进行观察和操作，如图 10-3 所示。

图 10-3　带有焊接和设备控制系统、监视器以及电子光学观察系统的控制台

10.2　高压电源

电子枪通过高压电源提供加速电压、偏置电压和阴极加热电压。它由两个单元组成:一个是低压部分,连接到包含控制和调节装置的 400 V 三相电路上;另一个是通过油绝缘的二次高压部分,将一次低压部分的交流电转换为所需的高压直流电。高压部分是由几个串联的二极管和电容产生的,即所谓的串联电路,如图 10-4 所示。由于这种设计,现代高压电源比过去使用的变压器更轻、更小。

为了进行电子束焊接,高压电源必须具有极低的纹波系数。在另外两个电路将直流电压分为偏置电压和阴极加热电压之前,先由特殊电路对直流电压进行平滑处理。与以往高压电源相比,现代设备具有较小的电容,因此当焊接过程中发生放电现象时,可立即关闭偏置电压开关,从而切断束流,防止对工件造成损伤。

虽然控制焊接参数的电路与高压电源的主要部分有关联,但它根据功能被安置在独立的机箱中。所有高压元件均安装在装有高电阻变压器油的罐体内,按特殊操作(灌装、清理等)要求安装。一根三极固态屏蔽电缆将高压电源与电子枪连接起来。所有电力设施必须按照官方标准操作,以确保正确使用,防止人身伤害和财产损失。

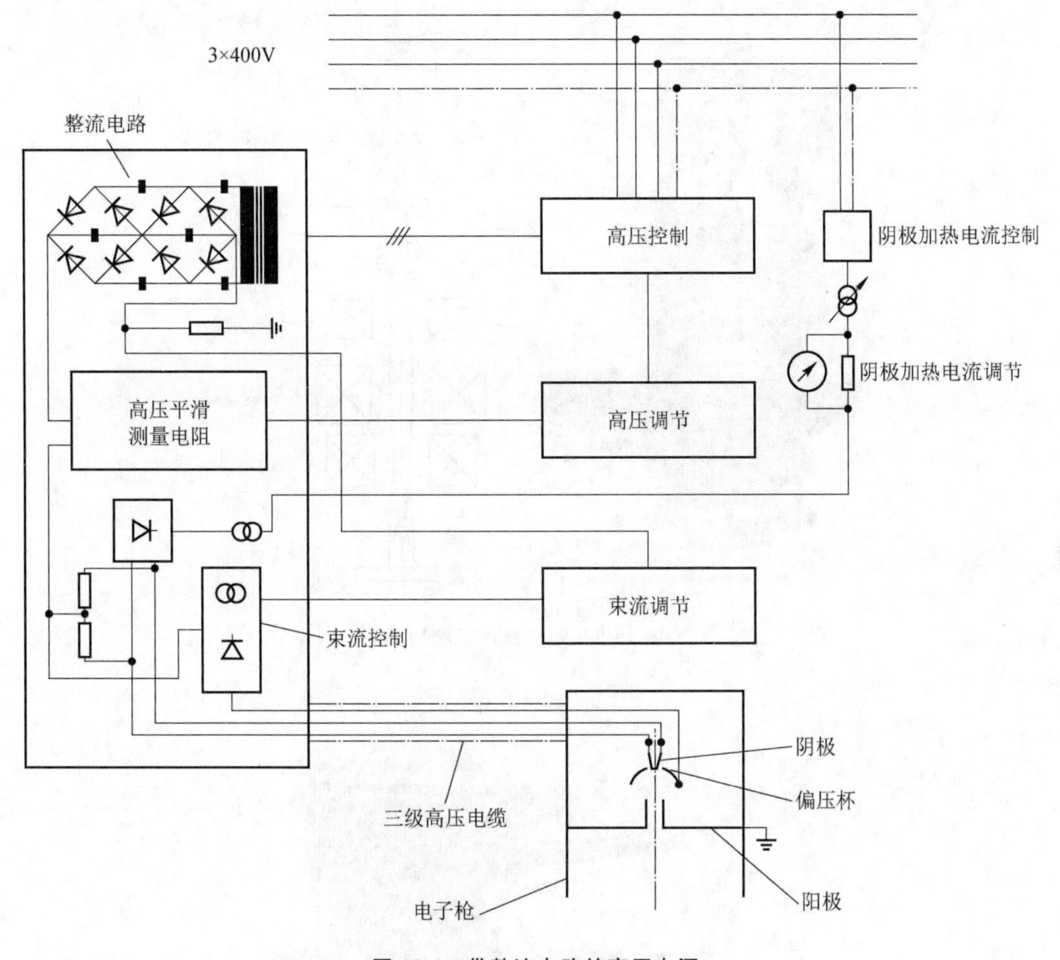

图 10-4　带整流电路的高压电源

10.3　电子枪

在电子枪中，热发射的电子通过各种校正线圈和电磁仿形线圈系统被聚焦和引导，对此电子枪的内部结构图（见图 10-5）已给出了说明。图 10-5 显示了带有三级系统的电子枪上部和带有像散校正装置、聚焦透镜和动态偏转系统的枪的下部，静态偏转和观察系统没有显示出来。枪的上下两部分由球形的压力节流阀（简称球阀）隔开，允许上部电子枪室关闭并继续保持真空状态，同时对工作室进行充气，至达到大气状态时再开门，以便更换工件。待工作室再次抽真空准备进行电子束焊接时，球阀打开，使电子枪与工作室连通。在图 10-6 所示的独立真空泵（涡轮分子泵）的帮助下，球阀能够永久保持真空状态（p_A约 10^{-3} mbar）与上部电子枪内部（p_E约 10^{-4} mbar）之间的压差。因此，可以防止上部的电子枪体由于工作室的充气而被污染。

如 2.5 节所述，带状阴极在焊接过程中会因材料升华和受到离子轰击而受损，寿命有

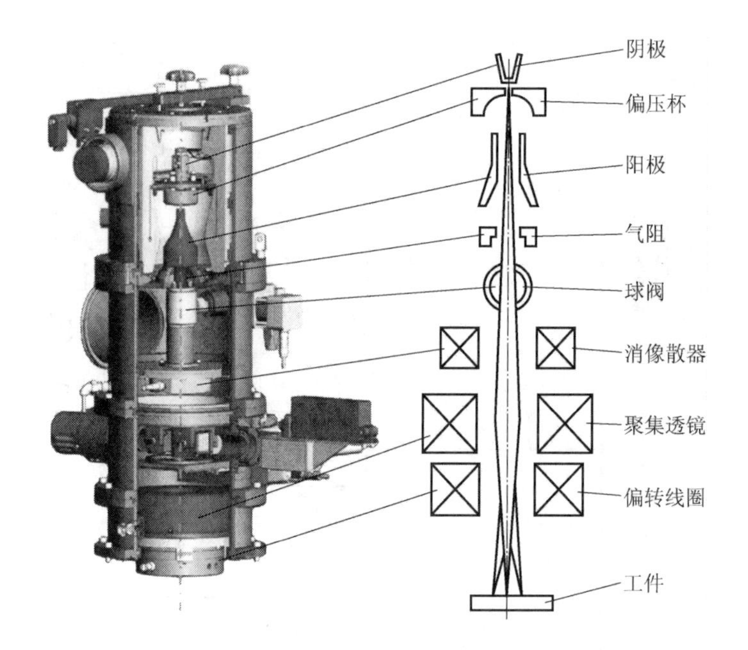

图 10-5　电子枪内部结构

图 10-6　电子枪及用于电子枪抽真空的涡轮分子泵

限,需要定期进行更换。对于束流调节和合轴,最重要的是尽可能准确地将新的阴极替换到原来的位置。为达到此目的,电子枪中设有专用的阴极夹持装置,该阴极夹持装置可在电子枪上部充气并打开电子枪上盖后,使用专用工具对阴极进行拆卸,如图 10-7 所示。将一个新的预成形的带状阴极放置在阴极更换装置的钳口内(见图 10-8),通过阴极更换装置上方的旋钮进行锁紧,之后把固定有新的带状阴极的可直线滑动的卡钳滑到阴极座一侧,使带状阴极精确地插入阴极座，之后拧紧阴极座上的螺钉使带状阴极与阴极座完美紧密接触，如图 10-9 所示，这样就保证了阴极座与阳极、中心轴与偏压杯之间严格的公差要求。

图 10-7　打开电子枪上盖后拆卸和更换阴极座

图 10-8　带状阴极更换装置

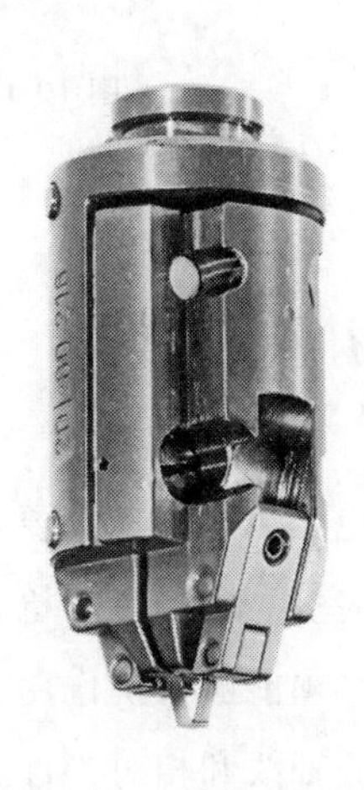

图 10-9　带状阴极座

电子枪不限于垂直安装在真空室中，如果有焊接作业的需要，也可以水平安装，如图 10-10所示。

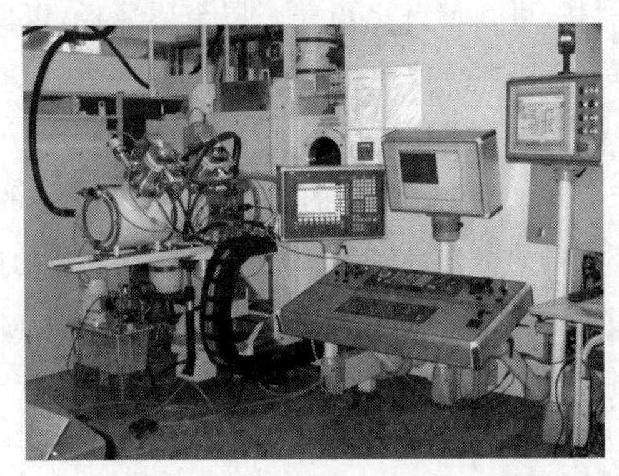

图 10-10　带控制面板和水平安装电子枪的焊接设备

如果要求电子枪沿固定工件移动，柔性绝缘电缆不限于应用在 $U_A=60$ kV 的场合，现在 $U_A=150$ kV 时也可以使用柔性电缆，如图 10-11 所示。

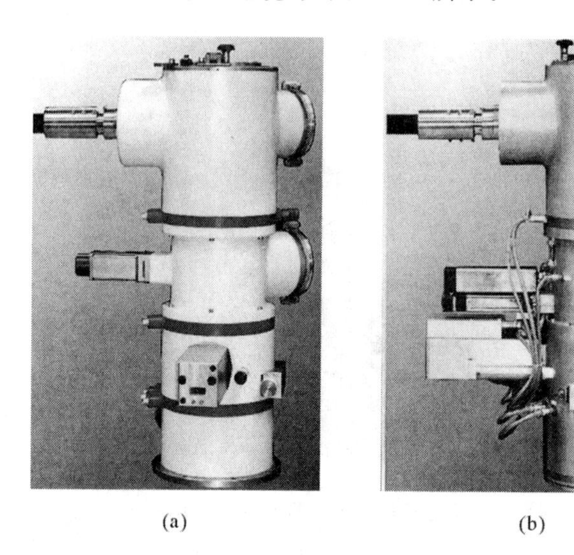

(a) (b)

图 10-11 加速电压高达 $U_A=150$ kV 的不同的电子枪

(a) 固定安装；(b) 运动安装

10.4 工作室

真空电子束焊接工艺要求封闭的工作室内包含运动装置、夹具和工件。在达到工作压力后，由于室门密封，电子枪、测量电缆通道均有微小泄漏，真空泵需要继续工作。被抽真空的工作室必须能够抵抗作用在装有电子枪的室壁上的巨大大气压力，并且必须使用加强肋，使影响束流轴线和相对工件运动的引导机构的变形最小化。

由于工作室和电子枪的墙壁通常由商用低碳钢制成，足以保证工作室内的装置免受外部磁场的干扰，里面的墙壁也不需要采用特殊的抗腐蚀防护措施，因为工作室通常都处于真空状态。此外，由于焊接过程中会产生金属蒸气，不断熏蒸在墙壁上，因此，如果对工作室内的洁净度要求特别高，可在墙壁上覆盖一层金属薄板，以便于后期清理。同时，为了不额外增加抽真空时间，需要在金属薄板覆盖层和室壁之间留有较大的间隙，以便气体顺利流通。

很多生产任务都要求有单独的大小合适的工作室。一个有趣的例子是用于大规模焊接小尺寸旋转部件的带循环设备的工作室，主要用于焊接汽车工业的齿轮部件，由于工作室的体积只有几升，其可以在几秒内被抽成真空室(第 10.7.1 节)。同时作为对比(尺寸范围)的另一个极端例子，是为焊接大型部件单独生产的几百立方米的工作室，如图 10-12 所示。

图 10-12　在 630 m^3 的工作室内具有六轴运动装置和可移动电子枪的设备

10.5　运动装置

运动装置的功能是在焊接过程中移动待焊工件和/或电子枪。在大多数情况下，都是使工件在固定的电子枪下方沿纵向运动或沿某一方向旋转。在某些特殊情况下，可以将电子枪移动到大型工作室内一个合适位置来进行工件的焊接，如图 10-12 所示。另一个经过验证的解决方案是在工作室的外壁上安装可以移动的电子枪，如图 10-13 所示。该设备的运动机构主要用于在焊前将电子枪移动到适当的位置。在焊接过程中较少通过移动电子枪来实现焊接。

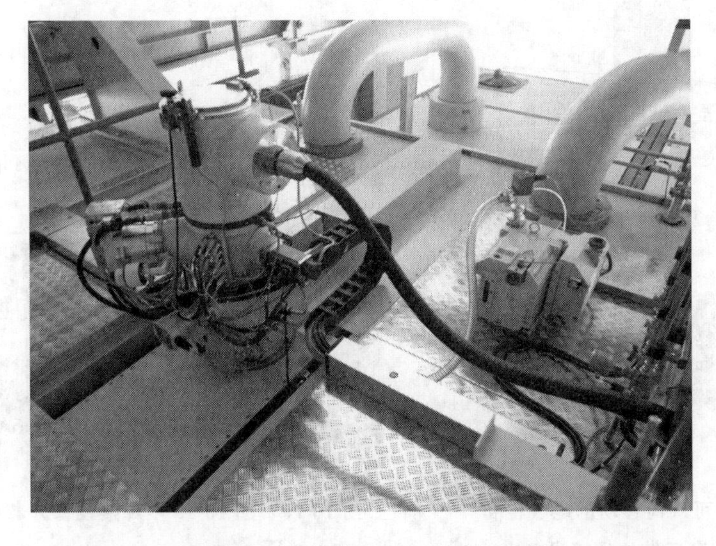

图 10-13　电子枪在工作室壁上滑动

最常见的运动装置是工作台和旋转台。工作台一般沿 X、Y 方向移动工件，偶尔沿 Z 方向移动，旋转装置绕 A、B、C 轴旋转，如图 10-14 所示。该运动装置配备有插槽，以方便使用工装和夹具，并由特殊电动机驱动。该特殊电动机必须适用于真空环境和能够免受金属蒸气冷凝物、焊接飞溅物和磁场的干扰。电动机在直线运动方向上的旋转是通过无反弹力滚珠丝杠或齿轮架实现的。增量式传感器与驱动电动机紧密连接，并记录工作台和/或旋转装置的真实位置。输入台上的运动装置无须断开电源电缆和控制电缆即可被驱动，从而实现工件的快速更换。

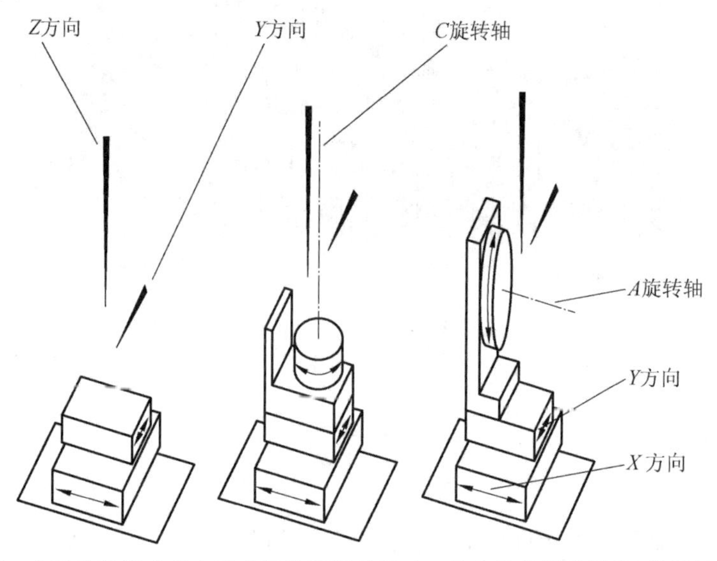

图 10-14　电子枪竖直或者水平安装的焊机的移动工作台和旋转装置(B 旋转轴未显示)

图 10-15 至图 10-16 所示为多轴移动的电子枪和复杂工件旋转的组合的实例。图 10-15 所示设备具有现代化的控制系统，其电子枪束流功率在 6 kW 以上。为了使零件能在一个操作过程中实现多个方向上的焊接，可以在真空条件下移动电子枪并改变旋转轴的旋转方向。

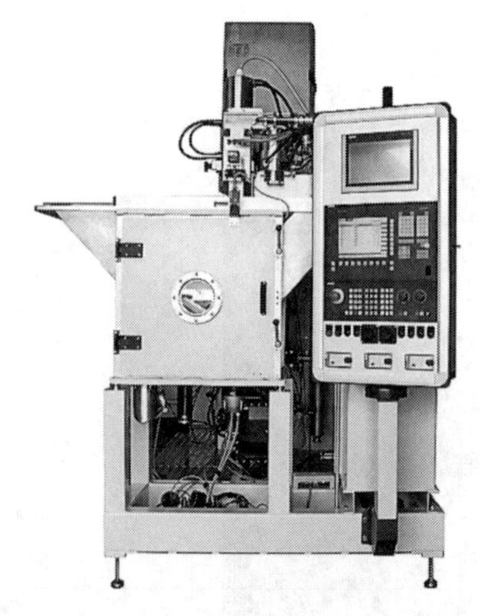

图 10-15　具有可双向移动的电子枪和电子光学观察系统的焊接设备

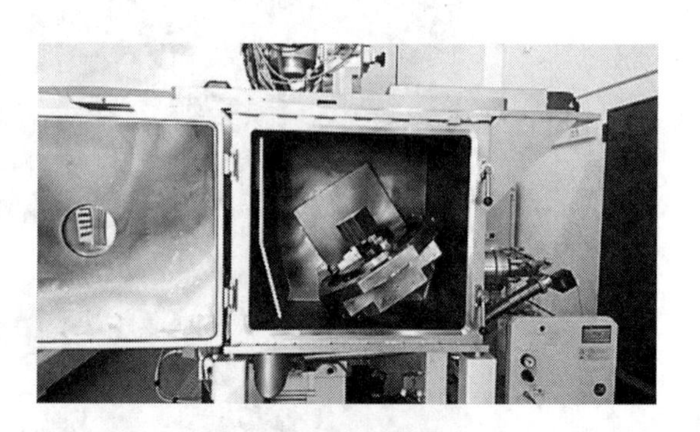

图 10-16　图 10-15 中焊接设备开着门的工作室

图 10-15 所示焊接设备的技术参数如下：

(1) 加速电压 U_A=60 kV；

(2) 工作室体积 V=280 L；

(3) 电子枪的行程 X=400 mm,Y 可选；

(4) 抽真空时间 t=45 s,到 5×10^{-4} mbar（无油真空）；

(5) 可旋转轴为 B 轴和 C 轴。

对于带有环焊缝的大型工件,可以使用带有竖直轴、水平轴和旋转轴的大型设备,如图 10-17和图 10-18 所示。尾座用于加工长轴类零件。与机床的构造不同,由于没有加工应力,所以运动装置的强度和稳定性只需要满足工件的重量和惯性要求即可。

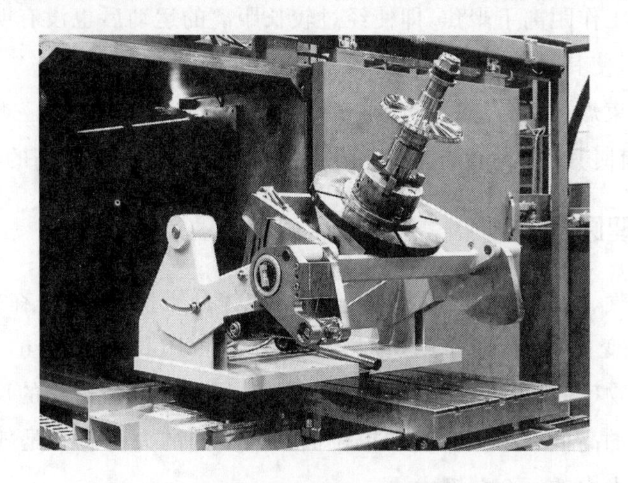

图 10-17　旋转和高度调节装置

图 10-18　轴旋转焊接装置

注:该装置可在一个真空周期内焊接 8 个部件。

10.6 真空设备

10.6.1 概述

除扩散焊接、真空钎焊外的其他传统的焊接工艺很少使用真空来保护焊缝，使其免受大气气体的影响。大多数焊接工艺使用惰性气体，或者用焊渣来保护焊缝，或使用化学方法来减少烟雾以保护焊缝。而电子束焊接过程中，真空对电子束的产生、电压控制和防止阴极氧化起着至关重要的作用。在工作室内，极高的真空使电子与空气分子碰撞的概率减小，使电子束能够在较大的工作距离下聚焦，即使经过较长距离的运动后也没有明显的散射效应；真空还可以保护熔池，使其免受大气的侵染。

真空泵是电子束焊接设备的重要组成部分，目前技术成熟、可靠。对生产设备而言，较短的抽真空时间(有时只有几秒)能为企业带来强大的竞争力和非常高的经济效益。

10.6.2 物理原理

大气主要由氧气、氮气和水蒸气组成，其中的气体分子快速运动，在极短的距离内不断相互碰撞并不断改变方向，此即布朗(苏格兰植物学家 Robert Brown，1773—1858)运动。气体分子遇到障碍物(例如容器壁)时就会发生碰撞，同时受到障碍物的反作用力，反作用力的大小取决于温度的高低。单位时间和单位面积上受到的力的总和是气体或蒸气的压力。粒子密度是真空技术中的一个关键术语。

在抽真空过程中，必须考虑关于分子的运动和相互作用的物理规律。当颗粒密度随着压力的减小而减小时，颗粒可以运动更远的距离，气体对容器壁表面的吸附作用可能变得更加显著。在抽真空过程中，再吸收过程可以比作对气体分子的提取过程，其对压强的影响总是很小。但这种影响随着真空和温度作用时间的延长而增加，也受真空室壁面质量和壁面清洁度的影响。如果压力小于 10^{-3} mbar，附着在容器壁表面上的气体分子比真空泵泵体空间内的还要多，因此，即使有着功率强大的泵，安装有表面粗糙的焊接设备、内壁肮脏、工装夹具和开放电机(导线绕组)存在狭窄缝隙的工作室抽真空时间也非常长。

电子束焊接压力范围新的定义如表 10-1 所示，取代了以前的术语“半真空”和“全真空”。毫巴(mbar)单位已经广泛使用，但根据 DIN 28400 的规定，单位百帕斯卡(hPa)也可以使用。

表 10-1 电子束焊接的压力范围

压力术语	压力范围/mbar
标准气压	1013
低真空	300～1
中度真空	$1\sim10^{-3}$
高真空	$10^{-3}\sim10^{-5}$

10.6.3 真空泵组

真空泵组的主要任务是将封闭在工作室内的空气抽走，即对气体进行压缩，并在大气压下将其排出。可达到的真空度取决于泵的压缩比。100∶1的压缩比只能达到10 mbar的压力。为了达到10^{-4} mbar的压力，空气必须压缩到原来的$1/10^7$，这是单泵不可能做到的。此外，根据相关物理定律，要求不同的真空泵承受不同的压力，同一活塞泵在串联时不工作。

电子束焊接设备使用的泵有：

(1) 机械压缩泵，如旋片泵、螺杆泵、罗茨泵等。

(2) 动力传输泵，如扩散泵、涡轮分子泵等。

(3) 吸附泵，即低温泵。

图10-19所示为不同真空泵的工作范围。能达到高真空的泵组是扩散泵、涡轮分子泵和低温泵。和大气连通的泵组是旋片泵和螺杆泵，因此旋片泵、螺杆泵、罗茨泵对高真空泵具有支撑作用。

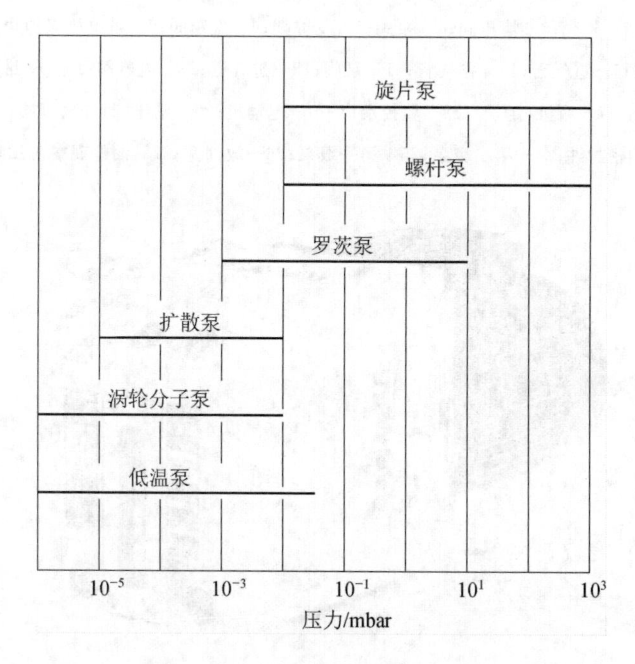

图10-19 不同真空泵的工作范围

1. 旋片泵

旋片泵由一个或两个带有偏心安装转子的圆柱形外壳组成，如图10-20所示。转子15包含密封滑块，通过弹簧或离心力将滑块分散到泵壁上，形成新月形泵腔。油膜供滑块的润滑和孔的密封用。转子通过进气口吸入空气，将空气压缩到大气压力，并通过出气口将空气排到室外。旋片泵(见图10-21)可达到的最终压力约为10^{-2} mbar。

2. 螺杆泵

螺杆泵(见图10-22，其设计抽真空速度为1.5～1200 m^3/h)工作原理与机械压缩原理

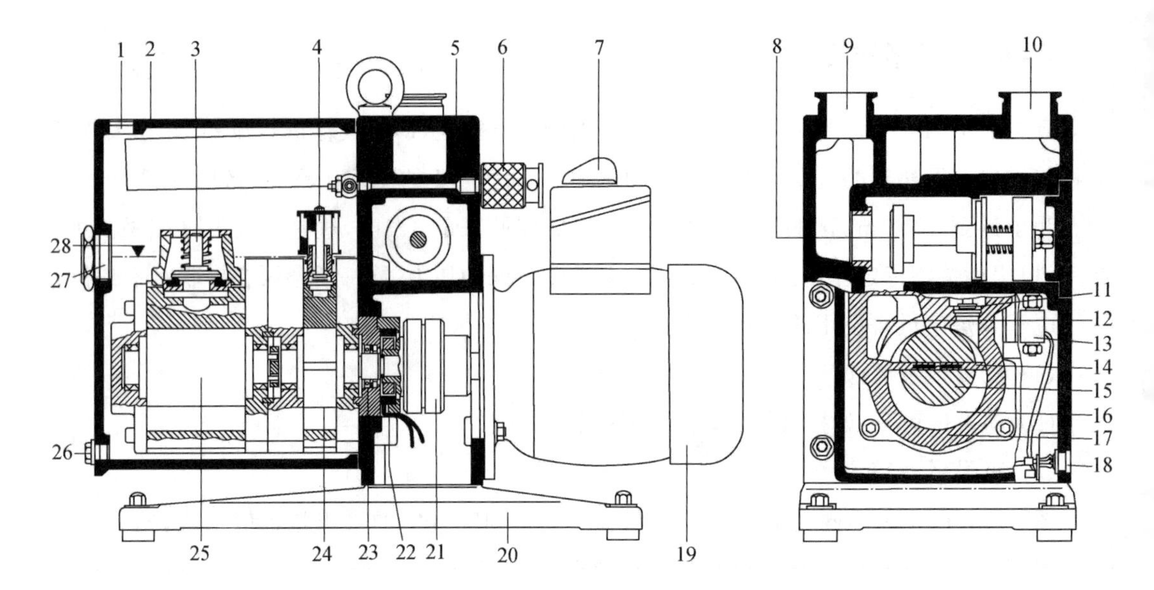

图 10-20 双级旋片泵剖面图

1—注油孔；2—外壳；3—泄压阀；4—泵阀；5—支撑架；6—气镇阀；7—带电机保护功能的开关；8—高真空安全阀；9—进气管；10 排气管；11—泵阀；12—进气道；13—电磁阀；14—密封滑块；15—转子；16—工作空间；17—泵缸(定子)；18—监控端口；19—电动机；20—基座；21—离合器；22—发电机；23—径向轴密封件；24—第二级泵；25—第一级泵；26—放油塞；27—油位观察窗；28—油位计

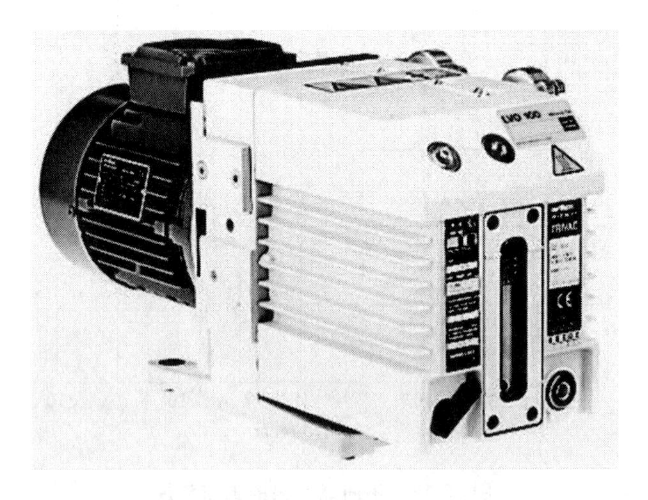

图 10-21 旋片泵

注：正常的抽真空速度为 1.5～1200 m^3/h。

相同。它由两个或多个相对的螺杆主轴和一个包围主轴的主壳体组成，且主壳体与主轴之间有着非常小的安全距离。主轴通过电动机来驱动齿轮啮合，进而吸进和压缩空气到大气压的空腔。由于螺杆泵具有与旋片泵大致相同的抽真空能力，因此可以选择螺杆泵作为旋片泵的替代品或与罗茨泵并联使用，从而加快抽真空时间，如图 10-23 所示。它们的优点是属于无油泵，因此需要的维护费用相对较低。

图 10-22　螺杆泵

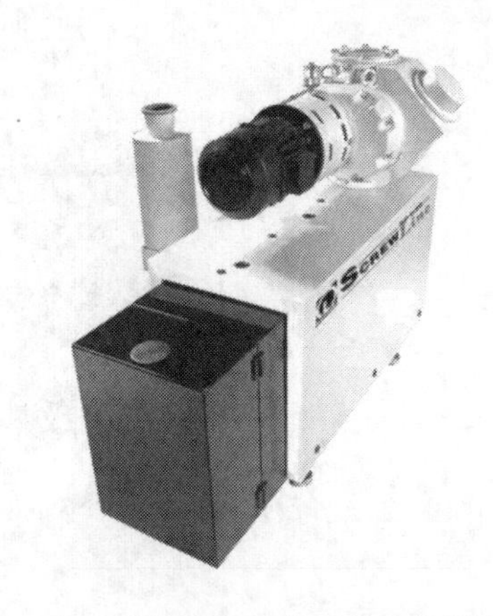

图 10-23　螺杆泵与罗茨泵相结合

3. 罗茨泵

罗茨泵有两个转子，转子截面为 8 字形，如图 10-24 所示。两个转子通过一个齿轮装置连接在一起，在运动的时候不会发生碰撞。这种泵具有很强的吸力，特别适用于需要在 $p_A = 10^{-2}$ mbar 的压力下进行焊接时，用来抽走大型工作室的气体，如图 10-25 所示。罗茨泵可在短时间内非常高效地达到 10^{-2} mbar 的压力，但只有在与旋片泵结合使用才可以达到这种效果。

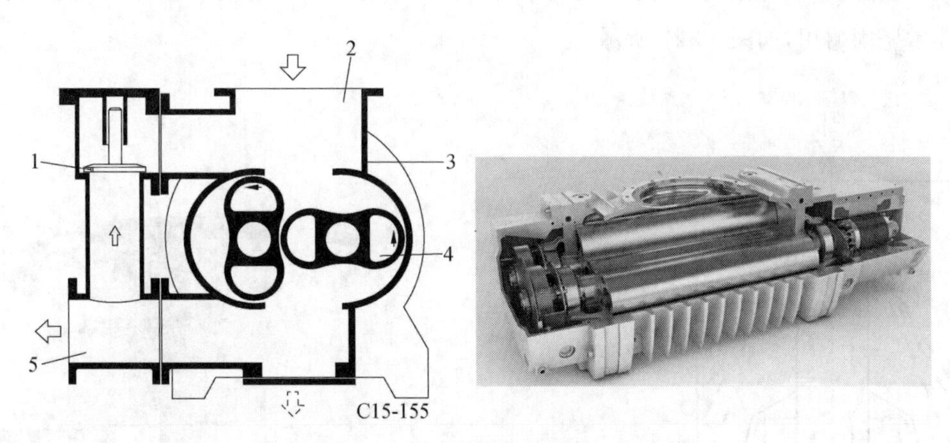

图 10-24　罗茨泵的剖面和内部视图

1—溢流阀；2—进气口；3—泵体壳；4—活塞；5—排气口

4. 扩散泵

机械压缩泵的工作范围在 $10^{-2} \sim 10^{-3}$ mbar 之间。由于电子枪和工作室内的压力必须进一步降低，因此必须使用动力泵。动力泵不是利用压差排出多余的气体分子，而是在介质的帮助下“捕获”它们，或者利用机械冲击将它们推向压缩的方向。

因此需要在高真空下进行焊接的大多数电子束焊接设备都使用动力泵来进一步提高真空度，最典型的动力泵就是扩散泵。这种泵需要以特殊的低蒸气压油作为推进剂。首先将油加热到沸腾，然后油蒸气从筛子一样的多层圆形喷嘴导流管里高速喷射出来，打在壳体的

图 10-25　额定泵速为 2000 m^3/h 的罗茨泵

冷却壁上，然后流回到沸腾的容器中，如图 10-26 所示。吸入侧的空气分子扩散到蒸气罩中，被重油分子捕获并带走，经油中的发泡剂冷凝后空气分子被压缩分离，再转移到泵的排出管路上。有少量的返流油会不可避免地进入吸力侧，必须用冷阱来抑制这种现象。在焊接某些材料(镍合金、特殊金属等)时必须考虑到这一点。扩散泵需要一个前级真空泵来维持一定的真空度，以防止油氧化。扩散泵具有很强的吸力；由于它们不包含机械运动部件，因此非常坚固耐用，如图 10-27 所示。

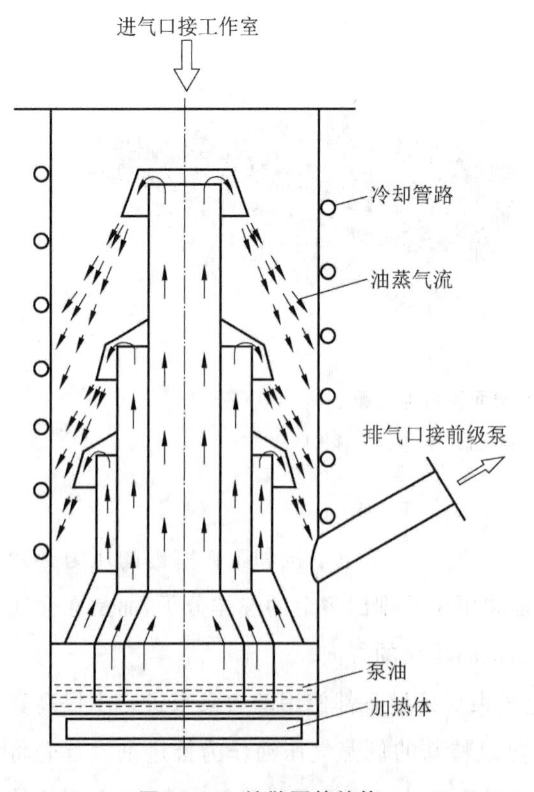

图 10-26　扩散泵的结构

图 10-27　额定泵速为 400 L/s 的扩散泵

5. 涡轮分子泵

涡轮分子泵由许多多级定子和转子叶片组成。当一个自由运动的气体粒子第一次遇到定子叶片的实心壁面时，它会以相同的冲击角被弹性反射到运动的转子叶片表面，并受到运动转子的反射冲击力，如图10-28所示。它被反射回定子叶片，经过反射后再与动叶片相遇，从而进入下一个循环。因此，要在分子泵的空腔出口处连接一个前级泵来抽走排出来的空气。

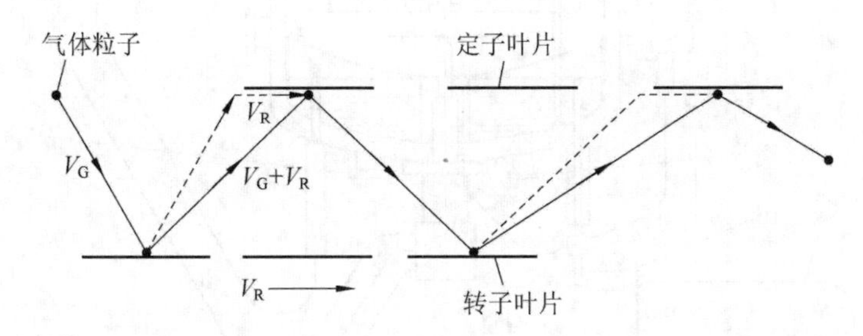

图10-28　涡轮分子泵抽真空过程中气体粒子加速度的矢量示意图

涡轮分子泵的特殊优点包括：可以达到较低的工作压力（远低于10^{-5} mbar），具有紧凑的结构设计（见图10-29和图10-30），工作位置（水平或垂直操作位置）独立，以及能实现无油真空等优点。因此，它们是电子枪抽真空的首选泵，并越来越多地应用在中型工作室内。

图10-29　涡轮分子泵的剖视图

图10-30　涡轮分子泵的转子叶片

6. 低温泵

低温泵也称为吸附泵，它是基于气体和蒸气在低温表面的冷凝原理而工作的。当空气中自由运动的分子被机械压缩泵排出后，也就是说，当工作室内的压力达到$10^{-2}\sim10^{-3}$ mbar时，低温泵开始启动。电子束焊接设备可以采用两种不同类型的低温泵：

（1）储槽式低温泵，使用存储的液氮作为制冷剂；

(2) 制冷机低温泵,通过泵内的热力循环冷却制冷。

储槽式低温泵储存容器中的液氮(LN_2)的表面温度约为-190 ℃,使得其中一些气体,特别是水蒸气冷凝和凝固。低温泵有一个非常有效的罐体隔热罩,如图 10-31 所示。

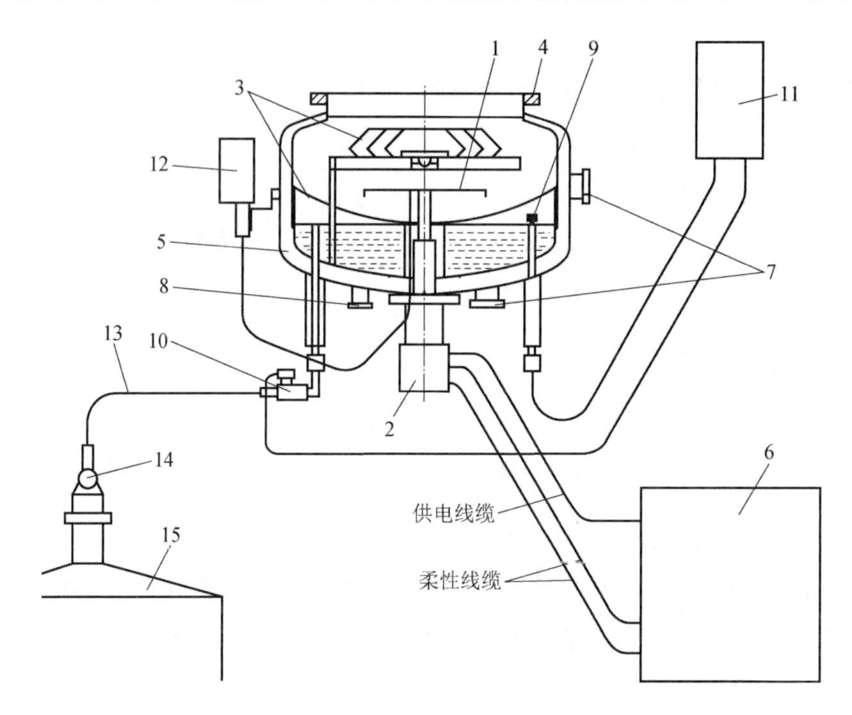

图 10-31　以液氮 (LN_2) 为介质的储槽式低温泵

1—带活性炭的冷凝器;2—冷却接头;3—LN_2罐体隔热罩;4—高真空连接头;5—泵体;6—压缩机;7—前级真空连接头;8—测量装置和阀门连接头;9—LN_2传感器;10—LN_2入口阀;11—LN_2控制装置;12—温度测量装置;13—LN_2管道;14—LN_2提升阀;15—LN_2储罐

制冷机低温泵在焊接设备旁以热动力循环的方式冷却介质。首先,对特殊的气体混合物进行压缩,然后使其在热交换器中冷却并膨胀。使这个过程在串联管道网路中重复,直到气体混合物达到-120 ℃左右的温度,如图 10-32 所示。冷却的气体混合物通过冷却盘管直接进入工作室,此时水蒸气将优先被吸附,如图 10-33 和图 10-34 所示。只有当真空度小于 10^{-2} mbar 时,冷却介质才经过管道进入工作室,在 $10^{-2}\sim10^{-4}$ mbar 的真空度下,冷却介质才能显著缩短抽真空时间。

制冷机低温泵以凝固的方式储存水蒸气,因此在一定时间后必须停止冷却,使冷凝器表面的冰晶能够解冻。通常是在工作室充气时或在暂停工作时对冷却盘管进行升温,这样也可为更换工件提供充足的时间。

现代电子束焊接设备通常使用制冷机低温泵,因为它们具有高吸附力,设计紧凑并且便于操作。

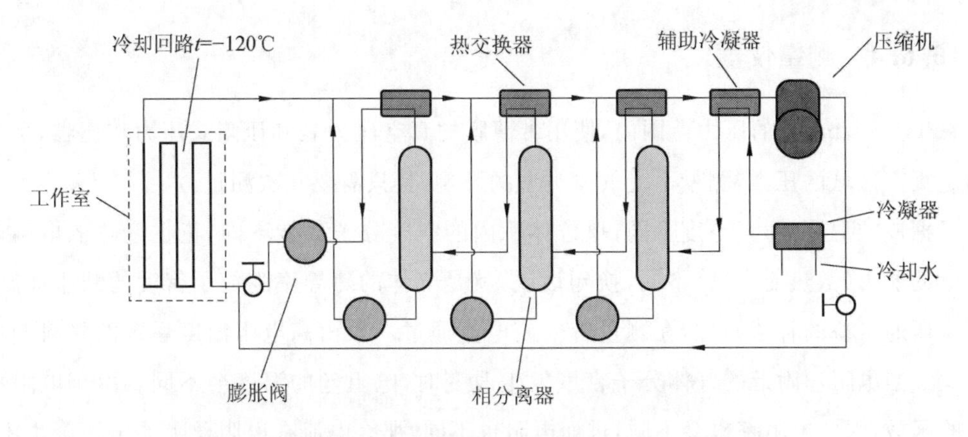

图 10-32　压缩机、热交换器、相位分离器和减压阀的串联布置

注:该装置用在使用特殊的混合气体做制冷剂的工作室内。

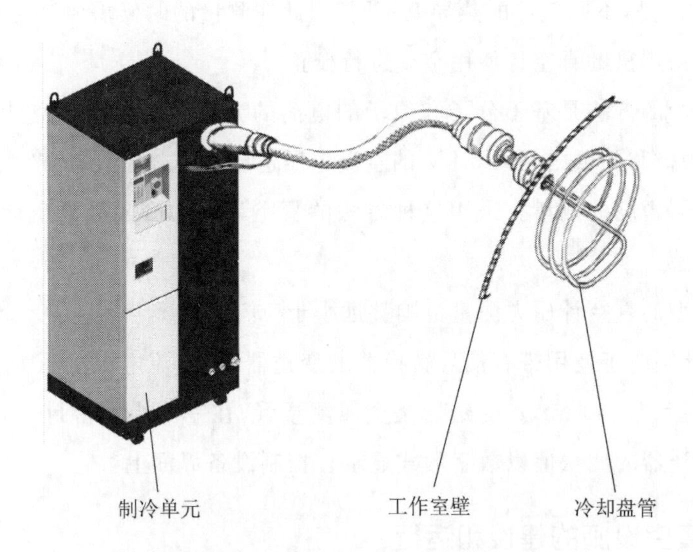

图 10-33　制冷装置通过工作室壁与冷却盘管连接

图 10-34　用于吸附工作室内残留水分的冷却盘管

10.6.4 测量仪器

在 $10^3 \sim 1$ mbar 的压力范围内，使用带薄膜的真空压力表和压阻式压力传感器，可以直接确定真空区域的压力，测量不受气体类型的影响，且只需要几次测量。

根据皮拉尼原理，真空度不同，单位体积内的空气分子数就不同，正在发热的电阻丝带走热量的能力（散热能力）就不同，换句话说，就是气体的热导率随粒子密度的减小而减小。利用惠斯通电桥的补偿原理，在测量管中使电流通过一根由高电阻温度系数的材料制成的电阻丝。当电阻丝附近的气体分子密度发生改变时，电阻丝的温度会不同。由于电阻率是温度的函数，因此电阻率也会不同，进而电阻也不同，那么电流在电阻丝上的电压降也不同，最后根据电压的变化就可以计算出真空度。基于这一原理的真空计的测量范围为 $1 \sim 10^{-3}$ mbar。值得注意的是，不同气体的热导率不同，因此在测量的时候需要针对不同的使用场合进行校正。电子束焊机的真空计使用空气进行校正。

测量较低压力的方法是基于分子和原子的电离的方法。在这类真空计中未加热（潘宁原理）或加热的阴极和阳极之间约 3 kV 的直流电压造成气体放电，由此产生电流，从而可实现对周围气体粒子密度的测量。采用这种方法的真空计称为冷阴极真空计，其非常坚固且对空气进入不敏感。

以上两种类型的真空计压力测量范围都远小于 10^{-5} mbar。

如今，真空计倾向于使用带有信号转换器的变送器，其直流电源电压为 24 V，输出电压为 0～10 V，电流为 4～20 mA。变送器是金属测量管，在一个小的密封外壳内携带微电子信号转换器。变送器的测量值以数字形式显示在控制设备界面上。

10.6.5 真空设施的建设和运行

电子束焊接所需的真空只能通过多个物理上不同的泵组的匹配来实现。旋片泵和罗茨泵都是压力范围在 10^{-2} mbar 左右的标准泵，而扩散泵、涡轮分子泵和低温泵应用于 10^{-5} mbar 左右压力范围。表 10-2 和图 10-35 展示了工作室和电子枪抽真空的各个工作阶段。

表 10-2 工作室抽真空、焊接、充气的自动切换顺序

工作阶段	序号	指令动作
工作室抽真空	1	阀 V6 关闭； 泵 P1 和 P2 启动，阀 V1 开启； 关闭阀 V2、V3、V5 和 V6，对泵 P3 抽真空并且准备开始抽真空
	2	当真空计 M1 显示读数小于 10^{-1} mbar 时启动泵 P3
	3	当真空计 M1 显示读数小于 10^{-2} mbar 时关闭阀 V1，启动阀 V2
	4	打开阀 V1 和 V3
	5	达到工作压力，根据焊接任务，真空计显示读数小于 10^{-2} mbar 或小于 5×10^{-4} mbar

续表

工作阶段	序号	指令动作
电子枪抽真空	6	关闭阀 V4； 打开泵 P4 和 P5
工作室	7	到达工作压力，根据焊接要求，真空计 M4 显示读数小于 10^{-4} mbar
焊接	8	打开阀 V5
真空室充气	9	关闭阀 V2、V3 和 V5
	10	打开阀 V6

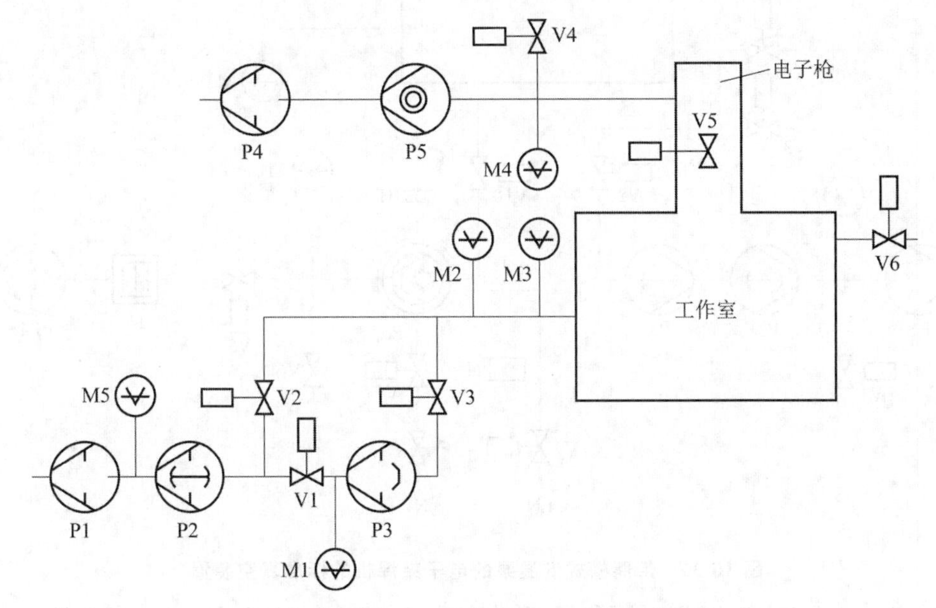

图 10-35　电子束焊接设备的标准真空系统

P1、P4—旋片泵；P2—罗茨泵；P3—扩散泵；P5—涡轮分子泵；M1、M2—皮拉尼真空规；M3、M4—潘宁真空规；M5—检漏管；V1、V2、V3—阀；V4—电子枪溢流阀；V5—柱阀；V6—工作室溢流阀

在许多中型和大型工作室中，当打开阀 V6 时，输入工作台的滑动门(参见图 10-18)会自动打开。为了防止滑动门意外打开，在抽真空开始前，推拉门不会自动再次关闭。

在工作压力为 5×10^{-3} mbar 左右时焊接非合金或低碳钢不需要泵 P3 和阀 V1、V3。柱阀 V5 增加了压力节流阀，以保持电子枪腔体与工作室之间的压差，减少抽真空时间，特别适合用于多腔室、转移和循环机械。

现代焊接设备有独立的涡轮分子泵和适当的前级泵作为电子枪腔体抽真空的标准设备，它们确保当工作室内压力上升到大气压时，柱阀始终关闭，以保持小于 10^{-4} mbar 的极低压力。特别是在更换阴极时，这样可最大限度地减少油蒸气从工作室扩散到电子枪时对电子枪的污染。如果还需要工作室内有一个无油真空环境，例如焊接镍材料时，那么就可以用低温泵代替扩散泵。在对应的功能图(见图 10-36)中，相对较大的工作室需要使用一个旋转阀和两个罗茨泵($V=10\ m^3$)。吸附泵在大约 10^{-2} mbar 的压力下开启。图中催化捕集器 K 用于防止油蒸气从前级泵回流。

图 10-36 所示的储槽式低温泵 P5 中需要液氮，与制冷单元冷却的制冷机低温泵相比，液氮也可以增加抽真空效率。传感器 N 反映液氮的压力，并调节排放和流入阀的空气。加热器 H 可加快低温泵的升温。

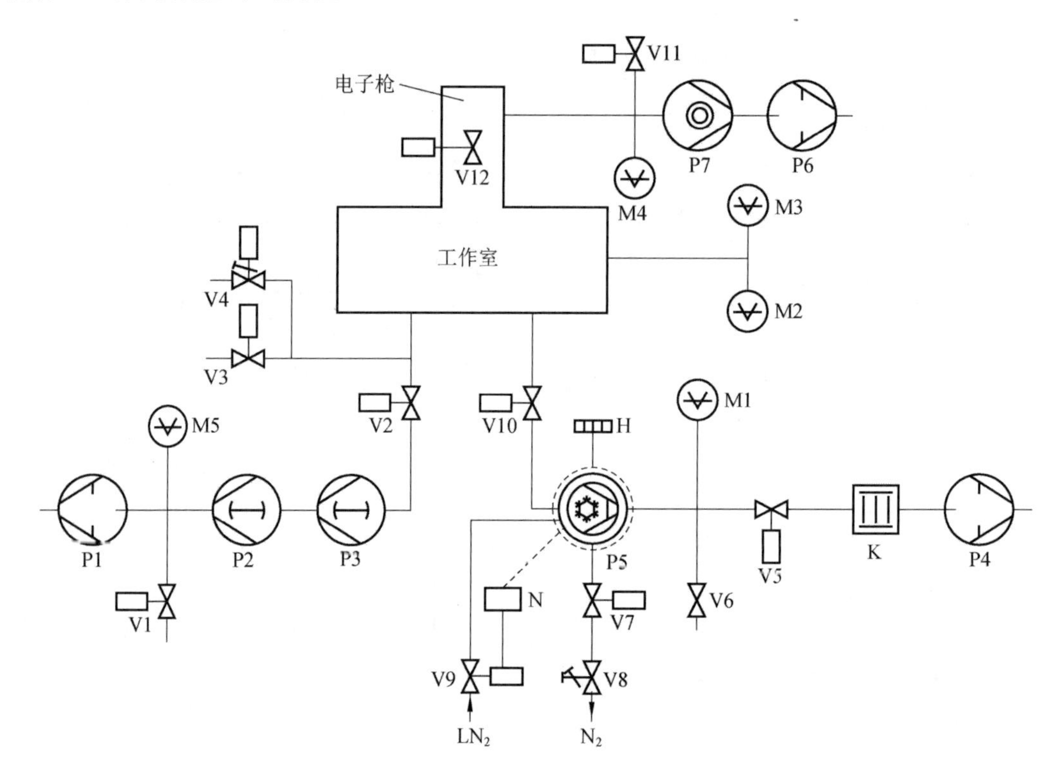

图 10-36　带储槽式低温泵的电子束焊机的标准真空装置

P1、P4、P6 —旋片泵；P2、P3—罗茨泵；P5—低温泵；P7—涡轮分子泵；M1、M3、M4—皮拉尼真空规；M2—潘宁真空规；M5—检漏管；N—LN2 调压装置；V1—断电溢流阀；V2、V5、V7、V10—阀门；V3—工作室溢流阀；V4、V8—调压阀；V6—安全阀；V9—LN2 调压装置阀；V11—电子枪溢流阀；V12—柱阀；H—加热器；K—催化捕集器

10.6.6　抽真空时间

电子束焊接设备工作室的抽真空时间是衡量其经济性能的重要指标。抽真空时间不仅取决于工作室的尺寸、真空系统的性能和要达到的工作压力，而且还取决于工件的尺寸和表面质量以及工作室内壁的清洁度。为了评估和比较抽真空时间，要清空工作室并保持工作室内清洁、干燥。

在焊接作业中，抽真空时间还受其他因素的影响，包括工作室开门的时间长短、工件与夹具之间的过窄间隙、工作室门的密封效果与阀门泄漏情况等。为了得到定量的评估结果，最好定时测量压力上升的速度。采用文献[73]的方法测量长时间不连接真空泵时工作室内的压力升高情况：

（1）从工作室开始抽真空，直至达到工作压力，且压力稳定在 p_0。

（2）在 t_0 时刻开始测量，此时真空阀关闭，真空泵关闭。

(3) 使测量之后压力增加的时间至少是抽真空时间的 10 倍。最好是在非工作时间(晚上或周末)进行测量。

(4) 测量结束时记录时间 t_1 和压力 p_1。

工作压力的上升速率 Q 的计算公式为

$$Q=\frac{(p_1-p_0)\cdot V}{t_1}\ \text{mbar}\cdot\text{L/s}$$

式中:V——工作室体积,单位为 L;

p_0、p_1——初始压力和最终压力,单位为 mbar;

t——初始压力增大至最终压力的时间,单位为 s。

电子束焊接设备的工作压力上升速率不应该超过 1×10^{-3} mbar · L/s。

10.7 其他焊接设备

10.7.1 循环设备

专用焊接设备是为汽车工业中大批量生产的齿轮、传动件等小型旋转件的焊接而设计的。由于其容积只有几升,能在几秒内被抽至达到工作真空度。工作室内只有工件和固定装置。工作台至少有三个工位用于装载、焊接和拆卸工件,在工作室内循环和旋转工作,如图 10-37 和图 10-38 所示。所有的步骤,如抽真空、工件旋转、定位焊、正式焊接和上升到大气压中,都是自动进行的,因此可以不设置观察系统。该设备集成在生产流水线上,因此工件的进给拆卸不需要任何手工操作。轴向和径向环焊缝可以在一个有两把枪的真空室内焊接,如图 10-39 所示。

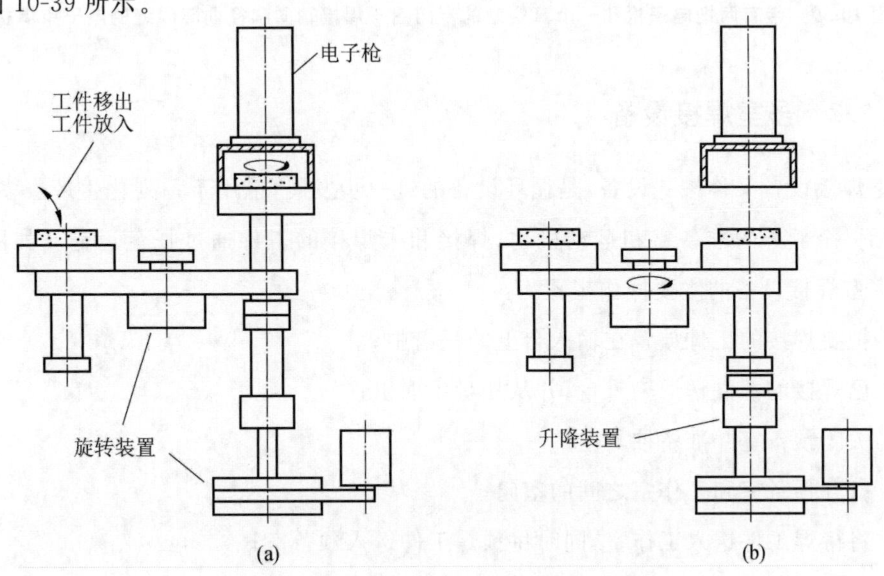

图 10-37 焊接小型旋转工件的循环设备

(a) 焊接;(b) 工件更换

图 10-38　四工位旋转工作台循环设备

图 10-39　带有两把电子枪和一个真空室的专门用于焊接轴向和径向环焊缝的电子束焊机

10.7.2　多室焊接设备

多室焊接设备又称梭式设备，是循环设备的进一步发展，也用于系列化生产。多室焊接设备包括一个额外的准备室和运动机构，焊接和未焊接的工件通过托盘运输。如图 10-40 所示。多室焊接设备的主要操作步骤为：

(1) 把要焊接的工件放置在输入台上的托盘中；

(2) 已焊接的部件送回输入台，并从托盘中取出；

(3) 关闭预备室并准备抽真空；

(4) 打开预备室和工作室之间的室门；

(5) 将待焊工件送入工作室，同时将预焊工件送入预备室；

(6) 将预备室与工作室之间的室门关闭；

(7) 预备室通气。

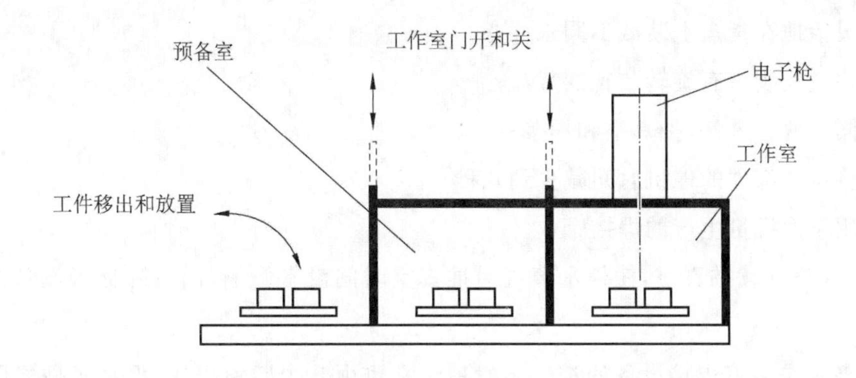

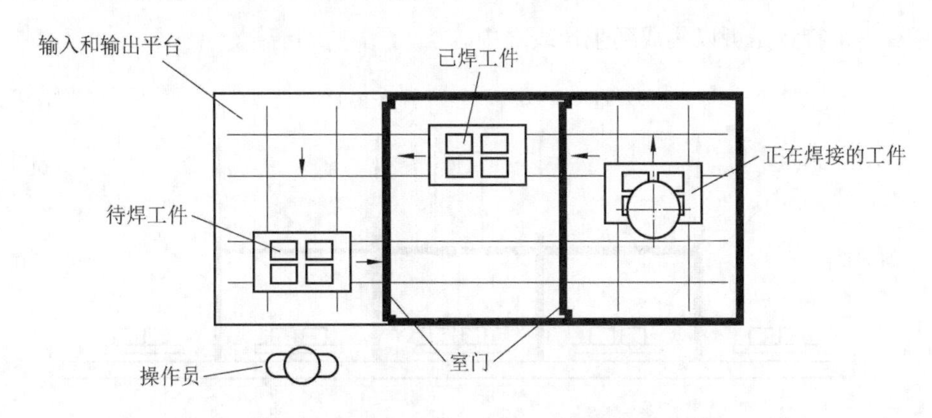

图 10-40　小系列焊接用多室设备的正视和俯视图

如果部件没有自动进出焊接设备，除了监控功能，操作者唯一的任务就是将部件放置到输入台（见图 10-41 和图 10-42）上货盘的保持或夹紧装置中。

图 10-41　带货盘的多室设备开放的输入室

注：用于焊接输入台上的方形工件。

图 10-42　带货盘的多室设备开放的输入室

注：输入台上装有带旋转装置的货盘。

多室焊接设备的特点是：

(1) 许多货盘在不同的方向上移动；

(2) 可灵活地在货盘上装载不同工件；

(3) 可快速安装带有旋转装置的货盘；

(4) 可同时放置零件、抽真空和焊接；

(5) 可将每个部件的停机时间减少到几秒；

(6) 适用于大批量生产的焊接企业。

此外，工作室连续抽真空，使得水蒸气对抽真空时间没有影响，同时降低了设备的清洗成本[74]。

传输设备也是多室焊接设备的进一步发展。它也由几个腔室组成，但是工件之间并没有互相穿过，而是"穿通"，如图 10-43 所示。传输设备除了前面列出的多室焊接设备所有特点外，还有一个特点是可以集成到生产线之中。

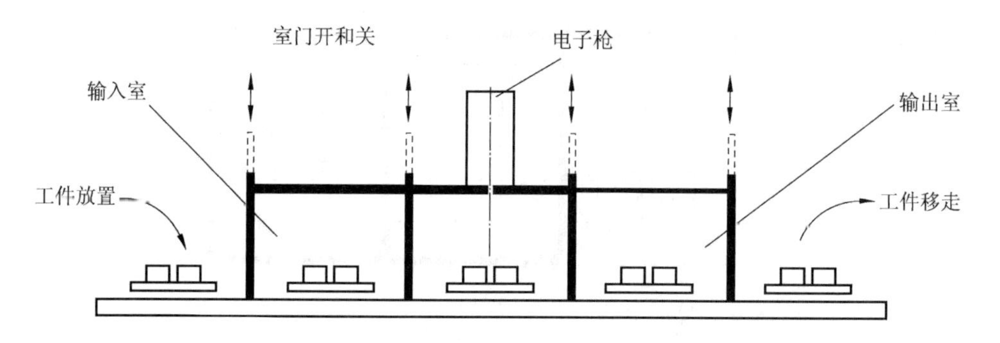

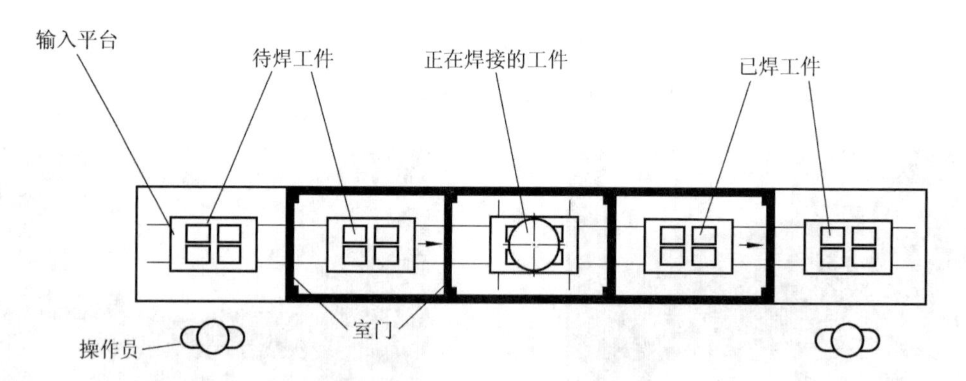

图 10-43　用于大批量焊接生产的传输设备的正视图和俯视图

通常在多室焊接设备(见图 10-44)中，货盘只接收相同的工件。为了将小批量工件的转换成本降到最低，可能会对不同的工件进行"混合"焊接，这时可通过适当的焊接程序进行工件识别。

10.7.3　连续流动焊接设备

连续流动焊接设备是另一种电子束焊接设备，用于锯片、热金属元件、触头等异种材料的焊接，如图 10-45 所示。以锯片的焊接为例。使用特制的密封和滑动设备，将锯片从一个

图 10-44　发动机缸体焊接用的多室焊接设备

预备腔拉进工作腔进行焊接，同时电动机驱动外部的卷筒把焊接完成的锯片从工作腔中拉出来，这样就形成了连续焊接。焊接速度在 200～300 mm/s 之间，能较好地保证锯片载体带与高速钢带之间的尺寸公差，可以保证良好的参数一致性，特别是现场定位公差。图 10-46 所示为载体带与淬硬高速钢(HSS)焊接而成的带锯。

图 10-45　焊接双金属带的连续流动焊接设备

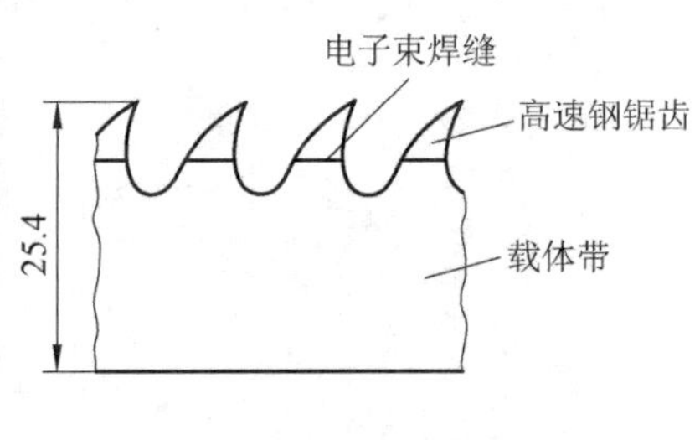

图 10-46　由电子束焊接的双金属片制成的锯片

10.7.4　大气压下的电子束焊接设备

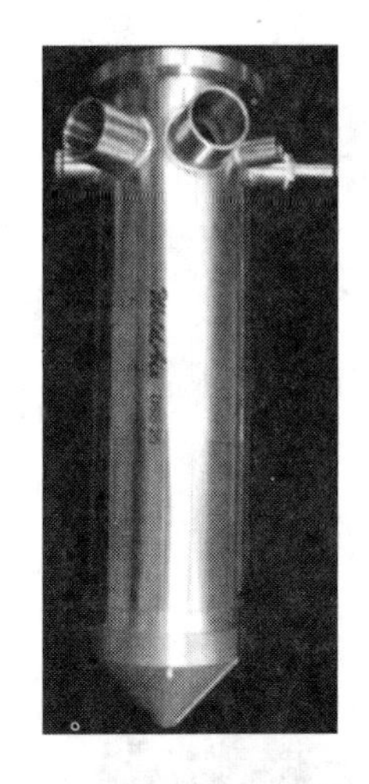

图 10-47　大气压下的电子束焊机的喷嘴端

如 6.9.2 节所述，在大气压下的电子束焊接（即非真空电子束焊接）中，电子枪配有额外的抽真空段。这里的大气压主要指的是在阳极下方的压力节流阀和电子束出口喷嘴端之间的压力。特别重要的是喷嘴端，如图 10-47 所示，因为它必须防止空气和金属蒸气进入电子枪。因为电子枪靠近焊接区域，所以暴露在焊接热辐射下。其喷嘴孔直径约为 2 mm。在束流的出口必须保持 $10 \sim 10^3$ mbar 的压差。喷嘴末端连接冷却水和氦气（不是氩气，以减少与电子的碰撞），氦气作为工作气体用来排开进入的空气并保护焊缝[74]。

一所大学研究所报告了针对 25 kW 束流功率的大气焊接设备的试验结果[75]。电子枪根据工件尺寸可垂直移动 1 m 来进行调整，工作台可在 X 方向上移动 3 m，在 Y 方向上移动 0.8 m 左右，最大速度为 20 m/min。这种防 X 射线辐射的防护装置由一个包裹在工件和焊缝周围的胶囊组成。也可对整个设备做适当的结构保护。

笔者利用相对较小的局部真空室，在露天现场条件下对大型管道进行了多次焊接试验，如图 10-48 所示。该试验装置的特点是在异常高的压力 1 mbar（减压电子束焊接）下进行焊接。工件为工作室的一部分，采用几个同轴刷环进行密封，如图 10-49 所示。如果需要对工件进行全焊透，那么必定会有金属颗粒从焊缝背面飞溅出来，但同时很难对焊缝根部背面一侧采取类似的密封措施，因此只能成功地进行部分穿透焊接[72]。

图 10-48　电子束局部真空焊接管壁试验装置(P=100 kW)

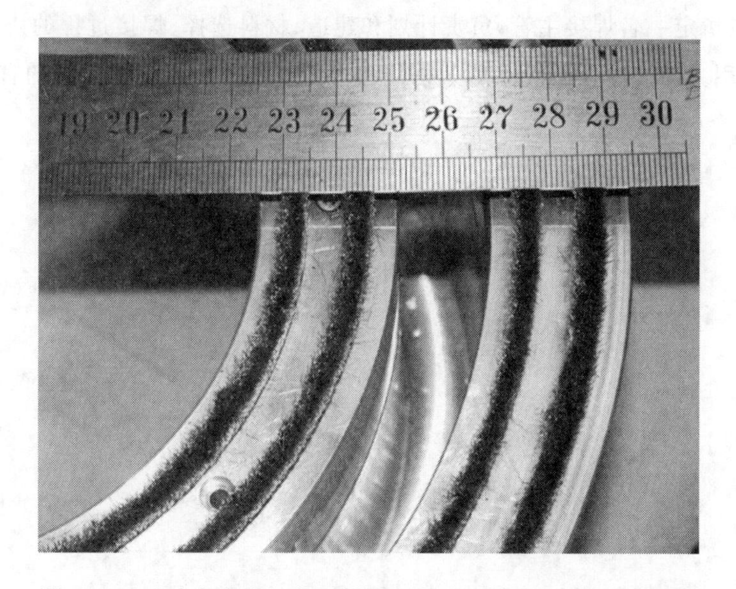

图 10-49　在大气中进行电子束焊接时，在运动的电子枪端部喷嘴与工件表面之间用多个刷环进行压力密封

10.8　焊接设备的安装

10.8.1　概述

电子束焊接设备必须装配好，使机械振动(例如锻造作业或铁路交通作业造成的振动)、电场和磁场(例如变压器或电炉产生的磁场)和电源电压波动对焊缝质量或操作者的工作没有影响。在大型车间和生产建筑中装备安装有高质量部件的焊接设备时，配备视觉和听觉屏蔽防护装置尤为重要。

如果使用扩散泵来给工作室和电子枪抽真空，则根据环境条件，必须使用过滤器把工作室排出气体中的油过滤掉，同时不洁净的充入气体也会污染焊接设备。在这种情况下，建议使用压缩气瓶中的氮气将焊接设备气压升到常压。

电子束焊接设备符合 X 射线安全规程(14.2 节描述了在初次安装期间遵守这些条例的措施)。在设备调试、现场更换、维护和修改过程中，应在内部质量管理体系框架内按照 ISO14744-1～6 进行测试。更多有关信息请参见第 14 章。

10.8.2 为保障工人的健康和安全应采取的特殊措施

电子束焊接设备运行中需要考虑的其他措施，是根据关于制造企业的事故保护和责任的一般规定和指导方针制定的。文献[76]对需要考虑的规则进行了总结。这些措施包括设置一名焊接主管，这是正式批准结构工程和焊接工程作业的先决条件。即对于不同的焊接应用，制造商应指定一名焊接主管，负责计划和建造、材料选择、焊接过程的协调以及焊接人员的培训和雇用。焊接主管通常也是 X 射线法规所规定的负责辐射防护的官员(见第 14.2 节)。

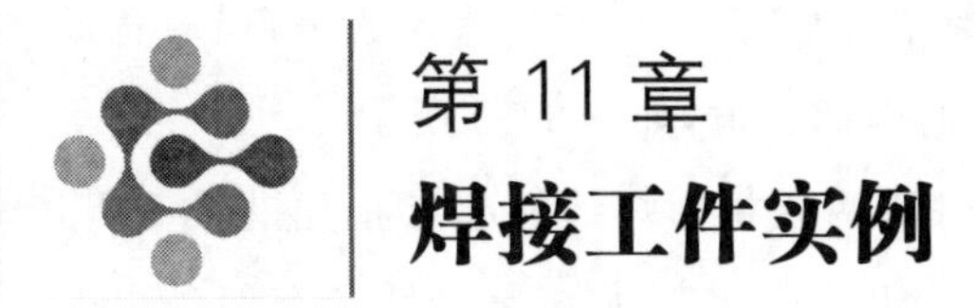

第 11 章 焊接工件实例

11.1 航空航天

电子束焊接由于其焊接钛、耐热钢和镍基合金的能力，以及能满足重量、尺寸精度和焊接质量的设计要求，几十年来一直用于喷气发动机的制造和维修。图 11-1 显示了现代发动机内部的各种电子束焊接的焊缝。为了达到产品需要的轻量化和高机械耐热性要求，所有径向焊缝处均采用无中心锁底定位的平对接接头设计。由于零件结构紧凑，焊后无法进行机械加工，也无法对焊缝进行 X 射线探伤，因此在完成完整转子的装配后，需要在一个特殊夹具中对转子盘进行机械定位。

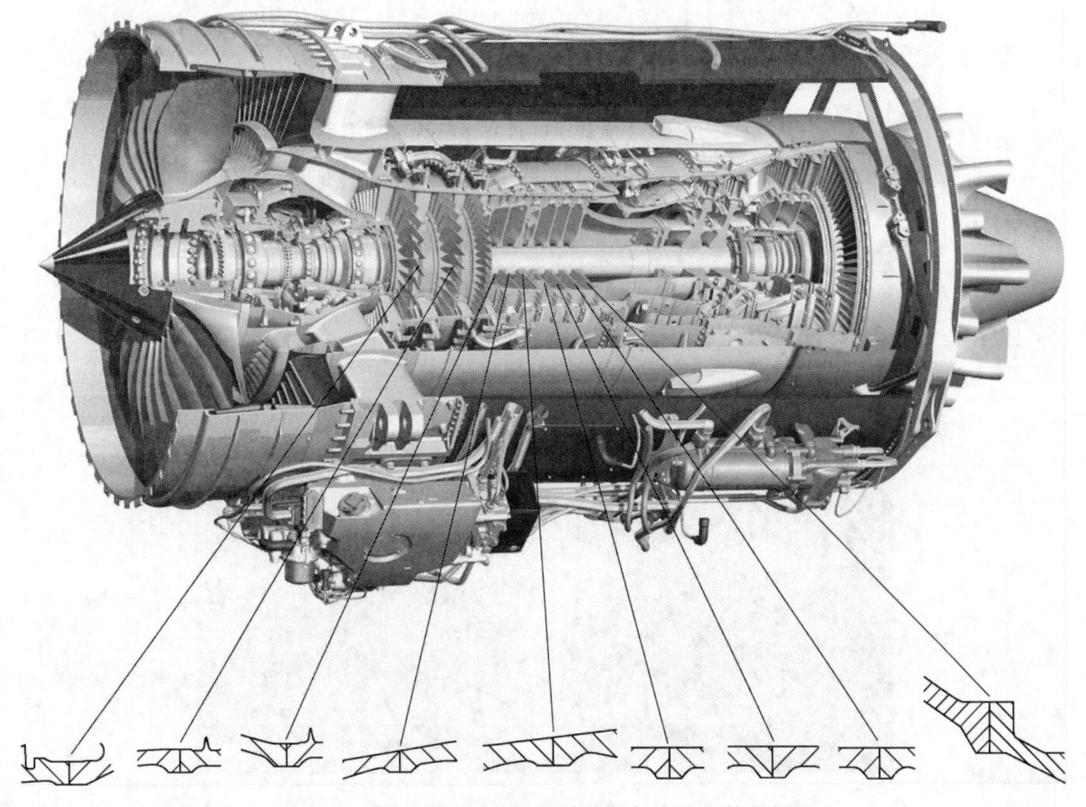

图 11-1 带有若干径向环焊缝的喷气发动机的剖视图

图 11-2 所示为转子叶片右边的环焊缝。根据发动机气体流量的要求，叶片按对角排列，焊缝对接处需要保留凸台，以便于装配和焊接（在焊接完成后凸台需要通过机械加工去除），且要严格保证尺寸公差和装配精度；要求焊接后的飞溅要小，尤其重要的是，焊缝背面也要有良好的成形形状，保证焊件有一个非常光滑的内部通道，如图 11-3 所示。

焊接转子叶片时，先将圆形盘件安装好，焊接时让两条相邻焊缝的起点相互错开 180°，这样可以减小轴的扭曲变形量。每个转子由多个子组部分焊接而成，整个转子有四条以上的环焊缝，每一条焊缝连接两个子组叶片，焊接后目视检查两个子组叶片，并对焊缝进行 X 射线探伤，之后再测量各子组的纵向收缩量，然后进行机械补偿。转子最终的长度是通过焊接两个子组部分之间的最后一个环焊缝来保证的，长度方向上可以用来加工掉的余量约为 0.1 mm[77]。

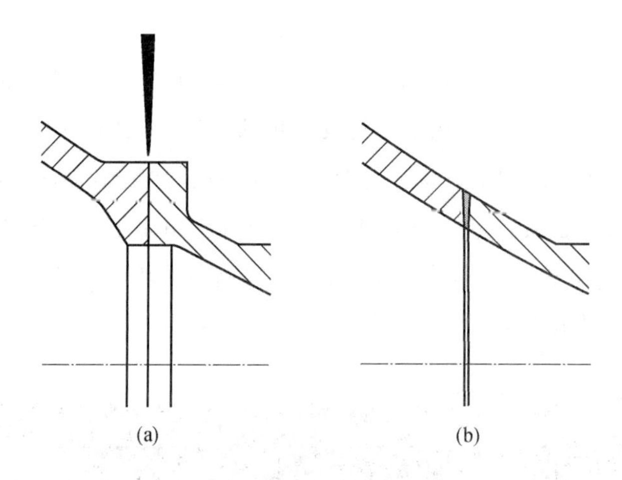

图 11-2　图 11-1 中转子叶片右边的环焊缝细节图

(a) 带凸台焊缝的准备；(b) 焊后机械加工

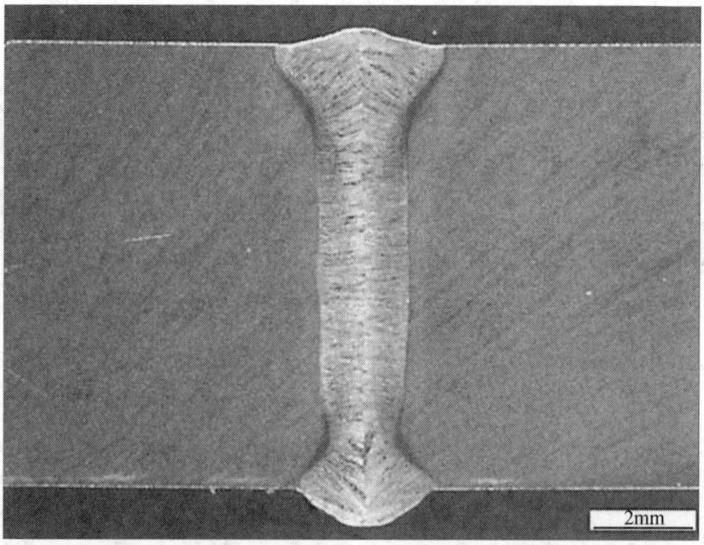

图 11-3　检查 Inconel 718 样品横截面的几何形状

图 11-4 中的压缩机也焊接了几个环焊缝。这几条焊缝的开始处都各相隔 180°(焊缝以相同的方式相对排列),且通过焊前的测量来补偿横向收缩,如图 11-5 所示。

图 11-4 TiAl6V4 **压缩机转子**

图 11-5 四条焊缝连接的压缩机转子片段

图 11-6 所示为电子束焊接制造的低压压气机整体叶盘(叶片盘)。其单独的制造步骤如图 11-7 所示。首先,锻造的单个叶片在底部通过纵向接缝连接在一起,形成一个叶片环,如图 11-7(a)所示。然后将叶片环连接到轮毂上,形成一个带有环焊缝的整体单元,如图 11-7(b)所示。决定使用电子束焊接的原因在于相邻焊缝数量多,极易产生变形。较小的尺寸公差只能通过自动焊缝跟踪、束流精确定位和采用正确的焊缝焊接顺序来实现[①]。

图 11-6 电子束焊接的钛合金整体叶盘

图 11-8 所示的油箱用于在空间站卫星平台上储存和运输液体推进剂。每个卫星平台至少需要两个推进剂油箱,一个用于储存可燃燃料,一个用于储存氧化剂。推进剂油箱在两

① 此处参考了 K. H. Richter 的文章。

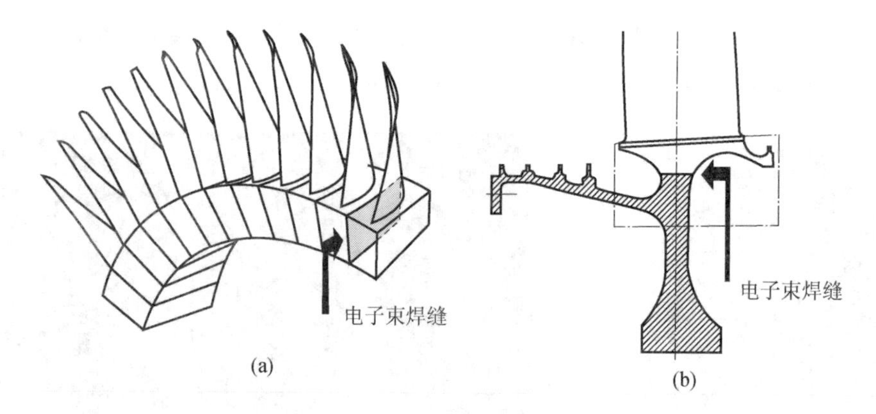

图 11-7 整体转子的焊接顺序

(a) 焊接单个叶片，形成一个环；(b) 叶片环与轮毂之间的焊接接头

头端口处各有一个气嘴，分别用于燃料注入和排出，端口与罐盖焊接在箱壁上，如图 11-9 所示。然而，由于顶部焊缝的一部分被气嘴所覆盖和遮挡，因此罐盖需要从罐体顶部内侧进行电子束焊接，如图 11-10 所示。在罐体外侧将底部的推进剂连接装置通过电子束焊接到中间的筒体上，之后采用 TIG 方法将推进剂气嘴与推进剂连接装置焊接在一起，再采用 TIG 焊接方法将推进剂连接装置与管帽连接。

图 11-8 空间站卫星平台的推进剂油箱

（高 740 mm，直径 1150 mm，材料为 TiAl6V4）

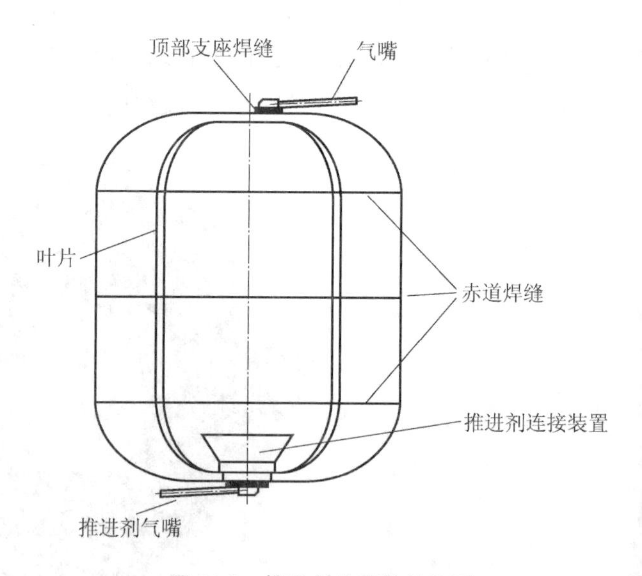

图 11-9 推进剂油箱的结构图

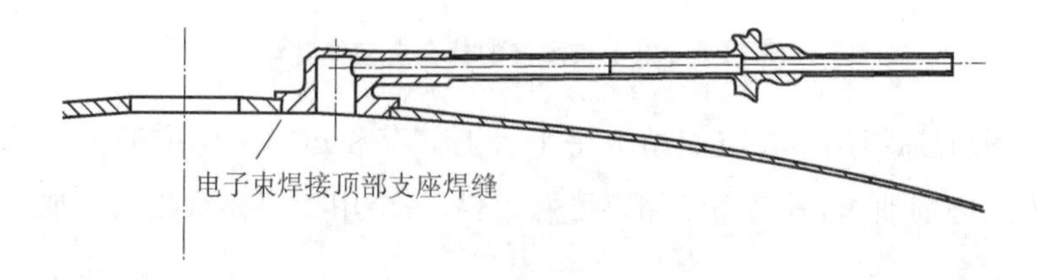

图 11-10 上盖与油箱壁连接

最后一步是把推进剂油箱组件组装起来并夹紧，再用电子束焊接赤道焊缝，如图 11-11 所示。为了把工作室抽成真空，必须考虑到气嘴直径只有 5 mm 的小通道对低黏度介质气体的排放情况。油箱中空气的体积大约为 1.5 m^3，因此里面装有带狭窄出气通道工件的工作室的抽真空速度，不能等同于没有装任何工件的空的工作室的抽真空速度。如果在箱体内部未达到真空要求的情况下进行电子束焊接，则推进剂油箱内部和外部的压力差会使熔池迅速破坏。流量计算表明，抽真空速度为 30 mbar/min 时，对应抽真空时间约 20 h，通过降低泵的功率来保持在这样的抽真空速度是不切实际的，但是通过控制空气的进气量来调节抽真空速度被证明是很有用的，在对工作室抽真空过程中，在 2 h 内压差以 8 mbar/min 的速度逐渐增加①。

图 11-11　推进剂油箱赤道焊缝的点固和焊接

在最终产品开始焊接前，需要提前制备相同的控制试验件，并在赤道焊缝焊接前后进行冶金评定（主要是为了确保焊接质量，需要把试验件拿去做各种力学性能之类的测试，如果测试合格，就说明用同样参数焊接的同样的焊缝是符合要求的）。这类项目进展时间很长的原因就是有大量的质量保证方面的工作要做。这些相同的试验件的焊缝可证明最终采用的焊接参数是否实现了产品所需要的熔深，如图 11-12 所示。由于缺少观察通道，无法对焊缝根部进行外部目视检查。

为了在长时间的抽真空和充气期间不阻碍焊接设备进行其他焊接工作，对工作室内部空间进行了划分，如图 11-13 所示。在真空隔离室的后部，完全组装好的储箱被抽真空，而两端的接头或其他部件可以在前部进行焊接。当后部达到最终压力时，将罐体带到前部真空焊接室进行赤道焊缝焊接。

---

① 此处参考了 D. Wenzel 的文章。

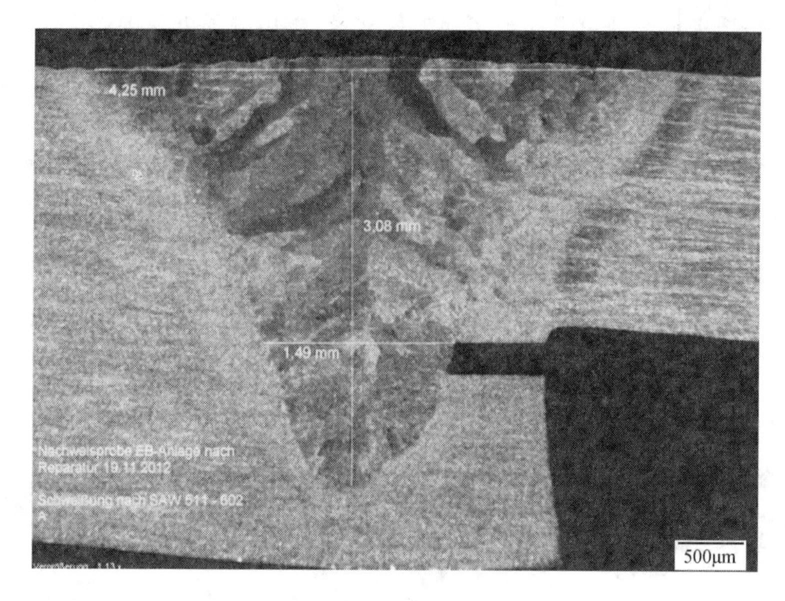

图 11-12 赤道焊缝截面

图 11-13 航天客车推进剂舱焊接设备

电子束焊接的另一个重要应用是发动机零部件修复。其中最常见的任务之一是修复由于异物进入而损坏的压缩机风扇叶片。图 11-14 所示的叶片由 TiAl6V4 锻造而成，由于尺寸大和形状特殊，因此其价格昂贵。在修复过程中，叶片的损伤区域被移除，取而代之的是一段钛板。使用电子束焊接一个宽而平的焊缝，然后再对其进行精加工。经热处理后焊缝质量达到要求，并节约了约 95%的基材。承包商节约的时间和成本是决定使用电子束进行修复的重要的决定性因素①。此外，备件采购成本也大大降低了。

① 此处参考了 K. Peinecken 的文章。

图 11-14 被异物损坏的航空喷气发动机涡轮叶片的修复(尚未加工到最终形状)

11.2 汽车及齿轮制造

在汽车工业中,高性能柴油发动机采用了纤维增强活塞。由于高热负荷,它们由不同的铝合金制成,并配有冷却通道。纤维增强活塞含有 20%的氧化铝,如图 11-15 所示。在这一应用中,焊缝的熔深必须达到 65 mm,宽度小于 1.5 mm。由于焊缝与冷却通道壁的距离很小,因此还要避免损坏通道壁。所有焊缝均采用脉冲电子束焊接,所得到的极窄的焊缝符合几何尺寸的限制要求。这种极小的焊缝使工件产生的变形非常小,对基体材料的机械和工艺质量影响很小[78]。

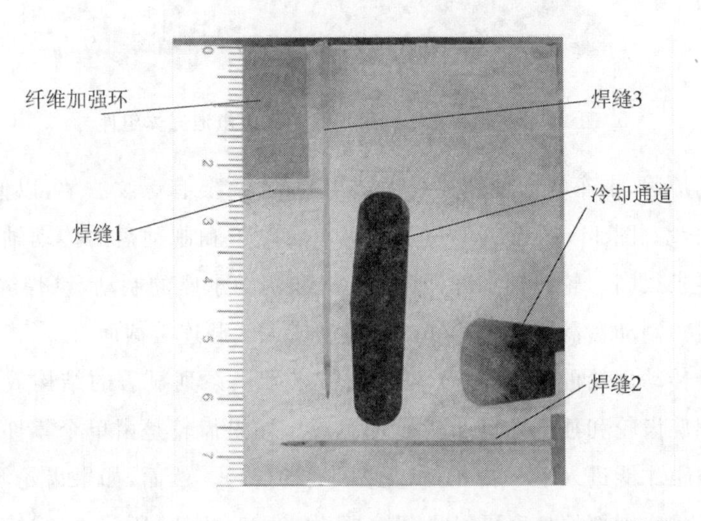

图 11-15 使用电子束焊接的带冷却通道的纤维增强铝活塞的横截面

电动汽车需要大量的充电电池。充电电池由一个紧密贴合的双层压铸铝外壳组成，外壳顶部必须用盖子紧紧地盖上。由于生产的压铸铝含有比较多的气体，因此，很难实现无气孔焊接。然而，采用适当的多束技术（见7.5节），焊缝可以保持较长时间的液态或重复熔化状态，以便在熔池凝固之前基本完成金属的脱气，充电电池壳体焊缝如图11-16所示。焊接时，多熔池必须沿着焊缝轮廓运动，且束流横向振荡始终垂直于焊接方向。这意味着多束振荡必须通过额外的矢量化设计应用到整个焊缝轨迹上，在焊接前需要对每一个单独的外形轮廓进行单独编程。焊接后的完整的电池壳体如图11-17所示。

图11-16　充电电池壳体焊缝

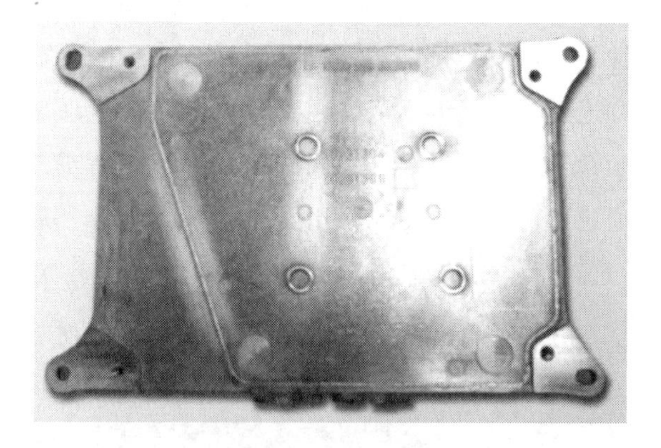

图11-17　带有上盖轮廓焊缝的充电电池壳体组件

由于制造的原因，卡车传动轴往往是锻造出来的，需要有螺纹法兰，以便用螺栓连接车轮轴承和刹车法兰。图11-18显示了一个带有车轮轴承和制动盘的传动轴的例子，该传动轴的动态强度要求很高。轮毂轴承部件（焊缝1）和到轴承座的制动盘（焊缝2）用两条电子束焊缝进行密封。制动盘需要几个相邻的接缝来增大承载连接截面[79]。

特别是对于传动齿轮的制造，电子束焊接带来了一系列显著的结构效益和经济效益。旋转齿轮由宽螺旋齿轮和独立的同步齿轮环组成。如果齿轮是由单个零件切削而成的，铣刀需要一定的空距才能进入下一排轮齿（见图11-19(a)）。然而，如果齿轮零件是单独制造的，再通过焊接连接，则部件长度可以显著缩短，如图11-19(b)所示。通过改进结构节约了大量材料，降低了生产成本。

图 11-18　带有车轮轴承和制动盘的卡车轴的部件

然而，在工艺开发阶段有一个问题，就是 TIG 焊接的焊缝会导致齿轮产生很大的变形，需要通过复杂的热处理来消除变形。但是通过电子束焊接(见 9.2.3 节)能直接达到产品所需要的焊接变形控制的要求，直接满足产品的尺寸公差要求。采用电子束焊接后的齿轮接头的截面如图 11-20 所示。

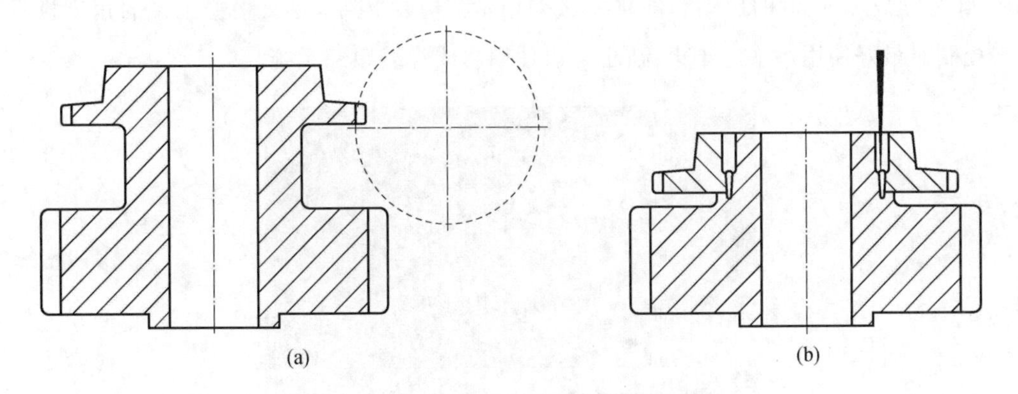

图 11-19　生产工艺对齿轮尺寸设计的影响

(a) 为了允许铣刀进入，工件的轴向长度增加；

(b) 先分别加工出两个单独的部件，再通过电子束焊接连接两部件，缩短了工件的长度，减轻了重量

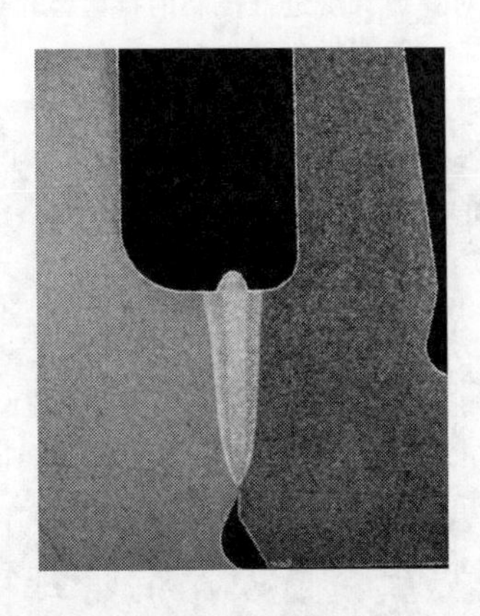

图 11-20　焊接接头的截面(s=5.5 mm)

图 11-21 显示了带有各种同步环的齿轮的例子。虽然它们是在硬化状态下焊接的，但在焊接前焊缝区域的表面硬化层已通过机械加工去除掉了(见 9.9 节)。

图 11-21　带有同步环的齿轮

变矩器和行星齿轮架是齿轮箱的零件，齿轮箱零部件也是电子束焊接大规模应用的领域之一。它们由深拉外壳和肋板组成，这些肋板通过单独的环焊缝与轮毂相连。焊缝长度对应于肋板宽度，也就是说，在一次旋转中必须焊接断续的环焊缝（即圆弧焊缝），如图 11-22 和图 11-23 所示。束流的启动和停止要么采用常规方法控制，要么根据工件的角度进行编程来控制。最好使用水平电子束流；也可以使用离线焊缝跟踪系统①。

图 11-22　对焊缝长度进行控制的行星齿轮架圆弧焊缝

图 11-23　通过离线焊缝跟踪系统焊接的行星齿轮架的环焊缝

① 此处参考了 U. Müller 的文章。

11.3 铁路技术

铁路轨道上的道叉极易磨损。道叉由锰钢组成,锰钢通过机械变形和轧制来增加硬度。道叉原本是一整块,并镀上马氏体时效钢,需要进行大量的机械加工。由于 0.8%左右的高含碳量,最初通过焊接两个独立部件来形成一个整体部件的方法失败了(见图 11-24)。如今,在没有额外材料的情况下,通过特殊的预处理和后处理人们已成功地进行了道叉的电子束焊接(见图 11-25)。

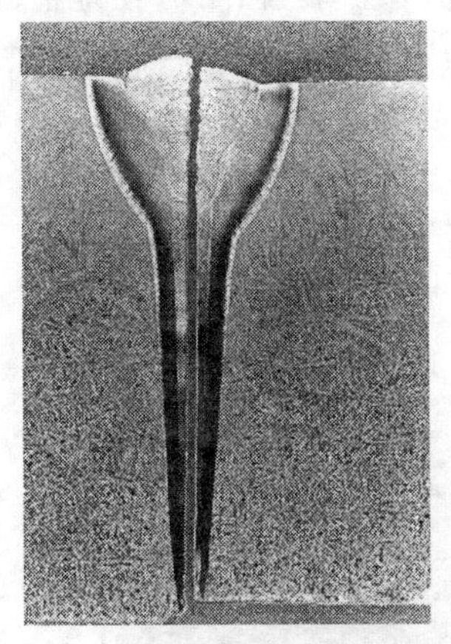

图 11-24 未进行热处理的焊缝的开裂情况

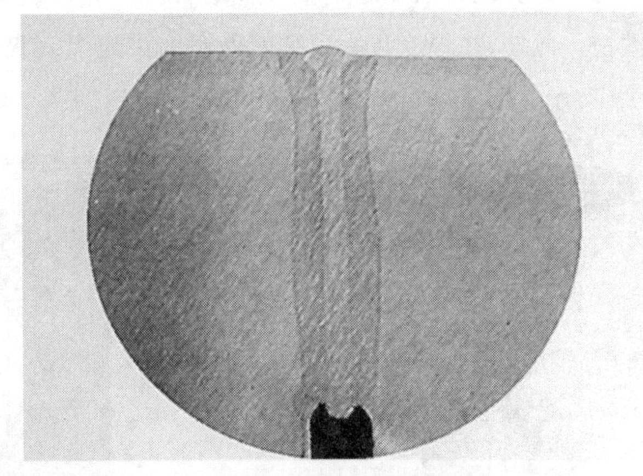

图 11-25 电子束焊前和焊后经过热处理的无缺陷焊缝截面

热处理是基于均匀磁场的加热工艺(UMH),即利用磁滞效应,对工件进行加热。该方法具有加热均匀、无局部温度梯度等优点,通过程序来对加热时间和加热温度进行自动热控制,从而满足焊接过程的要求。图 11-26 显示了输入台上带有铁轨夹具的部分设备。该设备可容纳长约 3 m 的钢轨部件,并在头部和底部各焊接长约 600 mm、深度约 35 mm 的焊缝,通过由两个相对水平排列的电子枪对两条焊缝进行一次成形,如图 11-27 所示。预热至 300 ℃需要 20 min,后加热至 500 ℃需要 30 min[79,80]。

图 11-26 带有热处理系统的铁轨道叉电子束焊接设备

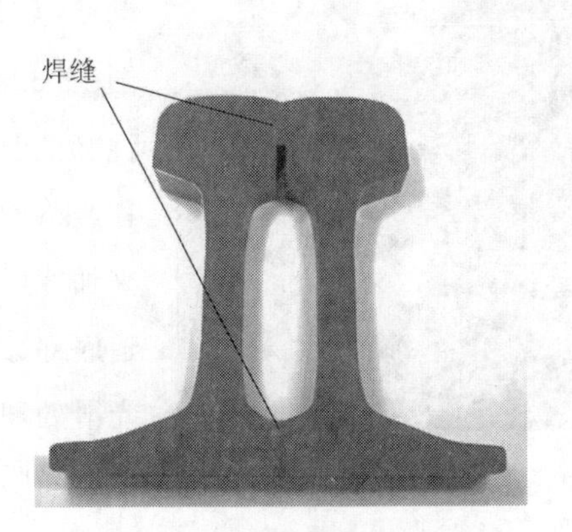

图 11-27 电子束焊接的钢轨焊缝的头部和底部

11.4 设备制造

用于节流阀和闸阀的外壳通常采用锻造方法制造。外壳一般以其复杂的设计来满足不同的需求，因此必须额外增加成本来进行定制。滑动阀体的内部视图如图 11-28 所示。一种制造方法是将产品分解成简单的部件，然后用电子束焊接将它们连接起来。图 11-29 所示的阀体由顶部和底部组成，顶部有一条半圆形水平焊缝，两边底部各有一条纵向焊缝。工作台通过计算机自动控制整个焊缝的长度。壳体内设置飞溅保护装置，可方便地清除焊接飞溅物。此外，在焊缝开始和结束处添加束流引入板和束流引出板，以防止熔池塌陷，如图 11-29 所示。图 11-30 所示为部分焊缝的焊后图①。

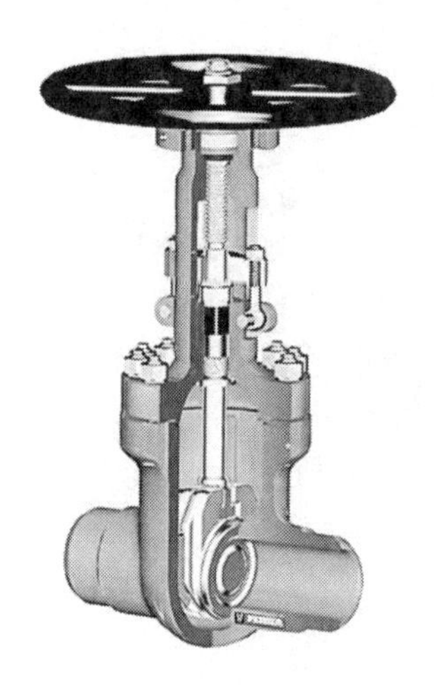

图 11-28 滑动阀体的内视图

图 11-29 准备用电子束焊接的滑阀外壳

注：在焊缝的开始和结束处设置有飞溅保护装置和束流引入板、引出板。

图 11-30 焊接滑阀的外观

电子束用于管道纵向焊缝焊接已有多年历史。特别令人感兴趣的是双相不锈钢(材料号为 1.4462)材料的冷弯管，其壁厚为 20～40 mm 不等，长度为 6 m，如图 11-31 和图 11-32所示。纵向间隙添加奥氏体钢带或丝，以提高耐蚀性和低温韧度(见 8.3.1 节)[39,81]。生产中使用了 60 kV 和 150 kV 加速电压的设备。它们可以用一束大散焦的电子束来加宽熔池焊缝，以填补大的接头间隙。由于焊道上部和焊道底部必须具有高质量的外表面，焊接后用 TIG 对焊缝进行光滑处理，处理后的焊缝如图 11-33 所示。

隔膜式蓄能器是液压系统中的重要部件，用于消除由于

① 此图由 E. Floer 提供。

图 11-31　电子束焊接冷弯管的纵向焊缝

注：管道材料为双相钢，$d=760$ mm，$t=25$ mm，$l=6$ m。

图 11-32　采用电子束焊接的矩形管的纵向焊缝

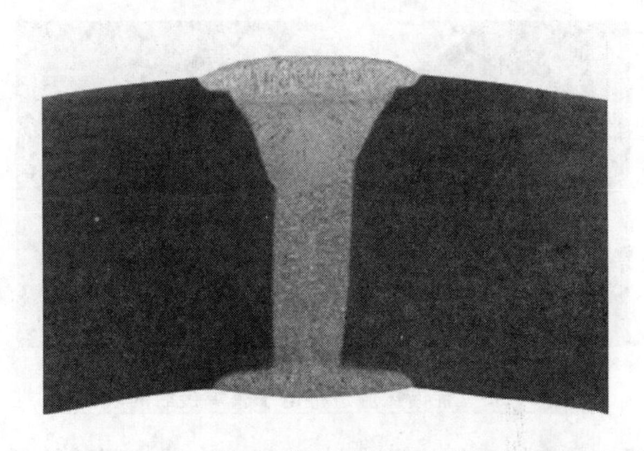

图 11-33　双相钢纵向焊缝截面($t=21$ mm)

油耗突然改变或堵塞而产生的压力波动，如图 11-34 所示。蓄能器内部装有橡胶膜，被橡胶膜另一侧截留的空气可以稳定油压。该膜由一个固定环紧固，固定环通过焊接连接到蓄能器壁上，因此，搭接焊缝必须承受高压并具有密封性。此外，焊接操作不能由于过热而破坏薄膜，这只有在电子束采用低热输入的情况下才可能发生[79]。

图 11-34　液压隔膜式蓄能器

欧洲的某研究项目采用了超导铌谐振腔来研究高速粒子的行为。这些谐振腔被液氦冷却到 4 K 左右的极低温度，此时谐振腔的电阻突然消失，表现出超导特性，只有在这种情况下才能进行实验。

基于物理要求，超导铌谐振腔的焊缝上、下表面必须完全平整，无缺口，但由于冶金原因，也由于无法接近底部焊道，不允许也无法用电子束对超导铌谐振器进行后续光滑处理(表面修饰)。由于铌是一种极其昂贵的材料，几乎没有可用来确定最佳焊接参数的铌实验材料，也没有足够的替代金属。

在开始焊接前，利用数学仿真模型模拟了束流性能随焊接速度变化的曲线，模拟发现利用散焦电子束可以实现重力和表面张力之间的平衡。所得到的焊缝具有较大的焊缝宽度，且无咬边，如图 11-35 所示。由于焊缝较宽，可以将间隙宽度加大到 0.1 mm 进行焊接①。焊接后的谐振腔原型件如图 11-36 所示。

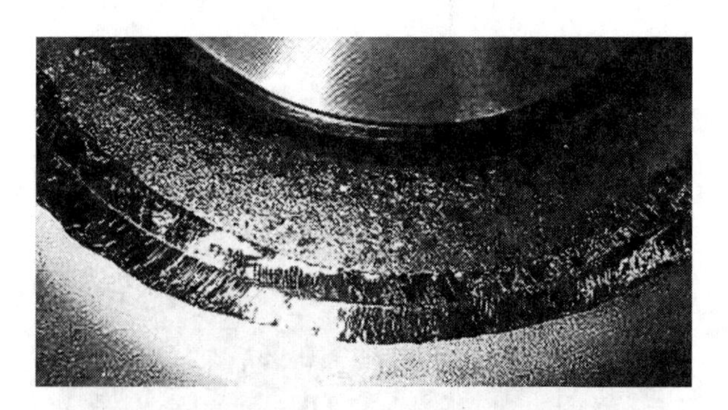

图 11-35　铌谐振腔进行电子束焊接后的表面

如今，谐振腔主要以半壳体元件的形式制成，以大大减小部件的尺寸，从而大大降低粒子加速器的运行成本。此外，半壳体谐振腔具有结构简单和易于焊接生产的优点，可以使用旋转装置焊接轨道焊缝，如图 11-37 所示。

---

①　此处参考了 W. Behr 的文章。

图 11-36　壁厚为 2 mm 的超导谐振腔原型件

图 11-37　用于电子束焊接铌谐振腔的旋转装置

对于铌的焊接，只能使用电子束焊接设备，并配备无油真空泵（机械前级泵、吸附泵和涡轮分子泵），且必须达到 $p_A < 5\times10^{-5}$ mbar 的工作压力。使用普通扩散泵也是可以成功焊接的。为了得到更干净的真空环境，可在工作室内再放置另外一块铌材料，并使用电子束对它进行加热，以便通过吸附作用有效地吸附气体杂质，为焊接正式产品提供更高的真空度。

因此，应用上述的这种方法，即使使用传统的普通扩散泵的电子束设备也能够焊接铌谐振器。

11.5　电气工程

在电解和电阻焊接设备中，需要用铜制成的大电流柔性接触连接件（简称软连接）。软连接由几根铜条组成，使用电子束焊接在一起并连接到一个板上，形成一个几厘米厚的焊道，如图 11-38 所示。焊接接头的电阻明显低于传统焊接操作中焊接接头的电阻。

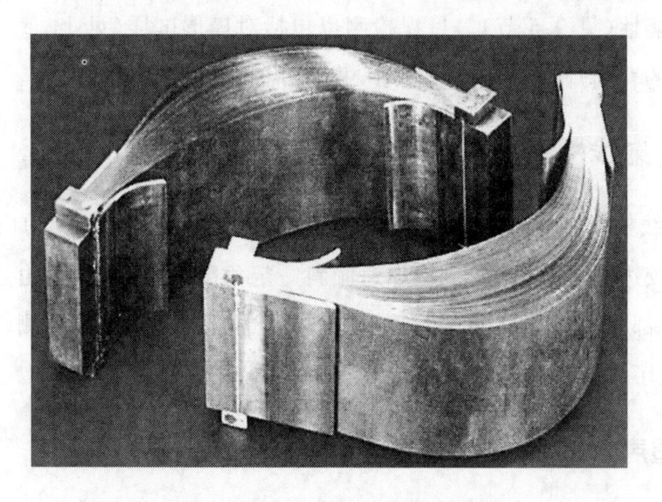

图 11-38　使用电子束焊接的铜软连接

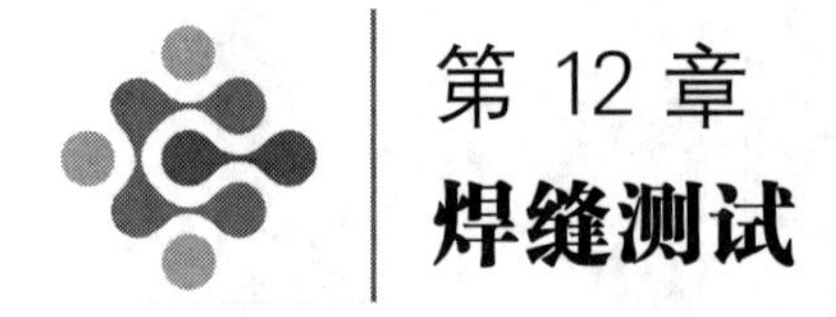

第 12 章 焊缝测试

12.1 概述

焊缝测试将参考国际焊缝无损和破坏性试验 ISO 标准，而不是引用个别规范[83]。测试程序和测试设备必须适应电子束焊接接头的类型。由于已经知道测试过程的基础，下面内容将只描述这些特性。

12.2 无损测试

12.2.1 目视检测

目视检测通常是在没有或使用简单工具(放大镜、简易显微镜、$m=10$)的情况下进行的第一次焊缝检测。目视检测可以检测表面缺陷，如焊道上表面和焊道下表面的咬边和裂纹。此外，还可以使用一种简单的测量措施，即采用所谓的焊缝控制线，确定焊缝位置缺陷，从而证明未熔合的可能性(见 9.5 节)。目视检测也包括对楔形试样(见 14.5 节)的评估，以便对不同厚度的试样的背面焊道进行比较测量，并对焊缝弧坑进行定性比较。

12.2.2 X 射线检测

在进行 X 射线检测前，应对焊缝进行加工，以避免狭窄的熔合区的内部缺陷(气孔、孔洞)被外部缺陷(咬边)所遮蔽。或者把焊道倾斜一定角度，以便射线自由通过。利用这种方法，即便是只有外部辐射源才能到达的管道环焊缝，也可以对其进行检测。微型聚焦管是首选，因为它们扩大了焊缝缺陷的检测范围。

12.2.3 超声波检测

对电子束焊接件可以用超声波进行常规检测。需要注意的是，对于小壁厚($t<3$ mm)焊缝，由于超声波主要分布在工件表面，使用斜探头的超声波无法检测到内部缺陷。此外，如

果基体材料(高合金钢)具有特别细的晶粒尺寸,在熔合区微观结构中可能会出现超声波反射和假声。为了避免错误数据,可以在校准块的帮助下对振幅增益进行调整。

12.2.4 渗透检测

在渗透检测中,较深的焊缝鱼鳞纹和咬边可能看起来像裂纹。因此,建议在渗透测试前对焊缝进行平滑处理。如果结果不明确,则需要使用其他检测方法进行额外的测试。

12.2.5 磁粉检测

磁粉检测适用于铁素体钢零件的探伤,且该方法不受任何限制。如果工件需要进行进一步的电子束焊接,则材料必须事先退磁。

12.2.6 涡流检测

电子束焊缝的涡流检测宜采用多频法。应把焊缝表面加工平滑。为了评估内部缺陷的大小和位置,有必要使用人工引入裂纹和气孔的校准试样。

12.3 破坏性检测

12.3.1 拉伸试验

可以根据拉应力作用下对焊接接头强度和断裂位置测定的有关标准,来确定电子束焊接钢和有色金属的拉伸样件的尺寸。如果需要测量焊缝的伸长率、屈服强度和断裂面积,则需要额外的设备。如果试样采用添加填充材料的方法进行焊接,则可提前制备出未添加填充金属焊缝的拉伸试样。该方法适用于相对简单的伸长率测定试验。

在不进行热处理的情况下,相变硬化钢(碳素钢)的电子束焊缝总是具有比基体材料更高的硬度和强度。在测试腰部狭窄的试样时,断裂总是发生在基材上,而不是焊缝中间。因此,相关标准还规定了缺口拉伸试样尺寸,如图 12-1所示。由于缺口区域处于多向应力状态,不适合确定抗拉强度,破碎试样只能用于焊缝内部缺陷的目视检测。

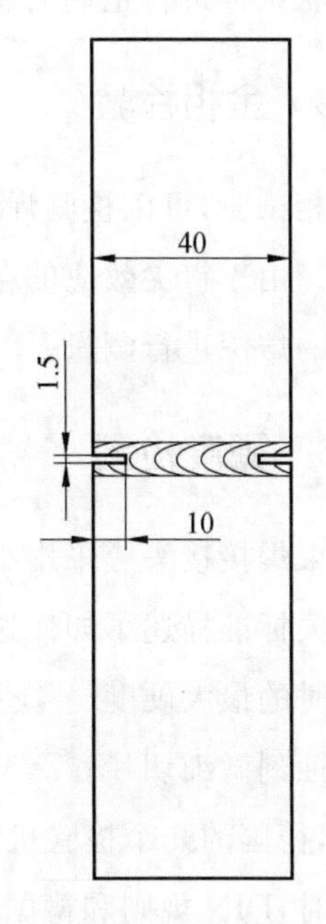

图 12-1　内部缺陷试验用的缺口拉伸试样

12.3.2 弯曲测试

在碳钢的电子束焊接接头的弯曲试验中也能观察到与前面拉伸试验中类似的现象，即弯曲芯棒的最大延长区主要发生在母材的热影响区而不是焊缝处。为了防止弯曲芯棒发生这种现象，可使用滚轮弯曲试样，或使用纵向弯曲样品，如图 12-2 所示。相关标准对这两种情况都进行了描述。弯曲芯棒直径的选择取决于样品的厚度，可以在应用规范中对此做出规定，也可以单独商定，特别是对于样品厚度非常小或非常大的情况。

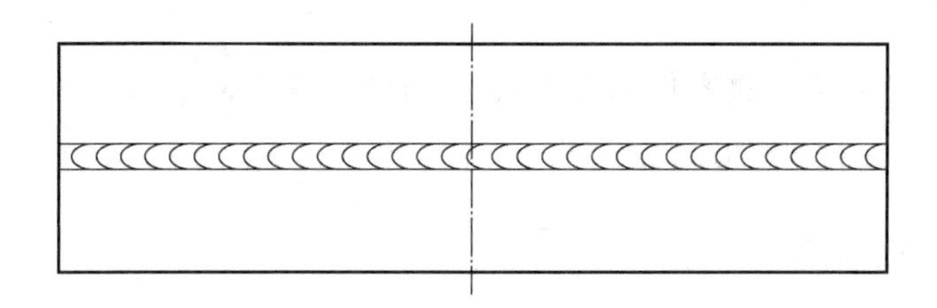

图 12-2　用于相变硬化钢的弯曲试样

12.3.3 缺口冲击试样

缺口冲击弯曲试验用于确定焊缝在特定温度（通常是室温到－40 ℃之间）下的冲击韧度。在焊接技术中，一个普遍的问题是如何避免未受热影响母材的缺口根部出现裂纹。在电子束焊接的焊缝中，由于焊缝宽度较窄，因此在测试中测量值会有较大的偏差。因此，在相同的条件设置下，对大量相同的试样反复进行缺口冲击弯曲试验，以求得平均值。至于如何对其他形状试样进行正确的和可重复的测量，迄今为止还没有达成一致的解决方案。

12.3.4 金相检验

通过金相试验，可以检测焊缝内部缺陷以及检测焊缝横向、纵向和水平截面上的熔合区和热影响区。由于钉尖效应的存在，很难对焊缝中心纵截面上的熔深进行可靠的测量，只能对横截面上的熔深进行测量。

12.3.5 硬度检测

对电子束焊接接头应采用小载荷维氏硬度试验进行硬度检测。在高硬度梯度下（形变硬化钢），相关标准描述了如何选择硬度压痕的分离距离，特别是确定从熔融组织边缘向热影响区过渡时的最大硬度[83]，还介绍了针对 0.1～1 HV 硬度的首选测试负载的应用，在试验中还需要蚀刻微细切片。

在过去，德国的几个检验机构评估了在电子束焊接试验中记录的形变硬化钢的高硬度值。与此同时，DIN 规则和德国测试官方协会（VdTÜV）都没有针对焊缝硬度值给出直接的限制。在评价电子束焊接方法时，只提到对于质量等级为 B 的焊缝，需要根据母材和附加材料进行硬度试验。换句话说,有必要继续对形变硬化钢进行硬度测量,但应根据零件规格选择最大硬度值,并可通过附加试验加以补充。这是因为横向弯曲研究结果表明,由于高硬度区的焊缝宽度较窄,因此对焊缝的静载荷能力影响不大。

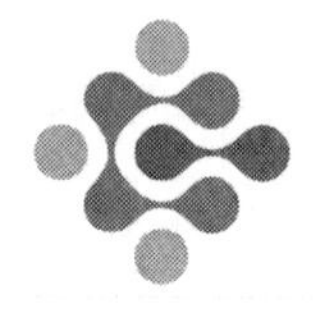

第 13 章 焊缝缺陷评定

13.1 概述

在焊接部件投入使用之前，要按照相关规范进行测试。测试是指对项目进行测量，将得到的值与给定的标准值进行比较，并对结果进行评估。这里所说的质量评估仅是评估指定的焊接缺陷达到或超过极限的程度，并不能由此推断出该部件适用性的质量评估结果。

与所有其他焊接过程一样，如果要确保焊接质量，必须有可接受的、安全的和被广泛认可的标准，必须提供一组经过验证的结果。电子束（和激光束）焊接缺陷评定的 ISO 标准是质量保证体系中质量评估的指南[85,86]。这些标准独立于焊接部件的功能，并包含在弧焊的相关规则和规定之中。航空和航天工业领域由钢、铝和钛材料制成的组件的电子束焊接则需要符合另外的标准。

为表达清晰起见，下面图表中显示的焊缝和缺陷的比例可能不符合要求。

13.2 质量等级

文献[85]和[86]中列出了缺陷评估的质量等级（见表 13-1）。

表 13-1 焊接缺陷的质量等级

质量等级	代表符号
一般	D
中等	C
严格	B

接下来我们选择质量等级 C 来开始解释并描述中等质量的电子束焊缝缺陷。质量等级 C 的焊缝按平均生产成本焊接而成。这个平均生产成本也说明我们并不要求不计代价地获得绝对完美的焊缝。根据专家意见，质量等级为 C 的焊缝，在正常生产成本下，采用正常的焊缝制备和焊缝清洗方法，焊缝应只有中等尺寸的缺陷（超高的余高、咬边等）。如果有更严格的要求，缺陷必须有更小的尺寸，并达到 B 级质量要求，但这通常也意味着更高的生产成

本。如果要求较低，可以接受较大的缺陷，并将质量等级更改为 D 级，这样通常会降低生产成本。

质量等级可以统一用于一个部件的所有焊缝，也可以用于不同的焊缝。如果缺陷超出标准限制，可以与制造商和客户一起安排评审小组来评估，以确保仍然按照用户规范进行评估。

文献[84]和[85]是面向生产的法规。根据所需的质量等级，它们规定了某些相关因素的变化，设计和生产工程师可以根据这些因素进行工作。工作任务是根据指定的要求制造组件，同时考虑实际制造中的焊接公差。

接下来的内容对制定上述标准时考虑的因素做了一些详细的解释。制定上述标准的难点在于确定允许缺陷的标准。什么是允许的？允许什么？此外，“缺陷”一词可能会导致人们认为，即使是最小的缺陷也会降低焊件的可用性。这就是“缺陷”一词有时会被“缺欠”所取代的原因。

13.3 气孔、缩孔和裂纹

如前文(5.3 节)所述，在流动熔池凝固过程中，伴随着合金元素的气体反应，以及不稳定的蒸气腔是气孔和缩孔形成的主要原因。这种情况在以采用电子束焊接为主的全熔透焊缝中发生的频率较低，但在部分熔透焊缝和环焊缝的收弧阶段中发生的频率较高。

可以采取许多有效的措施来防止或限制小尺寸缺陷的产生。然而，要求所有焊缝绝对无气孔和无空腔，将带来巨大的生产成本。因此，考虑到经济性，可以接受一定数量的小的气孔和缩孔。然而，在动态载荷作用下，必须对这些缺陷的影响单独加以研究。

在 X 射线或超声波扫描测试中，单个气孔尺寸(孔径或缩孔长度)h 的最大极限和投影在屏幕上的所有气孔或缩孔的最大面积总和 f 取决于工件厚度[85,86]。f 定义为 X 射线和超声扫描测试中缺陷的投影面积。然后确定承载焊缝截面的比例，由 $t\times l$ 的乘积确定，其中 l 为试样长度，最大不超过 100 mm。

例如，对于质量等级为 C 级、焊缝厚度为(全熔透)16 mm 的钢，在 $l=100$ mm 时，最大允许气孔直径为 $h_{max}=3$ mm，且 $f_{max}=32$ mm^2。相关尺寸如图 13-1 所示。如果组件中的焊缝长度小于 100 mm，则 f_{max}按比例减小。

通过 X 射线测试，人们可能不会接受这样的孔隙率，因为它是在焊缝的厚度方向上辐射的，并且不会产生关于孔隙率在厚度上分布的任何信息。为了辨明这种情况，建议使用进一步的测试程序(超声波)来获得厚度尺寸上的气孔之间的间隙信息。如果本例中两个或多个孔隙之间的距离小于 8 mm，则必须将这些气孔单独评估为链状气孔或密集气孔，因为它们比单个孔隙更容易导致裂纹。气孔的积聚主要是焊接接头制备过程中的污染造成的。

这些对气孔的要求也适用于缩孔。由于它们的形状往往是不规则的，所以通常用空腔

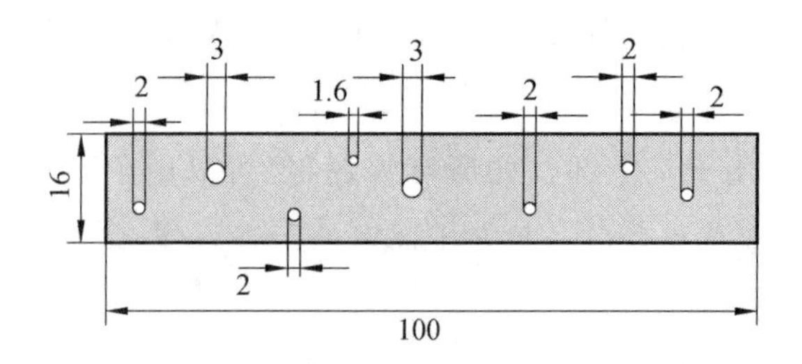

图 13-1 质量等级为 C 时最大孔径和孔隙率的例子

长度来评估其最大长度。

所有分组中一般都不允许出现裂纹，但质量等级为 D 的钢电子束焊接焊缝的收弧端部的弧坑裂纹除外。在焊接后必须对焊缝进行评估，以确保焊缝不受临界应力的影响。对有裂纹的焊缝必须重新进行焊接直至完全消除裂纹，除非焊接部件允许存在裂纹。只有对材料行为、裂纹大小和材料在使用过程中所承受的应力类型有充分的了解，才有可能借助断裂力学（测量裂纹的扩展速度）来评估这些缺陷，以评估这些裂纹。不过这些内容超出了本书的范围。

13.4 未熔合和未焊透

在焊接不同金属时，工件的自磁性或电磁场可能会导致电子束发生不确定的偏移，导致电子束在焊接接头中心的定位发生偏移而造成焊接未熔合（见图 13-2。此即热电效应，见 8.3.8 节）。这样会使得承重焊缝横截面面积减小，也有很高的裂纹形成的风险，从未焊接的缝隙扩展到熔化的结构或基础材料中。B 级和 C 级焊缝不允许有未熔合缺陷，若有则必须修复。只有在 D 级焊缝中才允许有未熔合缺陷，且尺寸 $h \leqslant 0.25\ s$，最大为 1 mm。

同样，评估对接焊缝的未焊透情况也是至关重要的，如图 13-3 所示。如果电子束功率、焊接速度和焦点位置等条件不足以使工件被焊透，则会出现未焊透的情况，此时通过目测无法判断熔深，而且在这种情况下，当焊件需要紧密的接缝时，未焊透的地方很容易形成裂纹，且有泄漏的危险。这些缺陷在 B 级和 C 级中是不允许的，必须修复。它们只能允许在 D 级以下的级别存在，在钢中允许的尺寸为 $h \leqslant 0.15\ s$（最大为 1 mm），在铝中中允许的尺寸 $h \leqslant 0.25\ s$（最大为 1 mm）。

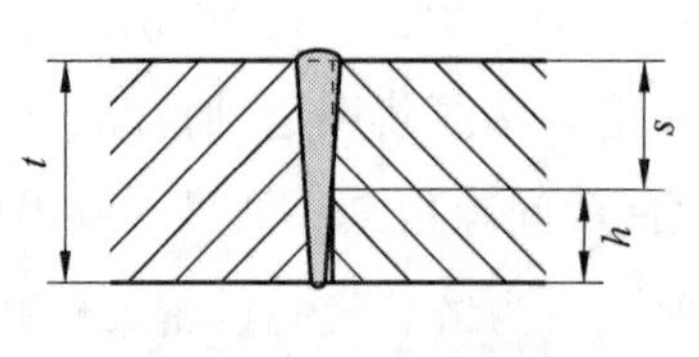

图 13-2 未熔合的焊缝

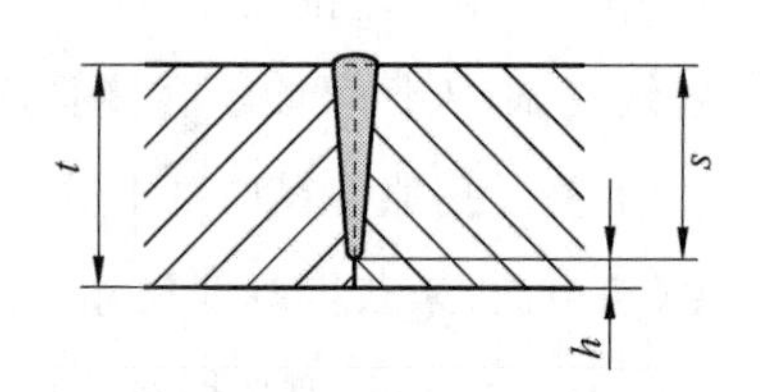

图 13-3 未焊透的焊缝

13.5 咬边和错边

所有焊接工艺都可能造成咬边，如图 13-4 所示。熔池表面张力与凝固过程之间复杂的相互作用是造成咬边的原因。而在电子束焊接中，咬边的尺寸相对比较小，它们不能被完全消除掉。对于质量等级为 B 级的焊缝，允许的最大咬边深度为 $0.05t$；对于钢，允许的最大咬边深度为 0.5 mm；对于铝材料，允许的最大咬边深度为 1 mm。

众所周知，在动态荷载作用下，咬边会使工件强度降低。如果必须消除咬边，则可以对焊缝进行平滑处理，或者在适当的工件准备之后（见图 9-11），对焊缝包括相邻的母材进行机械加工。

造成错边（见图 13-5）的原因不在于焊接过程，而在于工件的准备过程，在于不同厚度工件的对中或焊接夹具构造的影响。在没有填充材料的情况下，采用电子束焊接严重错边的焊缝是非常困难且危险的。因此，在制造实践中，为了便于装配和检测并消除工件偏差，首选中心锁底结构（见图 9-7）。对于质量等级为 C 级的焊缝，限制错边尺寸 $h \leqslant 0.15t$，采用钢和铝材料时 h 的最大偏差为 2 mm。

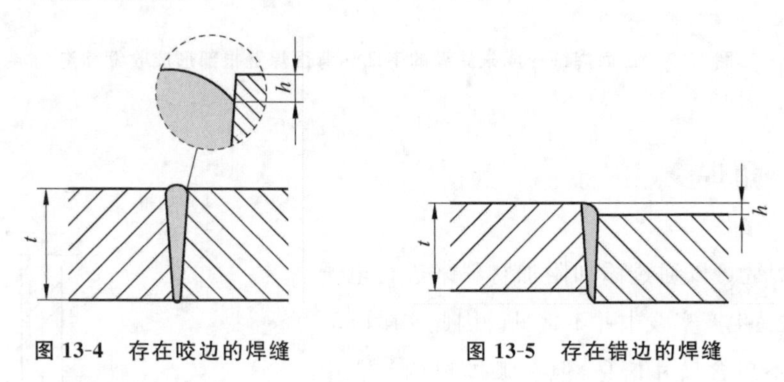

图 13-4 存在咬边的焊缝　　　　图 13-5 存在错边的焊缝

13.6 焊缝缺陷

在无填充材料的焊接过程中，如果熔合面准备充分，并使用最优调节参数，则横向收缩可能产生明显的正面余高和背面余高，但余高不得超过一定的限制。这样问题就出现了：当焊缝外形轮廓线过高时会有什么缺点？为了找到答案，需要找到正面焊道高度与焊缝宽度之间的关系，如图 13-6 所示。

限制余高的原因不是为了避免熔合区金属体积过大，而是为了限制工件表面与正面焊缝切线之间的角度 α。很明显，α 值太小时会现出咬边，α 大于 90°时甚至也会有锋利的咬边，会降低焊缝强度，特别是会降低动载强度。h 的最大值取决于焊缝的厚度，对于所有质量等级的焊缝 h 都不应超过 5 mm。在部分熔透焊接中，要完全符合这一限制要求特别困难，因此可能需要形成一个光滑的焊道才能避免余高超高的情况。

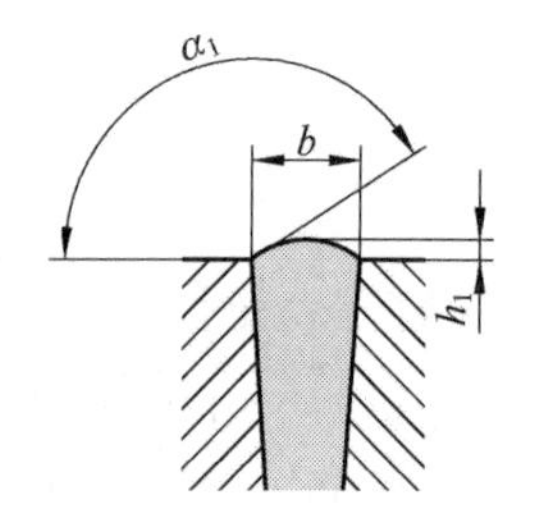

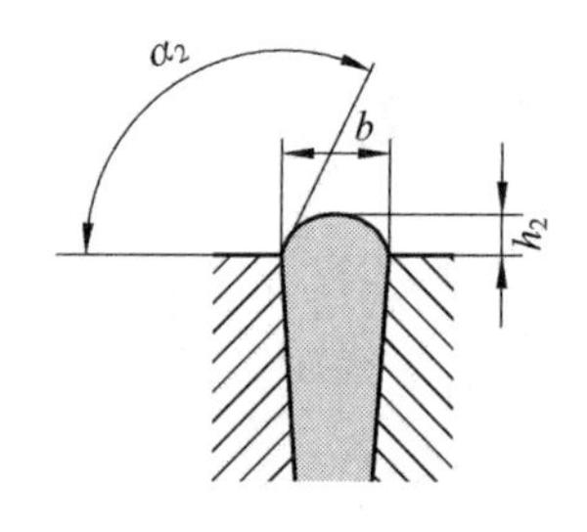

图 13-6　同样焊接宽度下正面焊道高度 h 对工件表面和正面焊缝切线夹角 α 的影响

如果工件对接面的焊接间隙过大(最大允许间隙宽度见图 9-12),可能会出现未完全填满的沟槽或出现表面下凹的现象,如图 13-7 所示。这个缺陷也会显著地降低接头强度,因此对这种情况进行评估也是至关重要的。对于质量等级为 C 的钢材料的焊缝,必须将 h 限制在$0.2t$以内,最大为 0.5 mm。如果要求焊缝无下凹现象,则必须添加填充材料进行焊接。

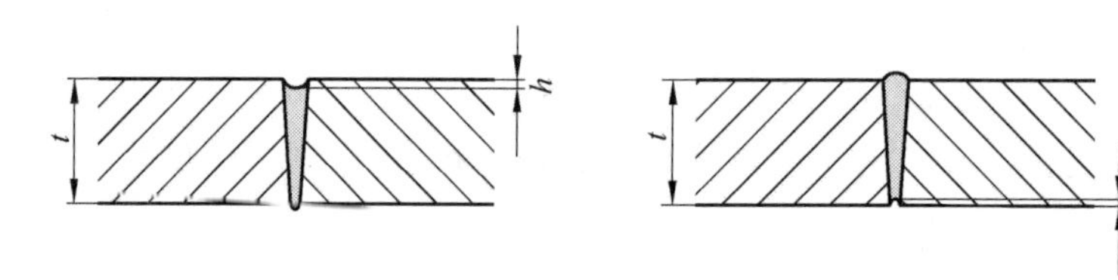

图 13-7　正面焊缝形成未焊满的下凹和背面焊缝根部形成收缩缩沟

13.7　角焊

虽然角焊缝可以通过添加附加材料来进行电子束焊接,但这在生产实践中并不常见。因此文献[85]和文献[86]不包含尺寸信息,但在弧焊规范[88,89]中有提及。图 13-8 描述了焊缝偏移,因为它们对焊缝有重要影响。质量等级为 C 级的正面焊缝尺寸 h_1 的限值为 $h_1<0.1s_1$,且不大于 0.5 mm。

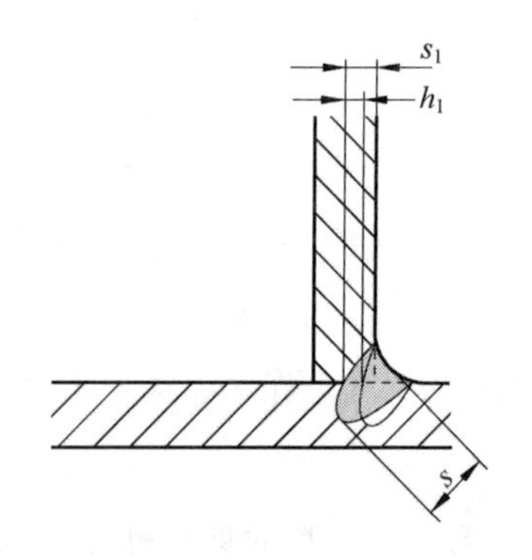

图 13-8　与标准穿透深度有偏差的角焊缝

13.8　焊接飞溅和金属蒸气升华

根据组件功能,如果熔化和焊接后的飞溅物的化学成分与基材或填充材料相同,那么文献[84]和文献[85]中所述的熔化和焊接后的飞溅是可以接受的。但是如果不相同则必须去除。如果需要完全无飞溅的焊接,则需要在返工的质量要求中提交附加说明。在较高真空度下焊接后附着在工件上的金属升华形成的蒸气,可以用干净的布去除。

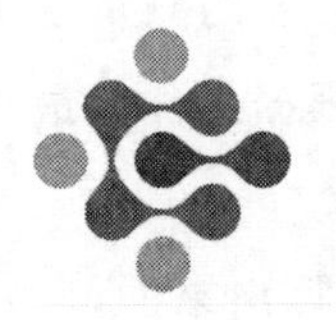

第 14 章 焊接设备的验收

14.1 概述

为了生产高质量的产品，焊接设备必须在一定的范围内保持恒定的、可重复的参数。通常在启动设备时，根据国际公认的标准[90-95]测量和评估某些焊接参数的短期和长期稳定性，验证运动装置的跳动精度和电子束的束斑稳定性，测量工作压力上升速率，见表 14-1。

表 14-1 电子束焊接设备验收总结

待测参数	加速电压 U_A 电子束电流 I_B 聚焦电流 I_L 焊接速度(工作台或者可移动的电子枪)和旋转速度
测试标准	残余纹波(短期稳定性) 稳定性(长期稳定性) 可重复性
待测设备的特性	运动机构的跳动精度 束斑的稳定性
需要另行商定的参数	工作压力上升速率

根据上述标准对电子束焊接设备进行验收，需要具备广泛的技术知识和多年的焊接工艺实践经验。德国焊接协会因此要对这项验收工作进行专门的检查以证明焊接设备符合这些要求。无论是设备制造商还是其他工业企业都会接受一个中立和独立的验收者。

如文献[89]中所述，在验收前必须对主电源、安装位置、X 射线防护等方面的某些要求进行检查。最后，确定电子束设备的工作范围，即待测电子束特性的最大值和最小值。工作范围涉及：

(1) 主要参数 U_A、I_B、I_L、v、n，其中 n 为工作台的旋转速度；

(2) 工作距离或焦距 A_W 或 A_F；

(3) 工作台的最大载荷 m_T 和旋转装置的最大载荷 m_D；

(4) 工作台的运动轴和方向 $\pm X$、$\pm Y$、$\pm Z$；

(5) 旋转装置的运动轴和方向 $\pm A$、$\pm B$、$\pm C$。

相应的最大值和最小值由焊接设备制造商的性能数据来定义。最低加速电压在大多数情况下由设备用户根据其焊接实践来确定。除非用户定义最小的设置值，否则最小电子束电流和速度被定义为最大值的10%。提前定义这些规格要求是为了避免不必要的测量工作。此外，转速 n 的极限值不应与旋转设备制造商规定的额定转速太接近，而根据工件的最大和最小直径以及焊接速度来计算转速更实用。

设备参数和特性的极限偏差汇总见表14-2。主要参数是由多个测量值计算出来的，以平均值的百分比变化来表示。所设置参数的测量百分比变化必须能够在标准规定的完整工作范围内实现。在加速电压、电子束电流和聚焦电流中的残余纹波是一个非常重要的设备参数。纹波是因直流稳定电源的电压波动而产生的。直流稳定电源一般是由交流电源经整流稳压、滤波等环节而形成的，但由于滤波不干净，在直流稳定量中就不可避免地、或多或少带有一些交流成分，这种叠加在直流稳定量上的交流分量就称为纹波。纹波的成分较为复杂，它的形态一般为频率高于工频(50～200 Hz)的类似正弦波的谐波。由于工作台驱动和旋转装置的磨损、污染和振动，运动装置的焊接速度和运行精度会出现短期偏差。因此，建议定期重复测量运动装置的精度。

表14-2　设备参数和特性的极限偏差(按ISO 14744-1)

参数和特点		测量值的极限偏差
加速电压	残余纹波	2%(峰峰值)
	稳定性	±1%
	重复性	±1%
电子束电流	残余纹波	5%(峰峰值)
	稳定性	±1%
	重复性	±1%
聚焦电流	残余纹波	0.5%(峰峰值)
	稳定性	±0.5%
	重复性	±0.5%
焊接速度	最大速度的短期稳定性	±2%
	最小速度(最大速度的10%)的短期稳定性	±5%
	长期稳定性	±1%
	重复性	±1%
跳动精度	线性运动和圆周运动	±0.1 mm(除非有特别的约定，焊接大型工件时候可以放松要求)
束斑的稳定性	在垂直于束流轴线的平面上的束斑的稳定性	±0.1 mm(焦距为300 mm，对于较长的工作距离需要另外商定)
工作室压力的上升率		(根据协议或者小于 10^{-3} mbar·L/s，见10.6.6节)

人们通过对稳定性和长期一致性的测量记录了电气控制设备热效应引起的波动，这对于需要长时间焊接的产品，如大直径低速环焊缝的焊接，具有特殊的意义。此外，还通过长期的测量来检查束斑的稳定性。在焊接过程中，由于热影响，阴极和阴极座之间的位置变化也会影响束斑的稳定性。多次重复测量的结果表明电子束焊接设备在反复开关后，无须调整焊接参数，测量识别出的差异不会影响大批量自动化焊接生产。

从前面的解释和表 14-2 中测量值的极限偏差是百分比的形式可以明显看出，在检查主要参数时只计算参数的百分比变化，即偏离平均值的百分比，而不是单一的物理值。尽管仪器不需要经过专门的校准和验证[95]，但所使用的测量仪器的精度必须与极限偏差的精度相一致。

在完成所有安装工作和 X 射线防护试验（见 14.2 节）后，在焊接设备现场进行最终验收。加速电压的测量可由设备制造商事先进行（见 14.3.1 节）。

测试完成后，验收者会制作一份报告，内容包括以下几点：

（1）确认测试是根据 ISO 14744 第 1～6 部分进行的，如果发现偏差，必须说明原因；

（2）所有测量结果均按 ISO 14744 第 1～6 部分的要求列出；

（3）确认设备符合 ISO 14744 第 1～6 部分规定的工作范围内的要求；

（4）负责焊接设备操作的焊接主管的姓名。

检验报告必须由检验员签字。

如果被测量参数的所有偏差都在表 14-2 所示的范围内，那么只是说明设备满足了要求，但是对于生产高质量部件的焊接，有了合格的设备也只是满足了其中的一个要求。焊接设备通过验收后，将经认证的焊接设备移交给焊接主管负责。为了完全适合高质量部件的焊接，还需要满足一些技术、人员和操作条件方面的其他要求（第 15 章和第 18 章）。

如果可以通过连续的焊接检查来确认结果，则不需要重复试验，而只需要对设备现场进行修改、维护和移动。重复测试的次数取决于所涉及的设备部件。

14.2　X 射线防护试验

根据标准，在电子束焊接设备验收前必须要进行 X 射线防护试验。因此，设备制造商必须通知设备使用者，经政府主管当局批准，其电子束焊接设备已获准使用。管理局将委任一名独立专家，按照适当的 X 射线规定检查电子束焊接设备。在进行设备的 X 射线防护测试前必须首先打开电子束焊机。

X 射线不仅会在焊接处产生，在电子枪中，当电子撞击阳极的内边缘、偏转系统和柱阀时也会产生 X 射线。对于加速电压 $U_A=60$ kV 的设备，X 射线的能量比较低，电子枪腔壁和工作室壁就足够对射线进行防护。对于加速电压 $U_A>60$ kV，特别是在 $U_A=150$ kV 的情况，这些尺寸的壁厚不足以提供所需的保护。由于这个原因，电子枪的外壁和工作室的外壁都覆盖着防护铅板。在焊接过程中，不能拆卸防护铅板，不能在防护铅板上钻孔或损坏防护铅板。必须不时地检查防护铅板的完整性。工作室墙壁上的观察窗，必须由具有能够完全防护以最高加速电压焊接时产生的最大剂量的 X 射线所需厚度的含铅玻璃组成，并且永远不能用普通玻璃或金属板来代替含铅玻璃。

《X 射线条例》规定，对用于材料加工的电子束焊接设备，必须考虑干扰辐射源。应该强调的是，尽管该设备能产生 X 射线，但不应该专门用于产生 X 射线这一目的。由于每台电子束焊接设备都是独一无二的，所以一般的许可是不适用的，每台机器都必须经过单独的认证。就 X 射线防护而言，这一点也适用于焊接设备的大修及改造。

在签发操作许可证之前，设备用户还必须指定一名 X 射线防护人员，该人员必须具有适当的专业知识。此外，操作、维护和修理人员必须接受 X 射线防护方面的培训。签发操作许可证后，在焊接作业开始前，必须在焊接设备上贴上印有下列文字的标签：

(1) 产生 X 射线；

(2) 根据 X 射线条例，只有不更换或拆卸有关的辐射防护部件，才可获授权使用焊接设备；

(3) 不可超过容许的加速电压（见许可证）。

焊接操作最大时长为每周 20 h，每年 50 周，最大的受照剂量当量率为 1 μSv/h（Sv 即希，受照的电离辐射剂量当量单位，该单位以瑞典生物物理学家 Rolf Maximilian Sievert 的名字确定），在电子束焊接设备环境中，设备操作相关人员一年的受照剂量当量不能超过 1 mSv。根据 X 射线的相关规定，由于设备的工作室在工作时是封闭起来的，因此工作人员不需要也不能进入设备工作室。

文献[97]对电子束焊接设备操作人员需要采取的 X 射线防护措施等有着更详细的说明。

14.3 电气和力学性能的测量

14.3.1 加速电压

电子束焊接中使用的电压，特别是高压电源输出侧和高压电缆末端的电压，如果没有专门的设备和仪器，是无法安全测量的。然而，通常只有设备制造商具有这种测量设备和测量能力，因此通常最好在制造商自己的工厂中进行这种测量。除了满足安全方面的要求，该设备还必须能够测量整个束流范围内的加速电压[91]。

根据图 14-1，测量时，高压电源与电子枪之间插入分压器。与电源的高压导电元件一样，分压器也浸没在一个适当大小的充油槽中，在特定的工作温度下进行校准，并通过一根普通类型的高压电缆连接到电子束焊接设备上。频率补偿的标尺取决于高压电源的结构类型，频率补偿的目的是将分压器纯粹用作欧姆电阻。

也可以用另一种类型的分压器代替这种电路，与高压电源单独连接使用，如图 14-2 所示。这种类型的分压器代替了电子枪，允许在所有指定的束流下测量加速电压。

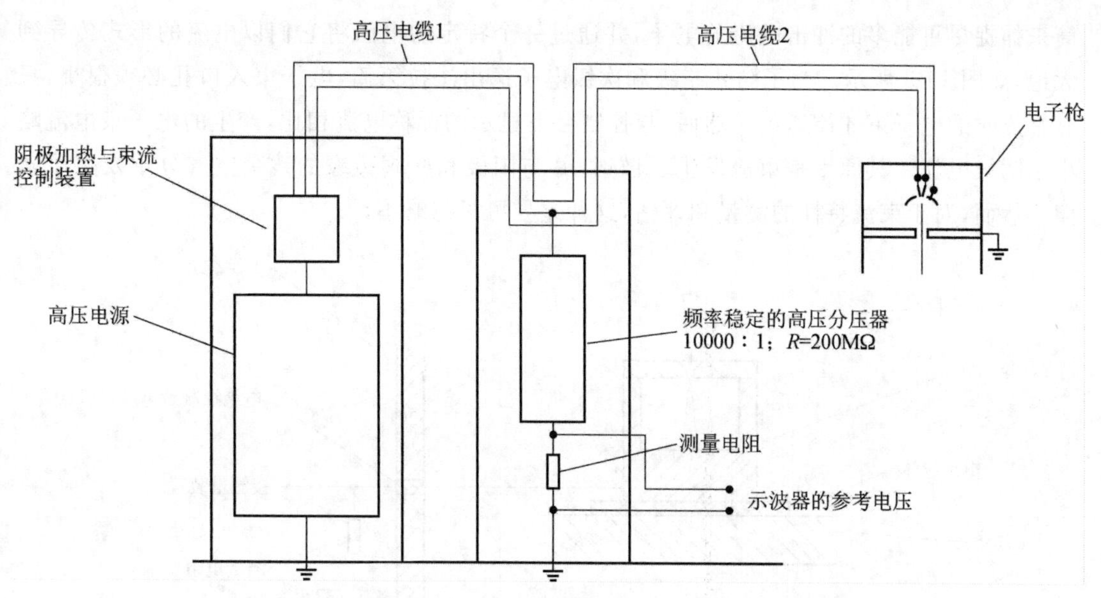

图 14-1　用高压电源和电子枪之间的分压器测量 U_A 特性电路图(按照 ISO 14744-1)

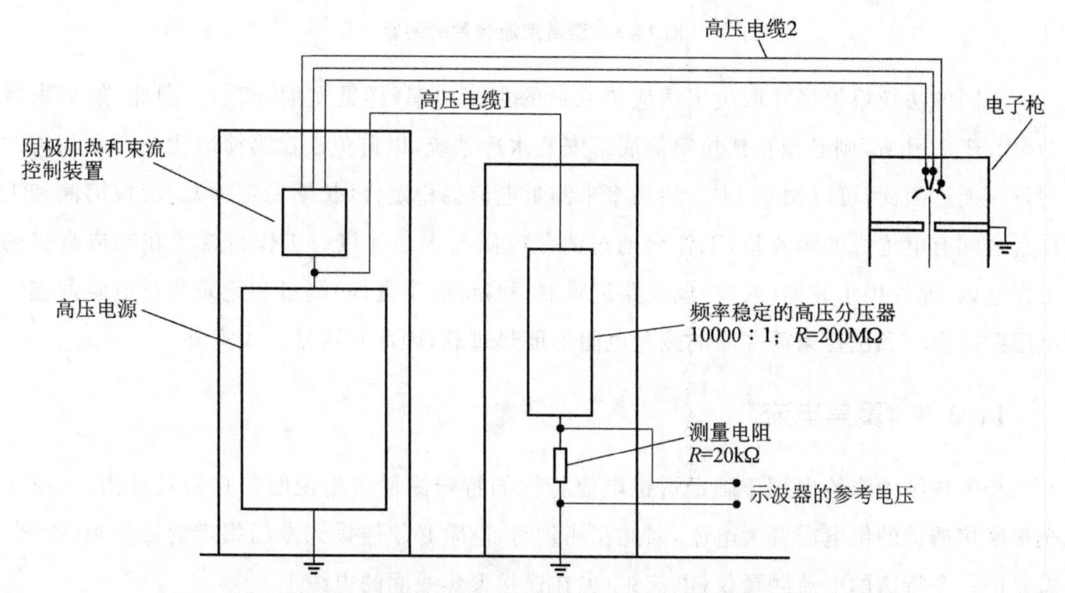

图 14-2　用与高压电源连接的分压器测量 U_A 特性电路图(按照 ISO 14744-1)

在这两种情况下,电压差都是通过测量电阻测量的(最大为 15 V,直流)。利用示波器和线路记录仪测量系统的剩余纹波和稳定性及重复性。

如果在生产过程中,加速电压偶尔需要检查,不需要使用复杂的测量设备,则以下操作有实现的可能性:在焊接设备调试期间,在给定的焦距下,通过目标块上熔化的痕迹记录一系列加速电压和偏转电流作用下束斑的静态偏转振幅。设置相同的参数重复这些测量,并与以前的结果进行比较,可以得到定性的结果。

14.3.2　电子束电流

电子束电流也可以用一种不使用实心导线的特殊装置来测量。为此,可以使用法拉第筒来捕捉尽可能多的冲击电流的电子，并通过一个特定的电阻将它们以电流的形式传导到大地，如图 14-3 所示。为了防止初级和次级电子逸出法拉第筒，电子束入口孔必须很小，只有聚焦时的电子束才能通过。然而，与控制台上显示的标称电流相比，产生的电子束电流略小于阴极电流。其原因是束流发生了散射，并与阳极和柱阀边缘的残余空气分子发生了碰撞。然而，对于束流特性的测量和评估，这种差异可以忽略不计。

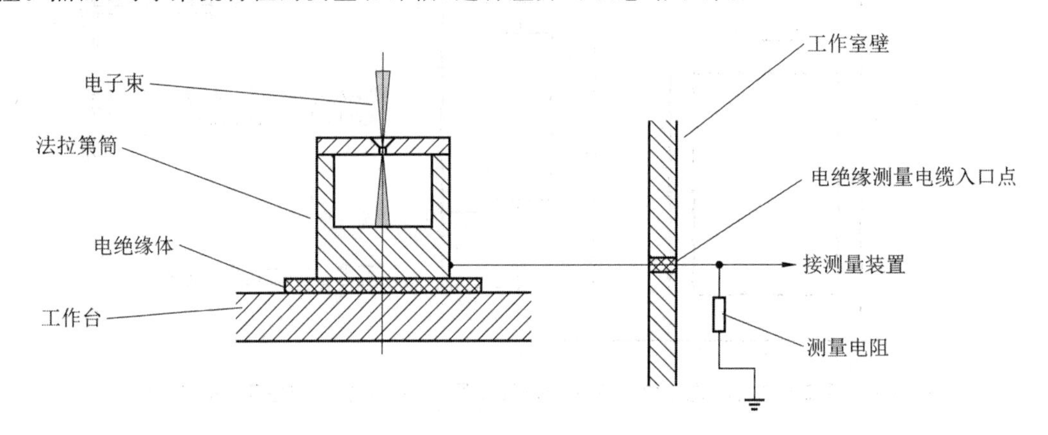

图 14-3　测量束流特性的装置

不同的法拉第筒尺寸取决于适应热载荷的束流功率（详见文献[92]）。因此，如果束流功率大于 10 kW，则必须在法拉第筒底部安装水冷系统，以避免法拉第筒熔化及产生相关的测量误差。因此，可以用 $0.1P_{\max}$ 的功率来测量电流的稳定性（长期稳定性）。法拉第筒和工作台之间有电绝缘的陶瓷垫，工作台通过测量电阻与大地连接。工作台放置在抽成真空的工作室内，允许用示波器（纹波）或线路记录器（稳定性、重复性）测量和记录测量电阻两端的电压差。由于和法拉第筒并联的测量电阻不能热过载，因此它通常位于室外。

14.3.3　聚焦电流

相关规则中未给出用于确定透镜电流特性的特殊测量实施说明。它们只是指出，电子光学聚焦透镜的供电需要大电流，因此在测量时，电阻必须连接到专门指定的插座上，否则，需要把一个特殊的电流测量仪（电流钳）夹在连接聚焦线圈的电缆上。

14.3.4　焊接速度

将运动执行机构引入数字电动机后，不仅可以将平移量和转速作为电量值进行数字显示，还可以直接确定工件在工作室内的位置。根据文献[93]，焊接速度特性，包括传动装置（齿轮、主轴、机架等）的特性必须在工作台或旋转装置上直接测量。因此，通过一个增量式旋转传感器来测量焊接速度，该传感器直接与一个和运动装置接触的摩擦轮连接，如图 14-4 和图 14-5 所示。

增量式旋转传感器的编码器以与速度或转速成比例的频率提供电压脉冲。频率被转换成模拟电压记录下来。在测量时使用弹簧顶住摩擦轮，或者使用柔性安装支架，以便将旋转

图 14-4　用于测量工作台速度的装置

图 14-5　用于测量旋转速度特性的装置

传感器压在接触面上。任何滑动都能被测量装置快速识别，并且滑动可以通过增加接触压力来避免。

如文献[92]所述，测量不仅要在不同的速度和方向下进行，而且还要考虑到夹具类别和工件质量，以及在不同的运动机构的载荷下运行。这意味着测试水平轴旋转速度时，还必须考虑倾覆力矩，在适当的情况下，还必须考虑质量的不均匀分布情况，如图 14-6 所示[97]。

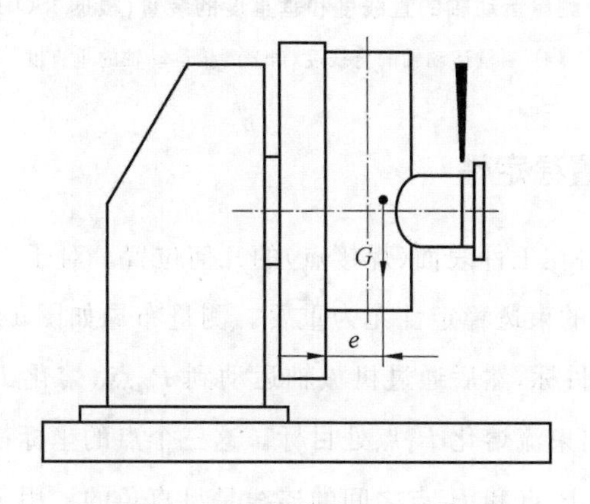

图 14-6　工件质量分布不均匀的例子

注：测量时的速度必须保持恒定，以保持焊缝运动的准确性。

14.4 机械装置的测量

14.4.1 跳动精度

工作台和旋转装置会使工件产生具有一定跳动精度的运动。跳动精度是指工件在与其运动方向(X、Y、Z 向)垂直的方向上的振动幅度,或在工件旋转的情况下,轴向偏移量和补偿中心偏差的大小。跳动精度也定义为实际焦点位置与期望位置的偏差,这种偏差是工件相对束流轴线方向所在平面发生运动而造成的。

文献[94]包含一些测量信息,在与设备用户协商并在适当情况下进行扩展后,这些测量必须适应各自的焊接任务和设备类型。在大多数情况下,都应该测量工作台运动轴的直线度和垂直度(见图 14-7),以及旋转装置的轴向偏差和补偿中心偏差。此外,这些测量必须考虑各种工件和夹具负载以及任何不均匀的质量分布。

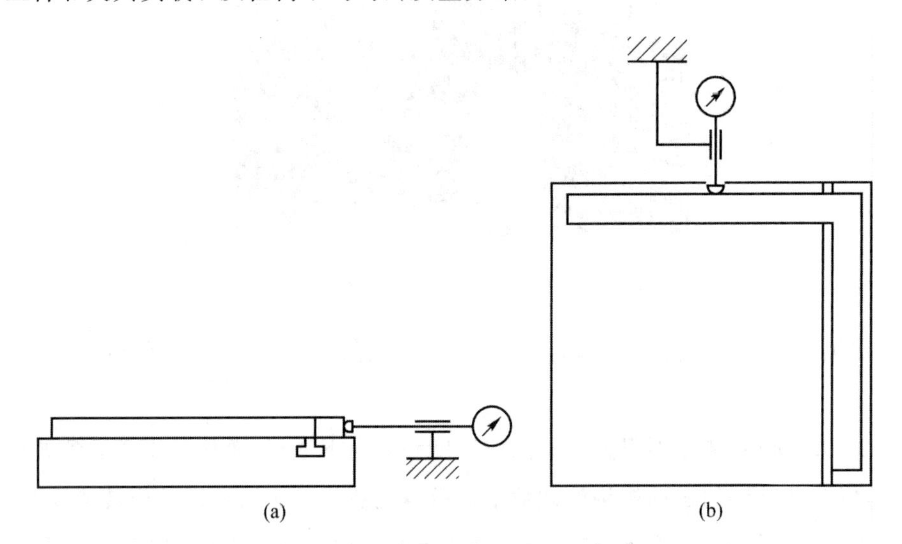

图 14-7 测量运动轴的直线度和垂直度的装置(根据 ISO 14744-5)

(a) 测量运动轴的直线度;(b) 测量运动轴的垂直度

14.4.2 束斑位置稳定性

文献[95]验证了束斑在工件表面(焊接点)的几何位置。对于工件相对于电子束自动运动的设备,长时间焊接后的束斑稳定性尤为重要。测量布局如图 14-8 所示。测试时设备首先发出束流熔化 P_1点的目标,然后通过机械轴运动到 P_2点,熔化 P_2点处目标,最后再通过机械轴运动到 P_3点,发出束流熔化 P_3点处目标。这三个点的坐标都是采用数字方式精确测量的,并且 P_1点和 P_2点、P_2点和 P_3点之间的连线是呈直角的。用于熔化目标的束流功率为设备最大束流功率的 10% 。大约 15 min 后,关闭电子束焊机高压;工作室充气至压力达到大气压，然后重新启动设备，接着再次抽真空。再开启电子束高压15 min。因此，在大气压力的交替影响下，电子枪的位置和工作室的状态都会发生微小变化。之后通过机械轴使工作台运动到 P_4点，再用束流对 P_4点所在目标进行熔化。图 14-8 显示坐标点 P_2和 P_3仅受工作台的 X 和 Y 方向运动轴驱动(分别向 $-X$ 和 $+Y$ 方向)。因此，应抑制工作台驱动器的反向间隙的影响。

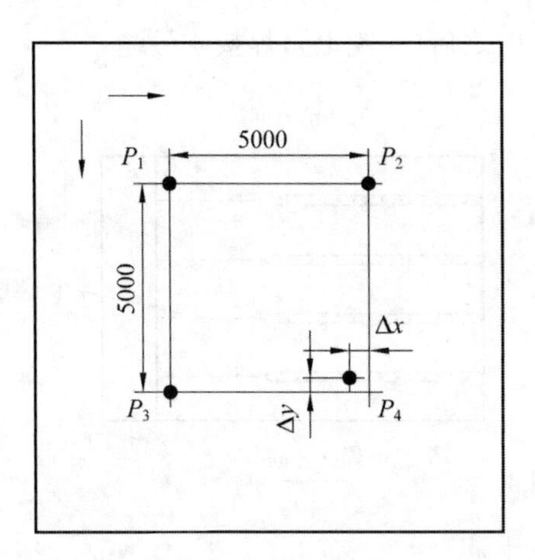

图 14-8　用于测量束斑位置稳定性的工作台运动和熔化点的排列图(根据 ISO 14744-6)

最终束流熔化的实际位置的坐标与理想位置点 P_4 的坐标之间的偏离量被定义为(Δx，Δy)。束斑稳定性 Δr 为 P_4点到坐标点(Δx，Δy)的连线的长度：

$$\Delta r = \sqrt{\Delta x^2 + \Delta y^2}$$

如果有必要，可以在一个标准的焦距($A_F = 300$ mm)下进行上述测量，并且最后计算出束斑位置稳定性。过去的经验表明，采用现代的阴极系统对带状阴极进行夹紧可以获得较高的束斑位置稳定性。因此，这些稳定性测量只有在特殊情况下才有意义，例如要进行长时间的焊接时。

14.4.3　工作压力上升速率

关于工作压力上升速率测量的细节可在设备测试框架内商定。如果每隔一段时间重复测量一次工作压力上升速率，设备用户就会了解垫圈的磨损情况，例如室门上垫圈的磨损情况。工作压力上升速率的测量和计算详见 10.6.6 节和文献[90]。

14.5　楔形试样测试

楔形试样提供了一种在设备验收或重新启动时，以及在焊接操作过程中，检查焊缝重复性，或验证设置参数可行的方法[98]。焊接检验不属于标准化测试的一部分，但应由设备用户和检验人员在验收时商定。

图 14-9 所示为纵向焊缝楔形试样。设备验收时，在以下条件下焊接四条设置参数（主要参数、运动装置、焦距等）相同的焊缝：

（1）设备开始验收后，焊接 1 号缝。

（2）暂停数小时后（一晚上），焊接 2 号缝。

（3）再经过 4 h 的操作和更换阴极后，焊接 3 号缝。

（4）在又停顿了几个小时之后（一晚上），焊接 4 号缝。

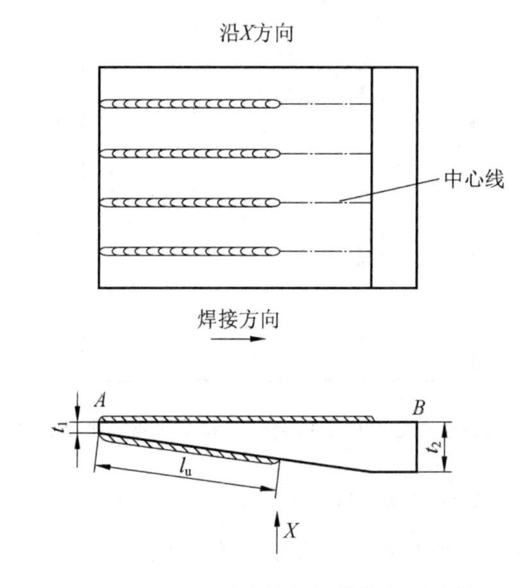

图 14-9　用于测试纵向焊缝的楔形试样

选择一个合适的设置参数从 A 端焊接到 B 端，由于楔形块厚度从 t_1 线性增加到 t_2，因此同样的设置参数在这个楔形块上表现出来就是从焊透试样变化为部分熔透试样。对焊缝背面焊道的长度 l_u 进行测量和比较。如果焊接从 A 点开始（在一个虚拟的工件上），那么 B 点端部凹坑的形状和尺寸也可以包括在对比项目中。如果要在焊接设备重新启动后进行试验，建议使用初始设置数据焊接焊缝。允许的极限偏差由设备用户决定。

验收电子束焊机设置参数对于生产成本高昂部件的项目尤其重要。即使是已经制定并证明可行的焊接规范，在很长时间后也需要通过焊接部件来验证。楔形试样的优点是，通过简单的测试可以实现一个生动的、随时可演示的焊接试验。对几处焊缝做对比检查后可立即看出焊接结果的变化，如果没有确定焊接结果变化的原因，则需要做进一步的调查。有关焊接质量的评估不是本次测试的主题。

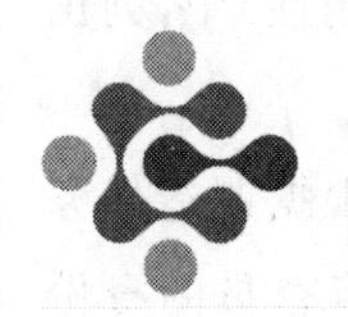

第 15 章 操作人员和设置人员的资格测试

15.1 概述

电弧焊和气焊操作员必须定期证明，他们具有必要的手工操作技能和专业知识，可以安全控制焊接过程，并能意识到发生事故的风险。与电弧焊和气焊需要有资质的操作员一样，对机械焊接（包括电子束焊接）设备人员的资质也有严格的要求。员工不仅要能够按照焊接工艺规范独立操作设备，而且还应该能够创建这些工艺规范。他们必须能够立即处理焊缝缺陷和设备问题，以便避免其健康受到危害和避免工件被拒收。他们应该能够阅读技术图纸和回答设计师提出的关于制造问题。对于电子束焊接，由于生产的组件价格特别昂贵或者与安全相关的组件的焊接需要有完整的质量保证，因此需要操作和设置人员具有一定的资质。

15.2 试验规程

标准 ISO 14732 (2013-08)[99] 描述了金属材料机械化和自动化焊接（因此也包括电子束焊接）操作工和设置人员技能评定。该标准区分了操作人员（设置、监视和必要时调整焊接参数值）和机器设置人员（调整焊接系统并编制监视和控制程序）。工作人员资格审查包括以下程序：

（1）焊接程序测试；

（2）生产检验前的焊接试验；

（3）准备测试件；

（4）生产或抽样测试。

根据自动焊接的标准，只负责工件装卸的人员不需要具备同操作人员和机器设置人员一样的资质。

上面提到资格审查程序的重点是焊接加工厂家要根据焊接规范所规定的工件厚度和材料确定设备的生产范围。除了实际焊接外，操作人员和机器设置人员还必须证明他们拥有一定的焊接设备和焊接工艺方面知识，以证明他们理解焊接参数对焊接质量的影响等。电子束设备人员不仅必须拥有相当广泛的焊接应用经验，而且还必须具备物理、冶金、设计和真空特性方面的基本技术知识。在标准 ISO 14732 的附录 B(内容丰富，非强制性)中，列出了电子束焊接职业技能考试的一些专题(见表 15-1)。

标准中没有规定工作人员应如何从企业内部或学校获得知识[100]。然而，根据制造任务的多样性，一个有全面经验的操作员应该在考试前接受 3～12 个月的培训。审查员的身份在标准中没有定义，可以由部件制造商和客户共同决定。应使用有专业经验、独立、来自外部、经国家认证的检测人员。

表 15-1　部分资格考试的知识点

考试内容	知识点
工艺	电子束焊接与弧焊的区别； 真空的影响； 阴极、偏压杯、阳极和聚焦透镜的重要性； 深焊效应
工件	接头准备； 接头清理； 退磁； 焊缝检测
焊接工艺规程	重要性和内容； 解释注释； 修订的职责
焊接	束流的控制与调整； 阴极加热； 参数对焊缝的影响； 散焦、束流振荡、振荡方向的矢量化和聚焦振荡对焊缝的影响； 环焊缝的特点； 束流控制； 焊缝缺陷的检测和抑制； 金属的焊接性； 焊缝跟踪系统的功能； 使用分束功能进行焊接
设备	开设备和关设备； 参数的设置和监控； 阴极的更换； 真空泵组的控制； 工作压力变化率的测量； 保养和维护； 真空室的清理
故障	参数故障； 束流故障； 设备故障； 真空设备故障
X 射线防护	X 射线防护方面的知识

15.3 测试证书

电子束焊接的口头考试内容，包括焊接规范、设备操作、阴极更换、参数设置、设备维护、X 射线防护等方面内容。检查员必须把答案写在书面报告中。

如果通过测试，由检验员签发证书，确定操作员或设置员的资质范围。获得该资质的人员可以完全独立运行和设置单个或多个设备（仅由用户提供设备），也可作为编制焊接规范的参与者。在其他情况下，获得该资质的人员可从事的工作仅限于焊接主管指定的焊接工作。

有关考试证书有效期和延期的详细信息，以及考试范围的限制或延期安排参见文献[99]。

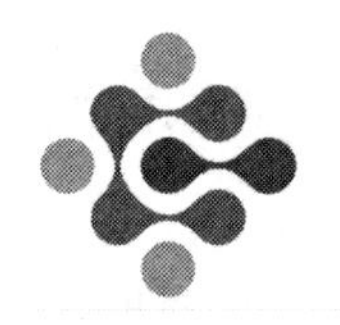

第 16 章 焊接工艺规程

设备调试完成后，在适当的情况下，对人员进行资格评定，确定部件焊接的设置参数。所有生产相关数据都记录在焊接工艺规程（WPS）中，该规程是当今所有焊接工艺和焊接程序质量保证体系的一个组成部分。

电子束焊接工艺规程的构成和内容在文献[102]中有详细的规定。焊接工艺规程必须包含和焊接工作执行相关的所有细节，只要这些细节会影响工件的机械和冶金性能以及尺寸（变形）就要被包括在内。只有在经过适当的初步试验和满意地完成焊接程序检查后，才能在规范中加入有关生产的信息。由于有许多不同的焊接任务，规范中的细节也可能被更改或扩展。表 16-1 列出了一些电子束焊接工艺规程的主要内容。

焊接作业指导书必须由焊接作业人员签字。焊接作业人员有责任遵照焊接作业指导书作业，如果发现有缺陷，必须立即停止焊接，并报告焊接主管。与设计图纸和数据一样，焊接工艺规程文件具有约束力，只有经焊接主管批准后方可更改。

表 16-1　电子束焊接工艺规程的主要内容

项　　目	具 体 内 容
证明	焊接工艺规程文件编号； 焊接设备标识； 操作者和设备设置者的姓名，如适用，可参与焊接工艺规程的创建； 焊接主管的姓名； 工件的名称； 材料标识和组成； 材料处理（轧制、锻造、铸造）状态； 工件尺寸（厚度、直径）
准备	去除表层（涂层等）； 消磁； 接头清理； 如有必要，要对接头进行焊前保护； 接头的形状、尺寸和公差（附图）； 工装夹具； 必要时，添加焊接熔池垫板（根部、侧面）； 如果必要，需要添加填充材料（材料名称、成分、尺寸）； 如有必要，使用送丝机构

续表

焊接	焊接设置参数，纵向焊缝和环焊缝的点焊，如有必要，可以对焊缝进行修饰； 填充材料的输送速度； 填充材料的输送角度和填充位置； 焊接顺序安排； 焊接位置； 焊接方向，旋转轴和旋转方向； 阴极的更换(如果需要)； 带状阴极的宽度； 工作距离或者焦距； 工作室压力； 电子枪压力
后处理	必要时进行机械、化学处理或热处理
测试	检测焊接缺陷，检验设备的信息

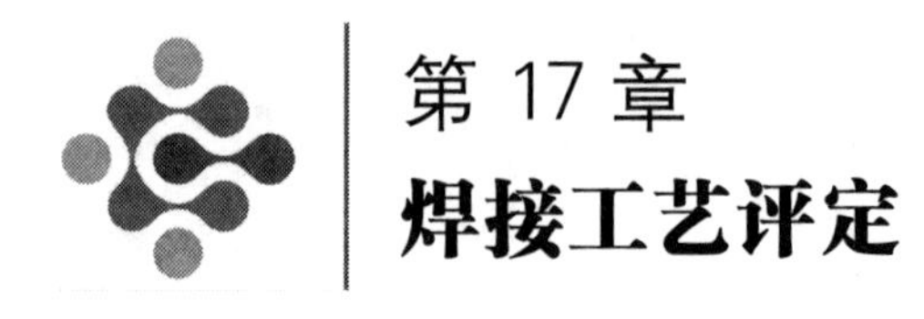

第 17 章 焊接工艺评定

17.1 概述

焊接工艺评定通常是由中立观察员监督工厂完成，以证明特定焊接过程可以采用特定的材料、特定的工件结构和特定的工件尺寸，在指定设备（焊接设备、工装夹具、测试设备等）上由工作人员（焊接工程师、焊接操作员、设计人员等）根据焊接工艺规程进行。对于电弧焊接过程，根据工件的结构，工艺评定采用的是相对简单的板、管类试件，其上有对接焊缝和角焊缝。电子束焊接和激光束焊接的焊接工艺评定（WPQ），必须考虑到许多将来会涉及的焊缝设计，以涵盖更广泛的应用范围。图 17-1 展示了用在搭接接头上焊缝的测试件示例，图 17-2 展示了用于轴向环焊缝的测试件示例。

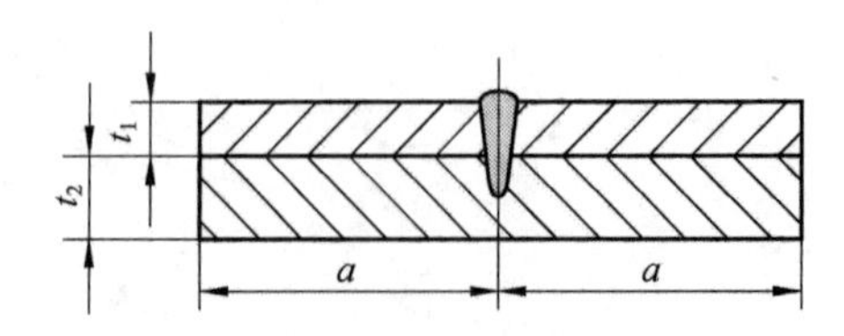

图 17-1　用在搭接接头上的焊缝测试件

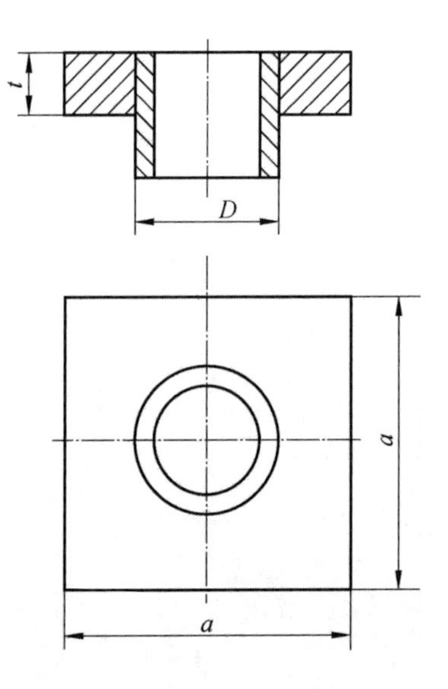

图 17-2　轴向环焊缝焊接试验件

因此，在工艺试验中不需要焊接所有不同类型的接头。试验件的选择取决于相关的工件类型和生产过程展开的困难程度。

工艺试验必须包括无损试验和破坏性试验。以径向环焊缝为例，图 17-3 给出了确定金相检验区域和确定拉伸、应变和缺口冲击值的试样。

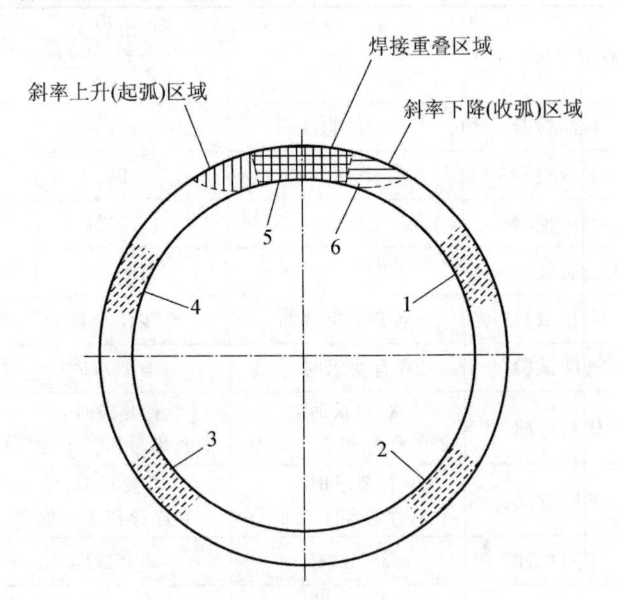

图 17-3　径向环焊缝焊接试件(按照 ISO 15614-11)

注:1～6 为必须进行不同无损试验和破坏性试验的焊缝区域。

17.2　焊接工艺规范评定

ISO 15614-11(适用于电子束焊接)对电子束焊接试验的细节做了强制性规定。必须在成功完成工艺试验的基础上,制定出合格的焊接工艺预规范(pWPS)。

17.3　焊接工艺评定试验

对接接头所需进行的试验及检验见表 17-1。注意以下项目是针对质量等级为 B、C 或 D 的焊缝确定的:

(1) 试验程序;

(2) 试验范围;

(3) 试验件数量;

(4) 焊缝缺陷的限制。

电弧焊工艺试验的简单模型基于对质量等级为 B 的焊缝的要求,对于自动化焊接还包括质量等级为 C 和 D 的焊缝的要求。但是这些简单模型不适用于电子束焊接,可以根据客户的实际要求来调整试验内容和次数。

表 17-1　对接焊缝的试验及检验(按 ISO 15614-11)

试验/检验种类		组别		
		B	C	D
无损检验	目测检验	100%	100%	100%
	射线检验	100%	100%	100%
	超声检验	100%	100%	100%
	表面裂纹检验	100%	100%	100%
破坏性检验	金相试验	至少 1 个截面	至少 1 个截面	至少 1 个截面
	硬度试验	有要求时	有要求时	—
	横向弯曲	有要求时： 2 个背弯和 2 个面弯	有要求时： 2 个背弯和 2 个面弯	—
	纵向弯曲	有要求时： 1 个背弯和 1 个面弯	有要求时： 1 个背弯和 1 个面弯	—
	横向拉伸	2 个试样	2 个试样	—
	韧性	1 组试样	—	—

17.4　认可范围和有效期

在 ISO 15614-11 的规定中，评定试验中使用的工件厚度范围取决于各自的熔深，见表 17-2。例如，根据本标准，如果要进行焊深为 10 mm、焊缝质量等级为 B 的试样的试验评定，可选用的试板的厚度范围为 8.5～11.5 mm。

表 17-2　工件厚度 t 的认可范围(根据 ISO 15614-11)

熔深	B 级	C 级	D 级
$s<5$ mm	$t\pm20\%t$	$t\pm25\%t$	$t\pm30\%t$
$5\leqslant s\leqslant25$ mm	$t\pm15\%t$	$t\pm20\%t$	$t\pm25\%t$
$s>25$ mm	$t\pm10\%t$	$t\pm15\%t$	$t\pm20\%t$

注：t 为试件的厚度；s 为熔深。有衬垫时，s 可能大于 t；有封底焊缝(或密封焊缝)时，s 也可能小于 t。

此外，试验评定适用的范围如下：

(1) 电子束焊接设备　评定合格的焊接工艺仅对所使用的设备(电子束枪和激光系统)有效。

(2) 夹具、固定装置及工装　评定合格的焊接工艺仅对规程确定的夹具、固定装置及工具有效。

(3) 母材　评定合格的焊接工艺仅对试件的母材牌号(或不同牌号条件下的牌号组合)有效，评定合格的工艺可沿用到 ISO 15614-11 规定的等效牌号。

(4) 填充金属　如果有使用的话,评定合格的焊接工艺仅对所用的填充金属有效(牌号或型号、形式和规格)。

(5) 接头形式　评定合格的焊接工艺仅对所用的接头形式有效,其间隙及错边限值由焊接工艺规程确定。

(6) 焊缝衬垫　增加或者取消衬垫需要重新做工艺评定。衬垫包括外加衬垫、锁底(一般为在一个工件上加工形成的托板)、起衬垫作用的焊缝(通常为采用其他方法在试件根部施焊的焊缝)。在起衬垫作用的焊缝作为衬垫的情况下,熔敷焊焊缝的实施条件应与评定试验一致,不得更改。

(7) 焊缝种类　评定合格的焊接工艺仅对评定试验所用的焊缝种类有效,“全焊透焊缝”与“部分焊透焊缝”的工艺评定不可相互替代。

(8) 焊接位置　评定合格的焊接工艺仅对评定试验所使用的焊接位置有效。

(9) 焊接参数　评定合格的焊接工艺仅对焊接工艺规程中规定的参数范围有效。

(10) 预热　有预热要求时,对下述情况需重做评定:

① 取消预热;

② 预热温度超出规定的范围。

(11) 焊后热处理　有焊后热处理要求时,对下述情况需重做评定:

① 取消焊后热处理;

② 焊后热处理参数超出规定的范围。

(12) 焊道数量　评定合格的焊接工艺仅对焊道数量在评定试验的焊道数量范围内的情况有效。

(13) 有效期　若焊接设备未做重大更改(如搬迁、大修等),则评定合格的焊接工艺有效。

如果不改变这些因素,过程测试的有效性是无限期的。焊接工艺评定报告应采用合适的格式,详细记录评定的试验项目和结果。

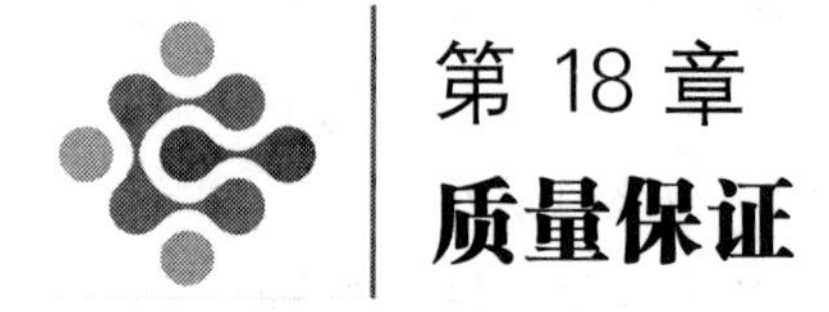

第 18 章 质量保证

18.1 概述

在过去,只有在制造与安全有关的部件(压力容器、配件、航空发动机等)时,才有特殊的焊缝质量要求。质量保证在很大程度上是由法律规定的,主要是针对那些由于失效而造成重大物质损失或人身伤害的部件。然而,今天,由于国际贸易的扩大,几乎所有产品和服务都需要令人满意的质量保证证明。

质量用于衡量产品(货物或服务)是否符合相应要求[104]。质量保证证明必须按照公认的质量保证体系执行和记录必要的步骤并形成文件。在不同地点生产的焊接部件必须根据产品责任法得到质量证明后才能自由流通和销售。此外,在制造的所有阶段都必须避免焊缝缺陷,以达到并保持客户的高满意度。

毋庸置疑,今天各种电子束焊接组件均要求质量保证。即使是正常生产的部件,在较长生产周期之前或之后,也必须采用楔形试样进行焊接试验,并与上次生产时加工参考焊缝进行比较(见 14.5 节),通过比较说明采用相同的电、机械设置参数是否可以得到相同的焊缝。一旦发现试样焊缝与参考焊缝有不同之处,就必须查明原因以便进一步调查。在当今的许多制造企业中,只有在需要对有缺陷的焊缝进行修复时,才有必要把缺陷焊缝与参考接缝进行对比,以找出相应的修复方法,因为修复通常只能在有限的参数范围内进行,而且很容易导致昂贵部件的报废。

18.2 质量决定因素

表 18-1 给出了直接和间接的质量决定因素(但该表并不能囊括焊接质量保证体系中涉及的各种因素),它们不仅适用于电子束焊接,也适用于机械或自动化的其他焊接方法。

表 18-1　电子束焊接质量的决定因素

类　别		具体因素
直接因素	材料	化学成分和熔炼过程； 热处理； 表面处理； 强度性能； 耐蚀性能； 残余磁性
	工件	设计； 接头准备情况； 接头清洁程度； 残余应力； 变形程度
	焊接设备	设置参数的优化； 稳定的设置参数和束斑位置； 运动装置的跳动精度； 束流操控系统； 工装和夹具； 维护保养
间接因素	操作及维修人员	培训情况； 专业知识； 可靠性； 承诺； 责任心； 能力
	焊缝检查	缺陷检测； 缺陷质量与评价
	操作条件	公司组织； 工作准备； 信息共享； 焊接设备的环境（噪声、振动等）

18.3　管理、控制和监测系统

现代化的电子束焊接设备安装有各种自动控制系统，例如：

（1）束流调节系统；

（2）束流合轴系统；

（3）束流像散校正系统；

（4）束流聚焦系统。

自动控制系统不仅可以使操作员从耗时的工作中解脱出来，而且可以使设备摆脱操作人员的主观影响，从而使束流优化更加精确。

因此设备也要有以下的能力：

（1）电子光学图像分析能力；

（2）超高速束流振荡能力；

（3）焊缝跟踪能力；

（4）电流升降调节能力；

（5）阴极电流控制能力；

（6）真空泵控制能力。

它们构成了焊缝质量整体高重复性的基础。为了保证质量，必须增加特殊的质量监控系统，以便在整个焊接过程中记录相关参数和设备特性，然后将记录的这些信息与标准值进行比较。

质量监控系统是否需要集成到电子束焊接设备中取决于客户的需求和以下因素：

（1）小规模或大规模生产条件；

（2）安全要求；

（3）自动焊接或人工干预焊接过程的可能性；

（4）缺陷率；

（5）合理的经济成本。

航空航天工业部件的安全性要求最高，因为它们在焊接前具有很高的材料价值和加工价值，因此必须使用经过仔细计算和广泛测试的合格的焊接工艺规范进行焊接。焊接后往往很难对焊缝进行无损检测。由于电子束焊接设备在生产过程中设置数据发生变化和实施控制干预时需要进行新的合格性测试，因此监视系统通常不集成到机器控制系统中，而是采取自动操作以避免人为的操作失误和判断失误。这在三维工件运动中尤其常见。三维工件的焊接运动路径通过编程被写入设备程序，最后通过程序来自动运行。

18.4 文档

以焊接作业为例，图 18-1 和图 18-2 显示了四个最基本参数的记录及其各自的公差限制。为表达清晰起见，将这些记录分成了两个图，但实际上它们被组合在一个图中。电子束电流 I_B曲线的微小波动不是供给电源电流波动的结果，它与焊接的物理过程有关（如离子回流）。

对首件焊缝进行目视检查并对焊缝质量进行评价后，设备操作人员或焊接监理有责任完成下列工作：

（1）注意任何数据变化。

（2）规定额外的试验。

（3）消除所有焊接缺陷。

(4) 拒绝接受焊接组件。

(5) 修改焊接数据。在这种情况下,必须要做新的焊接工艺评定。

然而,在批量生产过程中,单独记录每个焊缝的所有历史数据是一项复杂且艰巨的任务。因此,只捕获那些超过公差的数据,并将这些数据与问题工件和焊接位置一一对应,这样数据记录会更加清晰。之后必须通过听觉和/或光学手段对数据超过公差的情况进行标记,以便在需要时立即暂停焊接过程,以避免造成更大的损失。

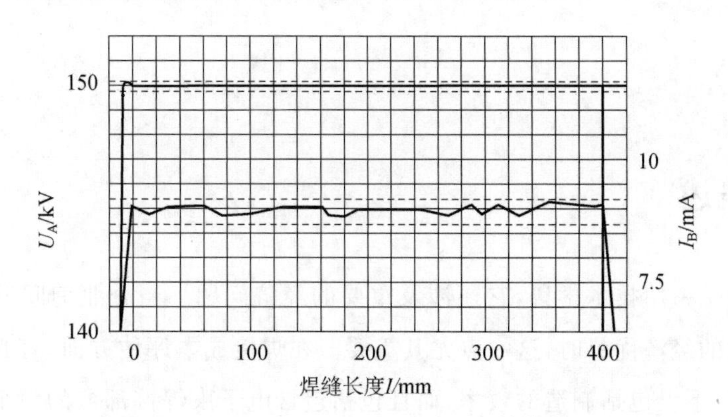

图 18-1　焊接过程中加速电压和电子束电流的曲线图

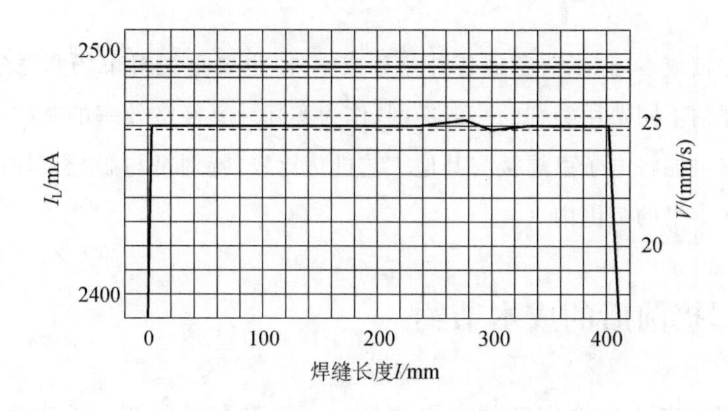

图 18-2　焊接过程中聚焦电流和速度的曲线图

焊接结果存储在一个数据库中,该数据库还包含相应的宏段,其中包含成功焊接和失败焊接的信息。如果要重新焊接相同的工件,则可以检索数据库,找到相应的焊接程序。

第19章 成本计算及盈利能力

19.1 概述

焊接不仅仅是一门技术学科，它还涉及重要的经济问题。当企业询问哪种焊接工艺会给他们带来最大的经济优势时，这一点尤其重要。在焊接成本评估方面，有必要研究电子束焊接的整体效率，不仅包括制造的效率，而且包括包含电子束焊接部分的整个组件的设计和施工的效率。因此，如果仅仅只通过每米焊缝的制造成本来进行评价，通常会得出错误的结论。

为了充分评估成本，除了要考虑各种业务成本外，也要重视对市场和竞争情况的评估。以下内容只是评估不同费用类别的一般准则，作为实际计算经济效率的基础。此外，只有在特殊情况下才有可能将电子束焊接与其他工艺进行比较，特别是与激光束焊接进行比较，因此这些不包括在本书的范围内。

19.2 焊接前后的成本节约

通常金属部件是由一个完整的金属块经过一系列机械加工后生产而成，如图19-1(a)所示。为了降低加工成本和材料损耗，用精加工后的零件来组装工件是合理的，如图19-1(b)所示。如果采用电弧焊接的方法将工件与坡口材料和填充材料连接，会产生较大的变形。但是使用电子束焊接后的产品的变形会非常小，可以保持较小尺寸公差，所以通常不需要做进一步的机械加工，如图19-2所示。要重申的问题是：电子束焊接的经济优势不仅体现在设计上，也体现在焊接后可观的成本节约上。电子束焊接的优势具体如下：

(1) 创建的组件更简单；

(2) 可减少个别零件的制造工作；

(3) 所有壁厚的焊接接头均不需要开坡口；

(4) 无须添加焊料和填充金属；

（5）可减少原材料的使用；

（6）可减轻工件重量，如图 19-3 所示；

（7）可通过优化结构设计来优化应力分布，如图 19-4 所示；

（8）允许使用不同的材料，可延长工件的使用寿命，增强工件的功能；

（9）可用于最终加工部件的焊接；

（10）可大大减少或消除后处理工序。

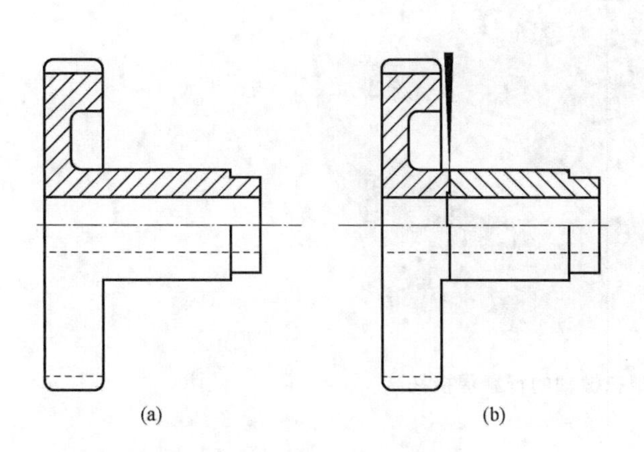

图 19-1 齿轮轴生产实例

（a）整体机加工；（b）由两部分焊接成整体

图 19-2 采用电子束焊接减振器活塞

注：由单件整体加工改为用两个部件焊接而成。

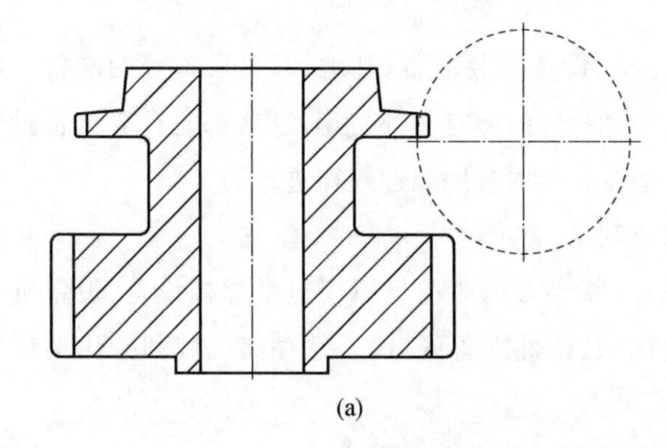

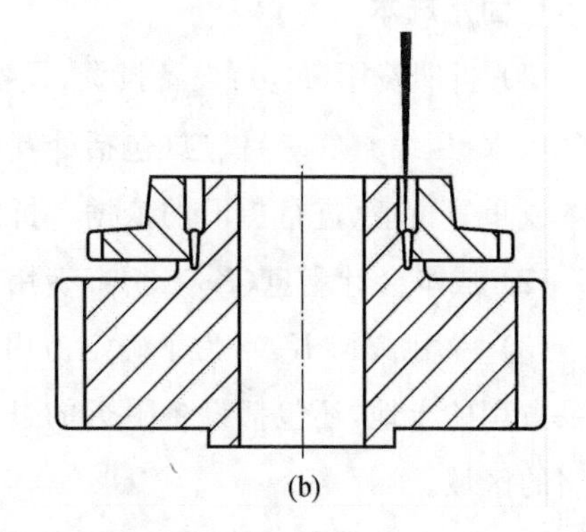

图 19-3 电子束焊接对齿轮尺寸加工过程的影响

（a）由一个整体零件加工而成，齿轮高度由进入的铣刀尺寸决定；

（b）电子束焊接预加工零件，生产出更短、更硬和更轻的工件

19.3 成本率的计算

首先将与焊接设备直接相关的各种成本汇总，并按照年使用寿命（T_N）进行摊销，计算出机器小时费率 K_{MH}。然后结合工资和各种辅助成本来计算生产成本率 K_F[1]。

图 19-4　带花键轴的行星焊接托架

19.3.1　机器小时费率的计算

1. 固定成本

(1) 折旧费用(K_A):设备投资、设备运输、设备安装准备(基地、起重设备等的准备)、能源(电、水、压缩空气等)供应(包括处置废气、抽气)的所有额外费用,这些都是计算设备投资成本或重置价值、进行折旧的依据。折旧是在5年内按照线性规律进行的。

(2) 成本会计利息(K_Z):折旧费用的年利息。

(3) 占用成本(K_R):为了确定占用成本,需要考虑的项目不仅包括焊接设备、设备机柜和泵占用的土地,还包括设备附近的过道区域、工件准备区域、工件存储区域和按比例计入道路的区域。

(4) 维修及清洁费用(K_I):每年的维修费用应按相关维修部件价值的1%~5%计算。焊接设备的清洁成本(主要是清洁工作室内壁的防护板和运动装置的成本)低于金属切削机床,通常可以忽略不计。

2. 可变成本

(1) 能源成本(K_E):计算电能成本时,首先要计算产能为50%~70%时整套设备的能耗(kV·A)和机器的服务时间(h)。在详细的成本核算中,需要区分"空闲状态"下的基本负荷与抽真空和焊接时的峰值状态。电能的成本费用由公用事业公司用专用仪表单独测量和收取。积累一些经验后,可以根据小系列或大规模生产设备的使用情况来估计平均值。

(2) 损耗和加工成本(K_W):电子束只对工件进行热处理,不进行物理接触。因此,与传统的切削机床相比,电子束焊接没有刀具成本,唯一重复的成本就是阴极的磨损造成的成本。这种磨损变化的间隔时间取决于热辐射和离子从工作室回流的强度。通常测量整个阴极加热时间(包括焊接中断时的间隔时间)。阴极加热的时间取决于焊接的负载和焊接类型,因此更换阴极的间隔时间可能在 60～100 h 之间。另一个易磨损部件是扩散泵电加热线圈,它需要每隔几年更换一次。其他较小的磨损部件,如工作室和泵端口上的真空密封垫圈等也必须定期更换。

(3) 辅助和操作材料(K_H):辅助和操作材料包括泵油、压缩空气和冷却水(在非循环供应系统中)。还必须在定期维护期间对损失的泵油进行补偿。如果焊接采用填充金属,或者工作室内充满净化气体(压缩空气、氮气),则必须考虑额外的成本。

(4) 编程成本(K_P):编程成本主要受设备操作类型(小批量生产或大批量生产)和设备利用率的影响,因此与传统机床的成本没有区别。另外,不应在焊接设备上进行 IT 软件的开发和测试,而是应该在其他单独的开发测试设备上进行。

机器小时费率(K_{MH})的计算:在机器实际可行的使用寿命年(T_N)内考虑上述所有成本,并须考虑到下列时间因素:

(1) 非工作时间和公共假期,假设员工每年可以有效地工作 250 个工作日,或连续单班操作 1900 个机器小时(机器可用时间);

(2) 设备维护相关所需的停机时间,在实践中机器可用时间必须减少 25%,至 1425 机器小时。

然而工作 1425 机器小时,操作员需要实现 100%的工作量,即使是大规模生产也无法实现。更实际的方法是应用 70%～80%的负载,在单班操作中每年为 $T_N=1000\sim1150$ 个机器小时。

由此计算出机器小时费率。其计算公式为

$$K_{MH}=\frac{K_A+K_Z+K_R+K_I+K_E+K_W+K_H+K_P}{T_N}$$

虽然根据焊接组件的机器时间来计算机器小时费率这种成本计算方式可以作为企业参考的一个指南,但它只能作为一个工具,用于个人计算盈利能力。

19.3.2 生产成本率的计算

大规模生产的盈利能力的衡量标准是成本率(K_F),这里的成本包括人员成本率(L_K)、非工资人员成本率(L_{KN})和辅助管理费用率(K_G)。即成本率可以按下式计算得到:

$$K_F=K_{MH}+L_K+L_{KN}+K_G$$

19.4 自动化

如前所述,在产品生产过程的工件装卸中,可以通过定制的设备实现自动化上下料。现代生产线上的设备是集成在一起的,因此工件可以在生产线上进行清洗、组装、焊接、热处理和各种测试，如图 19-5 所示。电子束焊接过程和传输接口的所有控制、调节和监视信号控制都是自动执行的，这就把与焊接相关的所有步骤都集成到了一起。设备制造商可以提供完整的生产线，以便更好地控制成本。当然，设备用户也可以保留多个修改选项，以方便以后的产品更换及设备升级。

图 19-5　用于齿轮箱零件批量化生产的电子束焊接设备

19.5　焊接加工

如果一家公司首次考虑对工件进行电子束焊接，其通常没有任何经验来衡量电子束焊接的技术与经济效益。在这种情况下，可以选择焊接设备厂商，对小批量的零件进行电子束焊接。焊接作业车间通常有几台不同的设备，适用于不同的焊接任务，并能在工件设计和材料选择方面向设计人员提供建议。此外，焊接作业车间还可以开发单独的焊接程序、完整的设备控制程序，并能提供工件的自动清洗和测试服务。在决定购买自己的焊接设备之前，公司可以利用外协加工的方式进行试验和小批量生产①。

图 19-6 所示为德国铁路上使用的联轴器，其设计变更使得客户在备件的仓储和采购方面具有优势[105]。最初不同尺寸的联轴器都是通过整体铸造而得到的，由于铸造过程需要较长的时间，因此需要提前对不同尺寸的联轴器进行采购和存储。由于在所有联轴器中，只有钢铸件的轴孔部分的尺寸是统一的，因此可以通过把钢铸件的轴孔部分与标准管件利用电

① 此处参考了 K. R. Schulze 的文章。

子束焊接在一起，形成联轴器。因为标准管件可以通过快速采购而来，这样只需要库存钢铸件即可，在需要时可通过焊接作业在短时间内将两者焊接起来。

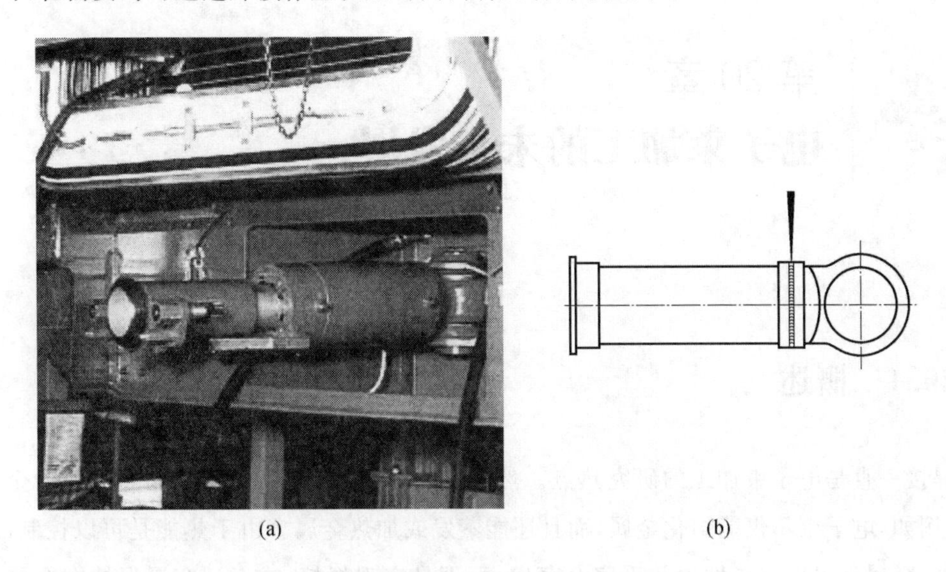

(a) (b)

图 19-6 使用电子束焊接而成的联轴器

在医学技术领域，人工髋关节、膝关节假体和起搏器等已应用电子束焊接多年。另一个例子是：当人骨折时，医生需要采用特殊的钻头非常精确地对骨骼进行扩孔，以便随后插入的骨钉能够可靠地与骨折处骨头表面结合，直到骨折处愈合。这些钻头由奥氏体钢、弹簧钢和钴基合金组成，它们通过电子束焊接以不同的尺寸连接在一起，如图 19-7 所示。然而，医院保持大量的钻头库存是不经济的，因此在焊接作业生产中，会在短时间内以不同的规格和数量生产出所需的钻头[108]。现在已经证明，在这些项目中使用电子束焊接可获得高质量的产品。在生产过程中，通常使用一个多轴装置一次性安装五个钻头，然后进行焊接，这样就可以快速地生产出小批量的各种钻头。

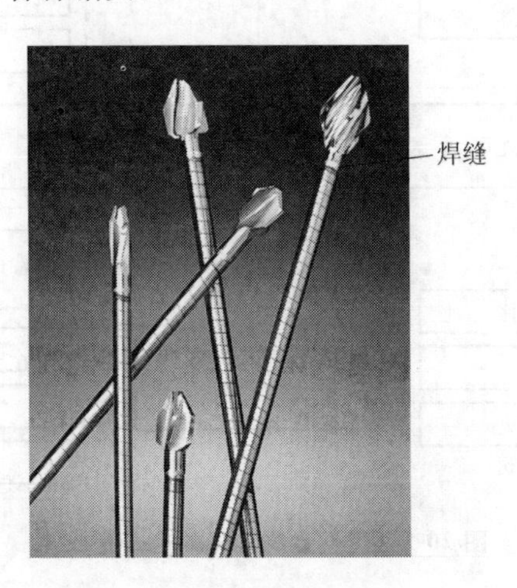

图 19-7 多种外科钻头的电子束焊接

第 20 章 电子束加工的未来发展

20.1 概述

焊接一直是电子束加工的研究热点。然而，电子束也可以用于其他非焊接的冶金加工过程，例如，电子束不仅能熔化金属，而且还能蒸发或加热金属。由于热能是可以控制的，这样一来，金属就可以选择性地几乎完全蒸发，而不是实现焊接，或者让金属保持在金属熔点下的发生固态冶金过程的温度。这就使得电子束具有了加工各种金属的可能性，如图 20-1 所示。电子束作为热源是一种非消耗性工具，它可以像钻头一样穿透金属，去除和添加材料，并改变金属的冶金性能，如力学性能、耐蚀性和摩擦学特性。

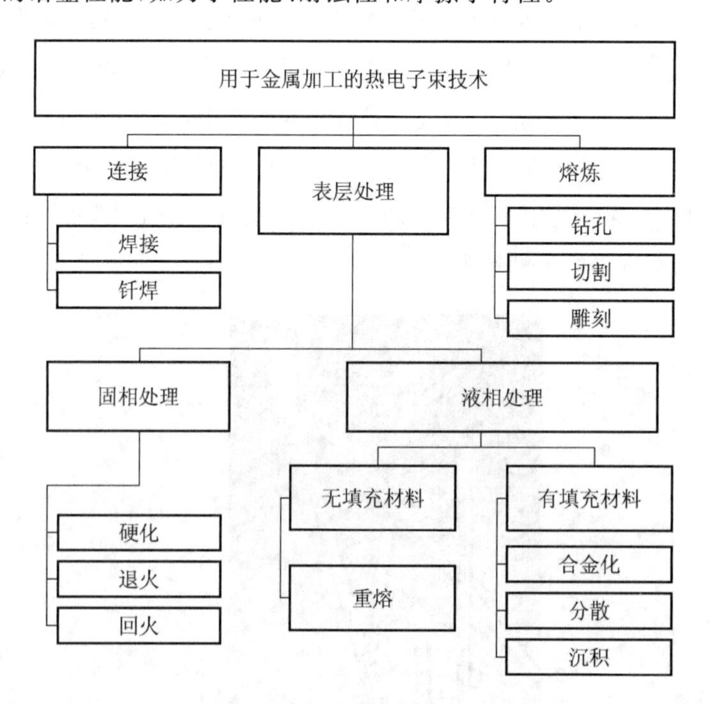

图 20-1 用于金属加工的电子束技术

20.2 材料的去除过程

从技术角度看，材料去除过程与焊接过程有一些惊人的相似之处。

20.2.1 电子束打孔

首先，在要钻的工件下铺设一层特殊的塑料衬底，其中包括沉积的黄铜粉末。电子束像焊接时一样穿透工件，在工件上形成气腔。在形成的小孔底部，电子束撞击塑料衬底表面，导致塑料层融化和蒸发，由此产生的锌蒸气气压使熔融的金属强行喷射出型腔，如图 20-2 和图 20-3 所示。在完全穿透金属材料后关闭电子束流。因为缺少填充材料，电子束造成的空腔不能闭合而保持原有形状，所以最后材料上留下一个空洞，如图 20-4 所示。

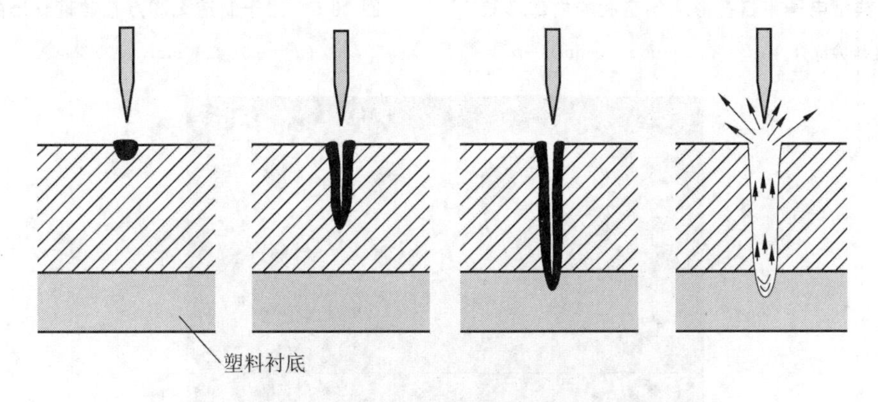

图 20-2 打孔的工艺过程

图 20-3 电子束打孔过程中喷射出的物质

由于电子束具有高功率密度，它可以在不受材料硬度或部件刚度影响的情况下，用单脉冲钻大尺寸的孔。孔间距可由计算机控制，如图 20-5 所示。即使束流轴线与工件表面之间的夹角很小(小于 25°)，也还可以打出斜孔，如图 20-6 所示。通过适当的束流偏转还可以加工出槽，如图 20-7 所示[2]。

图 20-4　典型电子束打孔形成的空腔的内部形貌

（材料为镍合金，$d=0.75$ mm，$t=5$ mm）

图 20-5　用于制造 2.5 万孔玻璃纤维的纺丝头

（$d=0.6\sim0.7$ mm，$t=3.3\sim5.5$ mm）

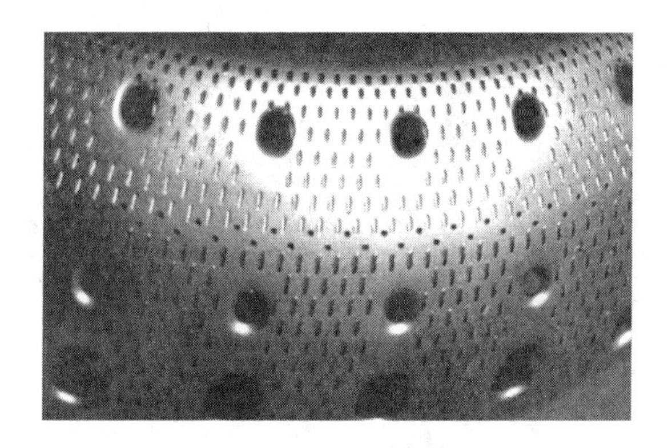

图 20-6　带有斜孔的燃烧室壳体

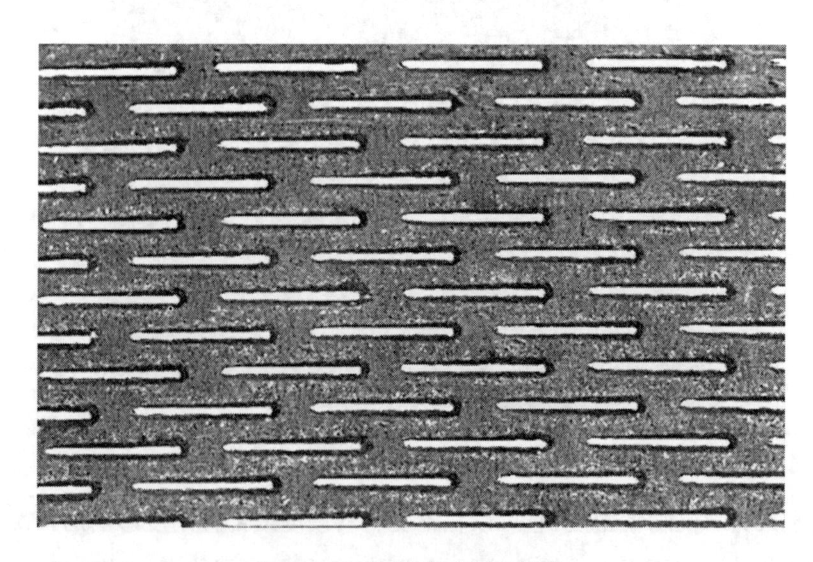

图 20-7　采用电子束制作的槽

（材料为不锈钢，$t=3$ mm；插槽尺寸为 0.18 mm×3 mm）

当孔的数量较多时，由于喷射出的气液混合物的加入，工作室内的压力增大，因此限制了打孔频率。为了不影响工艺过程，需要安装更高功率的真空泵。

电子束打孔是目前工业上的一种成熟的制造工艺。图 20-8 显示的是电子束打孔的生产范围，反映出的是工业用途，而不是工艺的局限性。打孔的部件包括旋转部件，如过滤器和喷丝器，以及采用板材并连接成圆筒的筛子。在加工过程中，工件在电子束下方稳定运动，电子束在脉冲过程中发生偏转，与工件同步运动。

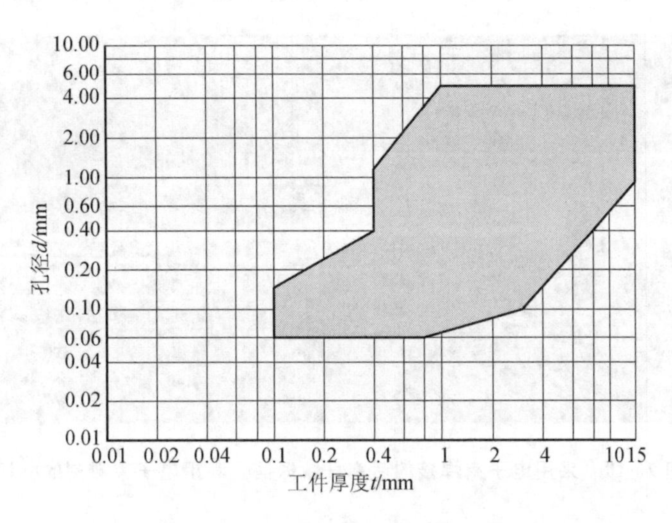

图 20-8 电子束打孔的生产范围

(d=0.06～5 mm，t=0.1～15 mm)

图 20-9 所示为最大束流功率为 12 kW 的电子束打孔设备。其可以对直径为 800 mm、长度为 800 mm 的工件进行加工。工作室左侧的门已移动到显示真空密封的圆柱形工件夹紧器的一侧。为避免打孔时的飞溅物对设备部件造成损伤，将 A 轴和 X 方向的工件运动驱动单元置于工作室外的防护罩下。

图 20-9 电子束打孔设备(最大电子束功率为 12 kW)

20.2.2 电子束雕刻和仿形

电子束雕刻是焊接后直接对工件进行标识的一种刻蚀加工工艺。例如，采用电子束雕刻工艺可以将设置数据、焊接设备、焊接日期和操作人员姓名刻在金属材料上（见图 20-10）。电子束仿形在工件结构成形中只起很小的作用，在工件结构成形中，可通过控制金属蒸发去除难以接触到的小体积材料。

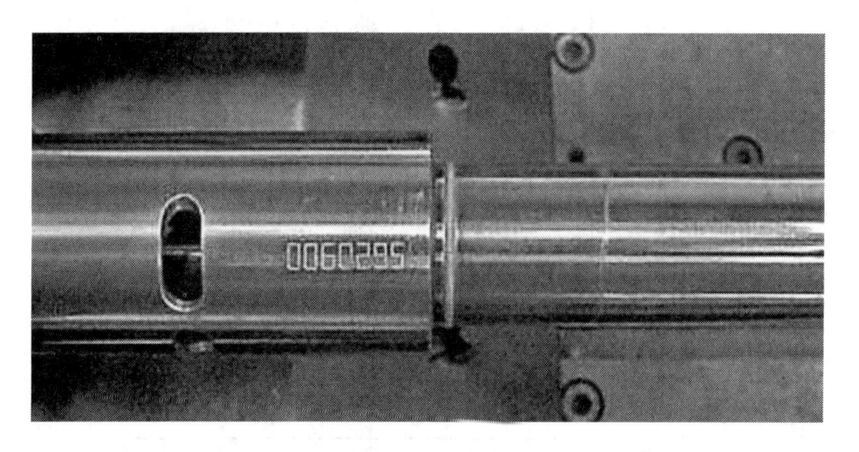

图 20-10 采用电子束焊接的活塞杆减振器上利用电子束雕刻的标识

20.3 电子束表面处理

20.3.1 固相过程

固相处理的原理是用电子束对工件表面进行加热，使其温度上升，最终达到不超过基体材料的熔点，但足以引发冶金结构转变的温度，如图 20-11 所示。材料中热量消散的速度对于所需的冶金变化是至关重要的。利用注入脉冲电子束流可以系统地控制各种影响[106]。

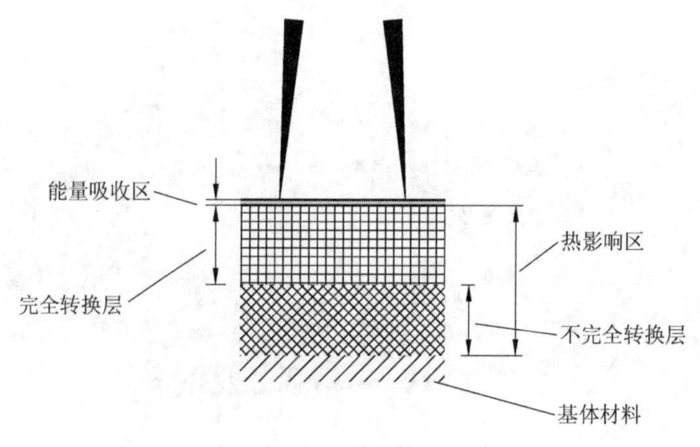

图 20-11 固相表面处理图

1. 电子束硬化

碳含量(质量分数)大于 0.25%的钢和铸铁可以实现材料的电子束硬化:在不使材料熔化的情况下,将工件表面的薄层加热到奥氏体化温度(A_{c3})以上,并且使其向相邻基体金属极快地散热,以 $10^3 \sim 10^4$ K/s 的冷却速度冷却下来,从而产生马氏体组织转变。这种具有极高冷却速度的过程也称为自淬火,且不能通过传统的方法,例如水淬来实现。电子束硬化适用于以下材料[107]:

(1)可热处理钢;

(2)表面硬化钢(渗碳);

(3)弹簧钢;

(4)冷热磨具钢;

(5)不锈钢及耐酸钢(转化为马氏体);

(6)珠光体铸铁。

电子束硬化后工件的尺寸和形状畸变非常小,因此电子束硬化在齿轮的表面硬化加工中具有明显的制造优势。电子束硬化的另一个优点是可以用程序控制的光束使工件表面以线性形式、点或栅格形式硬化,同时不会对其他区域产生冶金影响,如图 20-12 所示。与二维感应加工硬化相比,在电子束硬化中可以更好地调整硬度区以适应工件的几何形状、功能和载荷[108]。

图 20-12　工件局部硬化的例子

由于冶金方面的原因,电子束硬化的速度受到限制。在加热阶段,铁晶格在奥氏体温度区需要一定的时间(零点几秒)才能从体心结构转变为面心结构。因此,束流功率的增加并不会导致硬度的增加,而只会导致温度的升高,并有造成材料熔化的风险。这也解释了为什么电子束硬化时具有 0.1～2 mm 的相对较低的穿透深度。然而,在工件厚度较小的情况下,由于工件整体的温度升高,材料内部温度梯度较小,马氏体形成所需的高冷却速度受到限制。例如,对于壁厚为 6 mm 的 C45 材料,硬化深度仅为 0.6 mm[106]。

在工件做电子束硬化的过程中,材料的边缘部位容易发生表面熔化,如图 20-13 所示。因此,在这种情况下,需要通过调节束流的偏转频率和振幅来改变能量输入,使硬度深度接近均匀,而不会损伤工件[106]。

在这种情况下电子束的电子光学位置控制是非常有用的,如图 20-14 所示。可以通过电子束来扫描材料边缘并获得测量信号,进而通过测量信号来控制束流的偏转和/或工件的运动。已经证明,当对长的薄壁零件进行加工时,由于预期的加热变形,可以实现加热位置的自动控制,提前用少量电子束扫描待加热硬化区以测得变形量的电信号,并对接下来的硬化区域提前做位置校正。

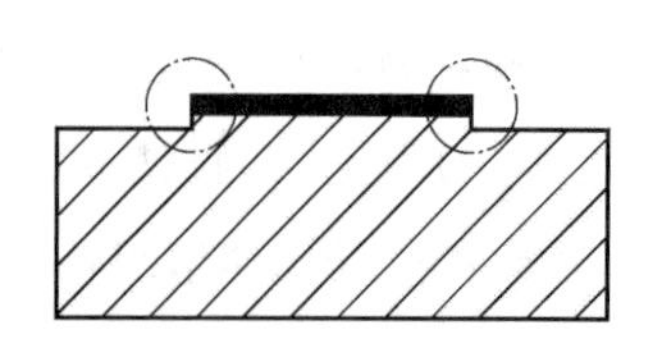
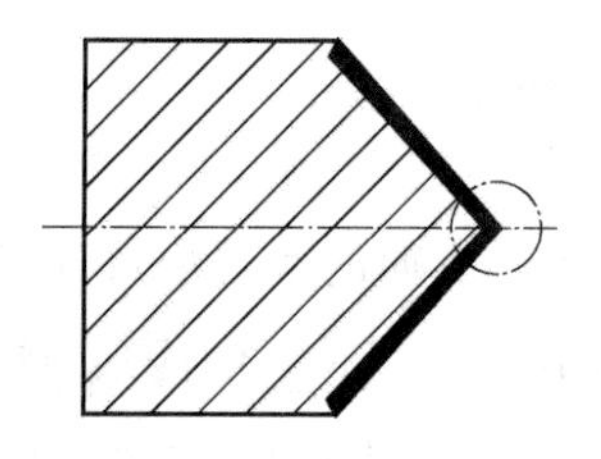

图 20-13　在电子束硬化过程中工件尺寸相关区域容易发生表面熔化

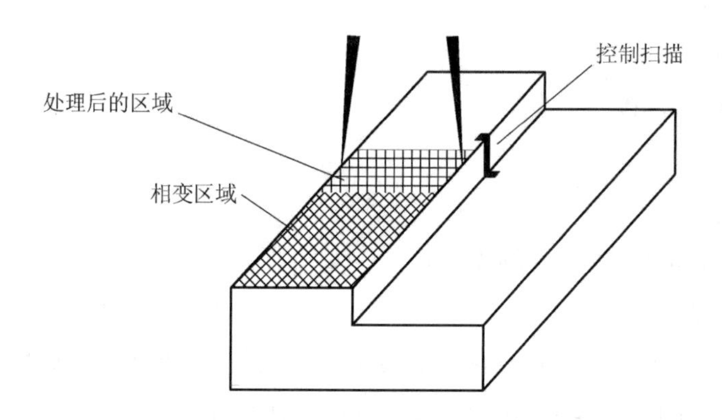

图 20-14　使用参考边控制束斑位置

图 20-15 显示了凸轮轴的一段。使用不同功率的电子束对不同位置的凸轮凸瓣进行快速扫描，就可以实现凸轮凸瓣的单独硬化。在尺寸的公差范围内，可达到要求的硬度层深度($0.4^{+0.10}_{0}$ mm)[106]。如果几个凸轮轴平行排列，它们可以同时硬化。

图 20-15　电子束硬化的 C55 凸轮轴

如果电子束可到达齿轮两侧，对大模数齿轮齿也可以很容易地进行电子束硬化，如图 20-16 所示。齿轮旋转轴位于电子束轴中心偏外的位置。在 0.5 s 内对能量进行精确分布，可做到齿侧硬化[106]。

2. 电子束退火

电子束退火几乎完全用于通过再结晶来提高工件的耐蚀性和耐磨性，很少用于对硬化表面的回火处理。现在这种工艺方法已经在不锈钢植入体中得到了大规模应用。植入材料在进行轧制时会发生加工硬化。在将植入物植入人体之前，必须先将植入物折叠起来，然后在原位进行扩张，这种操作在很大程度上受到了加工硬化的阻碍。因此，可以通过电子束对植入物的

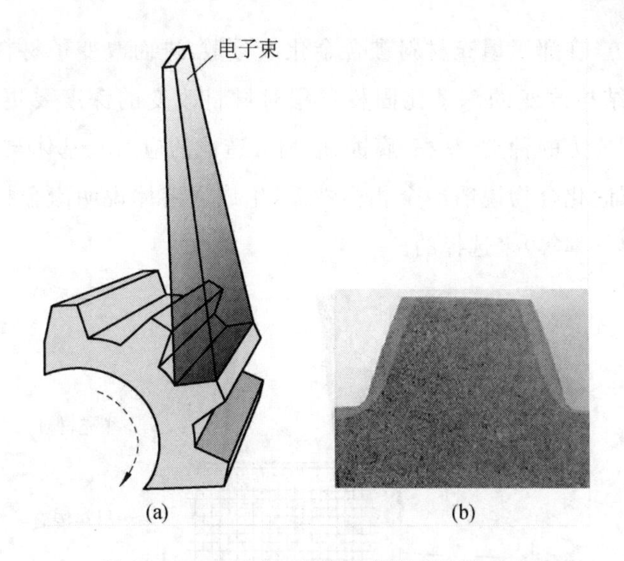

图 20-16 电子束对齿轮齿侧进行硬化处理

(a) 固定齿轮侧面通过偏转电子束进行能量输入;(b) 淬硬齿轮齿的横截面

局部进行再结晶退火,以减少加工硬化的影响。这就显著改善了不锈钢植入体的性能[106]。

20.3.2 液相过程

1. 无填充金属

在电子束重熔这种工艺中,电子束通过热传导使工件表面熔化,而不产生深焊效果。其独特的优点是,由于具有极短的保温时间和极高的冷热比,使基体材料的晶粒结构得到细化。晶粒细化程度的判定依据是枝晶间距(DAS)。例如,对于砂型铸造合金,电子束重熔可将初始状态 DAS(约 40～60 μm)降低到 1～10 μm。另外电子束重熔可使镁合金的耐蚀性和硬度提高,但会使铝合金老化[106]。

电子束重熔的另一个优点是可减少裂纹的扩展。如果对整个工件表面的能量输入进行适当的控制,可以使工件表面重熔至均匀深度,如图 20-17 所示[106]。如内燃机紧密排列的气门开口之间可能会产生裂纹,这不仅是由于存在极高的热负荷的原因,还因为在铸造过程中,金属中会形成气孔、空腔和脆性金属间化合物。在电子束重熔过程中,边界层将被压实,晶粒结构被细化,从而消除上述缺陷。

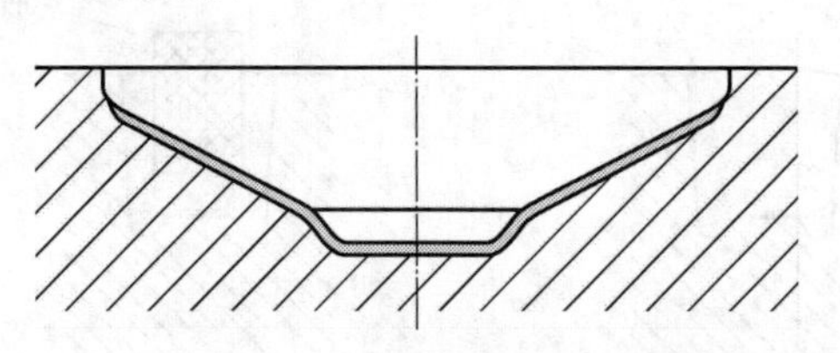

图 20-17 阀座表面重熔示意图

2. 添加填充金属

在电子束重熔中,填充材料被熔化并与基体材料层混合,同时,通过熔池运动将材料输送到几毫米深的地方，在那里填充材料被合金化或分散，进而改变了材料的冶金结构，电子束重熔对材料冶金结构改变的深度比固相过程对材料改变的深度要更深。如图 20-18 所示，填充金属是根据应力的种类（摩擦、腐蚀、磨损等造成的应力）、基体与填充金属的冶金相容性（生成脆性金属间化合物说明冶金相容性差，生成固溶体说明冶金相容性好）和热物性（黏度、膨胀系数、热导率等）来选择的。

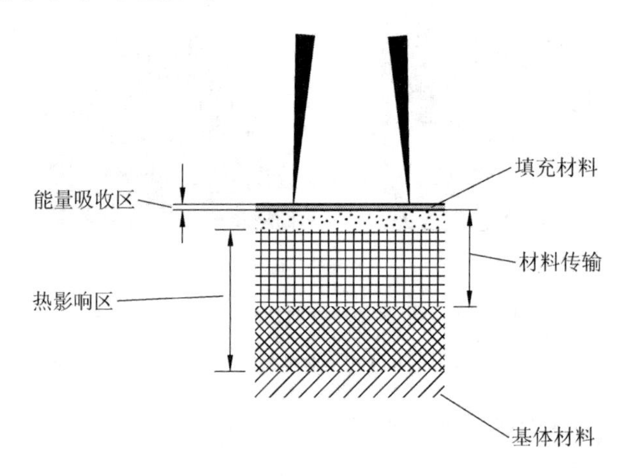

图 20-18 采用填充材料进行液相表面处理

这些额外的金属（填充金属）与各种基材结合，形成如下合金：

（1）铁合金、镍钴合金、铁基合金；

（2）铝合金、镍合金、铜合金、钴基合金；

（3）镁合金、铝硅基合金。

而钛、钨、碳化硅等不溶性硬颗粒则分散在金属中[106]。

铝活塞环电子束合金化技术在内燃机上已成功应用多年。双束电子束（双束斑技术）可以在金属上形成一个宽 5～10 mm、深度均匀的牙齿状熔池，如图 20-19(a)所示。与基体材料相比，如果使用的氮化铝（作为填充材料）的比例达 50%，甚至高达 300%，随着硬度的增加，晶粒将被细化。在加工完活塞的凹槽后，安装一个活塞环，活塞环最后将完全被凝固结构包围，如图 20-19(b)所示[106]。

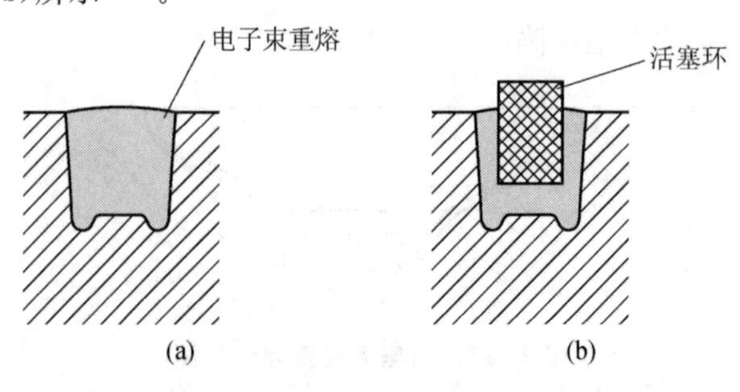

图 20-19 电子束重熔环形活塞环槽

(a) 经重熔合金化后的圆槽；(b) 嵌入活塞环的圆槽

内燃机阀座的结构也可以得到类似的改善。在凹槽内插入烧结环作为填充材料,如图 20-20 左边所示;然后用分成六束的电子束重熔合金,如图 20-20 右边所示[106]。这样就可以延长阀座的使用寿命。

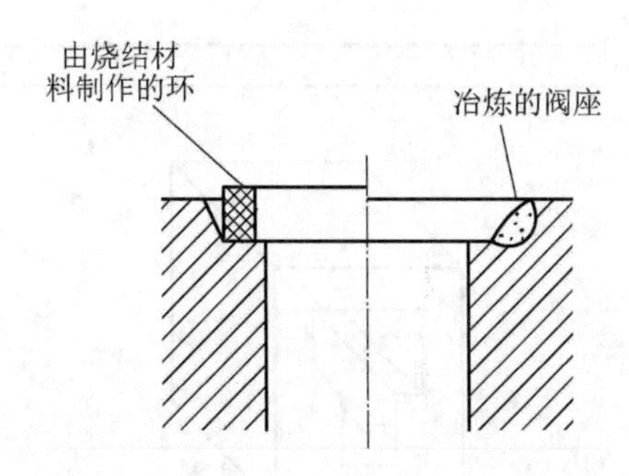

图 20-20　电子束重熔带有嵌入烧结环的阀座

20.4　增材制造

20.4.1　概述

在常规生产中,工件是通过车削、钻孔和铣削等方式机械加工而成的。增材制造是通过连接(烧结和焊接)材料层来成形工件。增材制造的优点是:

(1) 设计完成后可立即进行直接制造;

(2) 可实现多功能和快速优化的组件设计;

(3) 可实现机械加工困难或不可能加工的工件;

(4) 只需要一些简单的工装夹具;

(5) 可节省大量物料(减少浪费);

(6) 适用于高品质活性材料(在真空下);

(7) 晶粒组织较铸件细(适合用粉末作为基材);

(8) 可进行不同的热处理;

(9) 几乎不需要机械加工。

增材工序用于制造:

(1) 原型及模型(快速原型制作);

(2) 工具(快速工具制造);

(3) 产品(快速制造)。

用“快速”这个词,是为了强调它是一个特别快速的制造过程。增材制造的前两个步骤如图 20-21 和图 20-22 所示。首先要在 3D-CAD 软件中绘制工件模型,并将其分割成多个加工层。工件实际生产的性质取决于热源(如激光或电子束)、添加剂、基材(如粉末或丝)的形式。目前汽车、航天、医疗等行业生产小批量产品最常用的工艺是选择性激光烧结(SLS)和选区激光熔化(SLM)[109]。采用粉末或丝材进行电子束选区熔化的优点是,反应性材料可以以较高的沉积速率进行加工。此外,可采用常规电子束焊接设备进行增材制造。

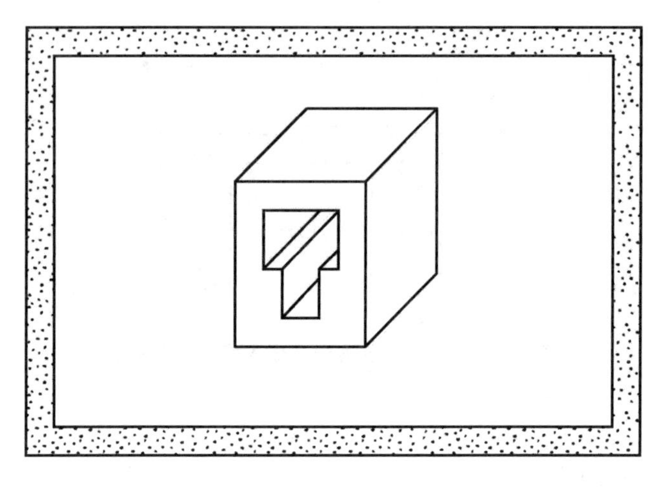

图 20-21 创造一个计算机 3D-CAD 模型

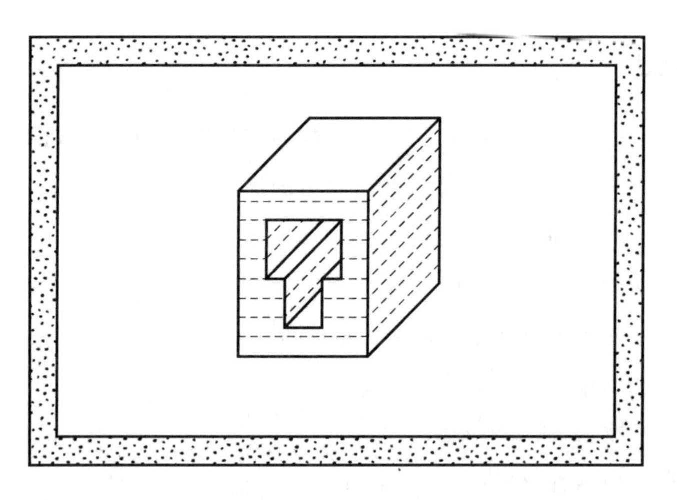

图 20-22 计算机化 3D-CAD 模型制作步骤

20.4.2 基体材料:粉末

图 20-23 是用电子束铺粉增材制造法生成工件的示意图。通过计算机控制电子束对一层层的粉末进行预热,使其烧结、熔化,并沿着工件的轮廓分布。为了改善粉末的均匀性,从而改善焊接结构,以及消除静电导致的束流不可控偏转的可能性,需要预先减小束流功率。其原因是电子通过粉末粒子层进入大块材料后的流动会受到限制。对粉末进行加热也有助于抑制静电电荷。此外,人们还必须注意粉末的存储问题。粉末最好保存在真空罐体内部,否则,颗粒之间的空隙被空气填充,会显著增加工作室内的抽真空时间[110,111]。

电子束铺粉增材制造目前已应用于发动机结构中,用于镍基合金涡轮叶片、钛合金医用

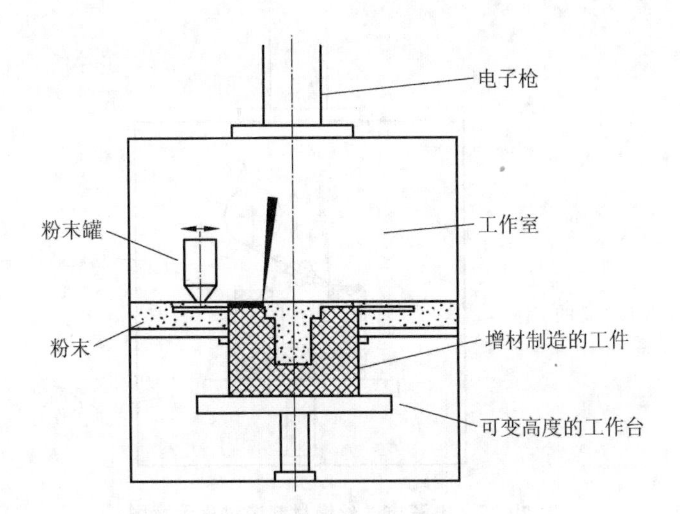

图 20-23 电子束铺粉增材制造过程示意图

植入物以及不同反应材料的特殊蜂巢结构的生产，如图 20-24 所示[①]。

图 20-24 使用电子束铺粉增材制造法制造的特殊蜂巢结构

20.4.3 基体材料：丝

使用电弧焊熔化焊丝来对工件进行焊接是一种标准的焊接工艺，而使用电子束来熔化焊丝进行生产制造也已成功地应用了很长时间。已经开发的送丝系统和送丝设备也可以用于生产工件，如图 20-25 所示。

电子束送丝增材制造的第一道工序是要将工件材料与工作面进行焊接，工作面的材料

① 此处参考了 C. Körner 的文章 *Elektronenstrahlbasierte Additive Fertigung von Hochtemperaturwerkstoffen*。

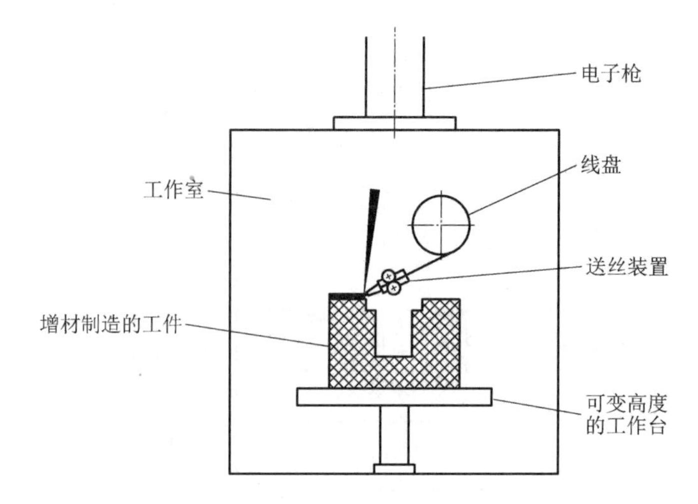

图 20-25　电子束送丝增材制造过程示意图

通常与工件材料不一样。因此，最重要的是仅轻微熔化工作面，以确保两种金属轻度混合。为了使金属丝充分均匀地熔化，电子束必须采用横向振荡方式，且电子束聚焦束斑直径应小于金属丝直径。丝材的自由长度，即导丝喷嘴到熔池的距离应尽可能短，以减少导线因残余应力引起的侧向移动。增材制造过程中采用了送丝技术。

当使用电子束增材制造技术来生产小工件或薄壁件时，积累在未完成工件中的热量可能会破坏接下来的加工过程，如图 20-26 所示，积累的热量使工件加热到高温状态。这个问题可以通过在工作室内同时生产两个或更多的工件或安装(昂贵的)水冷系统来解决。如有必要，采用数控成像摄像系统对熔池的几何形状进行分析，并与标准数据进行比较，从而调整焊接工艺[110]①。采用图像分析技术还可以识别 Z 方向上焊缝的轮廓，进而控制工作台的高度。

图 20-26　工件在沉积焊接过程中被加热的例子

① 此处还参考了 A. Richter 等人在 2012 年国际电子束会议上发表的文章 *Deposition Welding with the Electron Beam as Repair Technology*。

图 20-27 是使用电子束增材制造技术生产单件铰链连接板的实例。如果通过纯机械加工生产这种产品，必须切削掉大约 80%～90%的原始金属材料[110]，之后才能通过机械加工生产出这种工件。

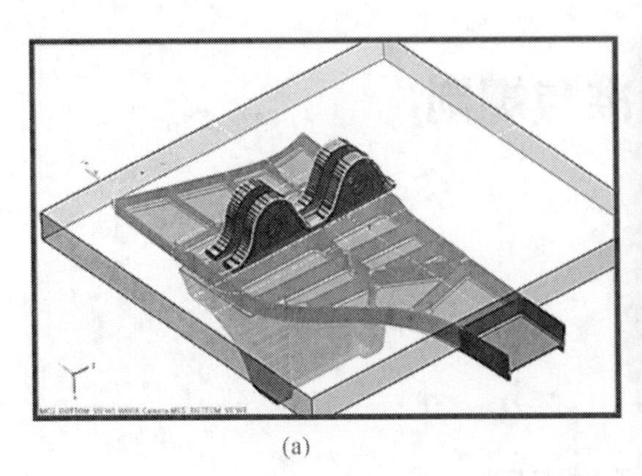

(a)

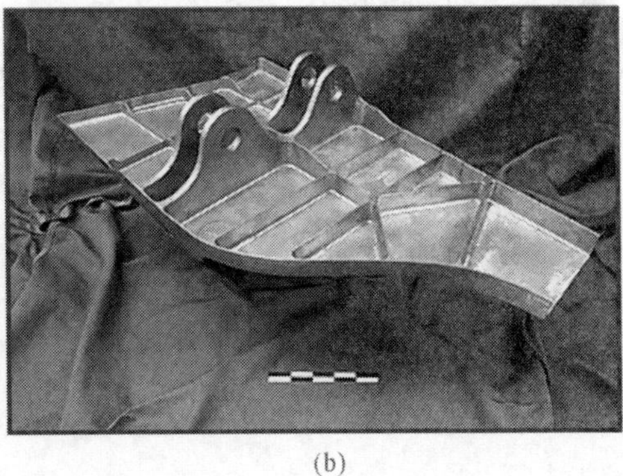

(b)

图 20-27 一种一体式铰链连接板的制造实例

(a) 3D-CAD 模型；(b) 机械加工后的工件

附录A 电子束焊接的标准与规则

A.1 标准

表 A-1 电子束焊接标准

编号	名称
DIN 32511 (2007-03)	焊接—材料处理用电子束加工方法—加工设备术语
DIN 32533 (2015-09)	焊接 用于材料加工的电子束程序—束流参数的产生—测量光束的聚焦直径和发散角
EN 1011-7(2004-10)	焊接—金属材料焊接的推荐规范—第七部分:电子束焊
EN 4677-001 (2013-02)	航空航天系列—航空航天用焊接和钎焊组件—金属材料电子束焊接接头—第001部分:焊接组件的质量
ISO 3834	金属材料熔焊的质量要求 第1部分(2005-12):选择适当质量要求水平的标准 第2部分(2005-12):综合质量要求 第3部分(2005-12):标准质量要求 第4部分(2005-12):基本质量要求 第5部分(2015-06):确认符合ISO 3834-2、ISO 3834-3或ISO 3834-4质量要求所需的文件
ISO 9692-1 (2013-09)	焊接及相关工艺—坡口的类型—第1部分:钢的手工电弧焊、气体保护电弧焊、气焊、TIG焊和电子束焊接
ISO 13919	焊接—电子束和激光束焊接接头—缺陷质量等级指南 第1部分(1996-08):钢 第2部分(2001-10):铝及其可焊合金
ISO 14732 (2013-08)	焊接人员—金属材料的机械和自动焊接操作工资格测试
ISO 14744	焊接—电子束焊机的验收 第1部分(2008-05):原理和验收条件 第2部分(2000-04):加速电压特性测量 第3部分(2000-04):电子束电流特性测量 第4部分(2000-04):焊接速度测量 第5部分(2000-04):跳动精度的测量 第6部分(2000-04):束斑位置稳定性的测量
ISO 15607 (2003-12)	金属材料焊接工艺规程及评定——般原则
ISO 15609-3 (2004-08)	金属焊接工艺的规范和验收—焊接工艺规范—第3部分—电子束焊接

续表

编　　号	名　　称
ISO 15611 (2003-12)	金属材料焊接程序规范和评定—根据已有焊接经验进行评定
ISO 15614-11 (2002-03)	金属材料焊接程序技术规范和评定—焊接程序试验—第 11 部分:电子和激光束焊接
ISO 17662 (2016-03)	焊接—焊接设备(包括辅助工作用设备)的校准、检定和确认
ISO 22826 (2005-09)	金属材料焊缝的破坏性试验—激光和电子束焊接窄接头的硬度试验(维氏和努氏硬度试验)
DIN 29595 (2007-04)	航空航天焊接法—熔焊金属结构—要求

A.2　DVS 技术规范及公告

表 A-2　DVS 技术规范及公告

编　　号	名　　称
DVS 1901-2 (2008-03)	符合 DIN EN ISO 3834 的质量要求
DVS 3201 (2010-05)	适用于低真空和高真空下电子束焊接的零件设计的基本原理
DVS 3202 (2013-09)	电子束焊机的控制
DVS 3204 (2013-09)	金属材料的电子束焊接可焊性
DVS 3205 (2017-01)	用于材料加工的电子束焊机的 X 射线防护
DVS 3209 (2007-06)	电子束和激光束焊接的效率
DVS 3210 (2007-07)	电子束和激光束焊接质量保证的试验程序
DVS 3211 (2012-11)	电子和激光焊接工艺的成本考虑
DVS 3212 (2007-07)	电子束表面硬化
DVS 3213 (2016-06)	电子束焊接结合区的清洁建议
DVS 3217 (2010-03)	T 形接头的电子束焊熔焊焊缝的试验建议
DVS 3220 (2017-01)	使用非真空电子束焊接的基本原则—技术和设计相关说明
DVS 3221 (2010-04)	电子束焊接验证用楔形试样
DVS 3223 (2016-07)	材料加工中电子束的动态偏转

A.3　其他标准

表 A-3　其他标准

编　　号	名　　称
ROV (2003-04)	X 射线损伤防护规定

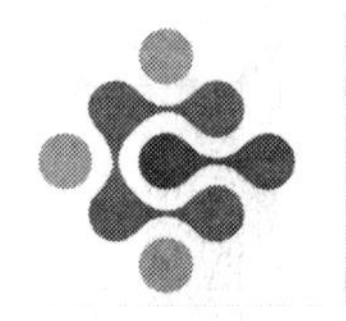

附录 B
关键字索引

参考文献

[1] BECKERT M. Vom elektrisaen ei zum elektronenstrahlschweißen[J]. Schweißen & Schneiden,2002,52(8):446-448.

[2] BAKISH R . Introduction to electron beam technology[M]. Hoboken, New Jersey:John Wiley & Sons Inc,1962.

[3] STEIGERWALD K H,SAYEGH G,POWERS D,et al. An international history of electron beam welding[M]. [S. l. : s. n.],2007.

[4] STEIGERWALD K H,SCHLEICH F. Materialbearbeitung mit elektronenstrahlen[C]//Anon. Vierter Internationaler Kongress für Elektronenmikroskopie/Fourth International Conference on Electron Microscopy/Quatrième Congrès International de Microscopie électronique. Heidelberg:Springer,1960: 276-280.

[5] STEIGERWALD K H. Materialbearbeitung mit elektronenstrahlen[J]. Physik, 1953,6:123.

[6] Anon. Steigerwald strahltechnik[J]. Schw. Schn,2013,65(12):823-824.

[7] STEIGERWALD K H. 25 Jahre elektronenstrahl-tiefschweißen[J]. Schw. Schn. ,1983,35(12):589-592.

[8] MELEKA A H. Electron beam welding[M]. New York: McGraw Hill Publishing Co. Ltd. ,1971.

[9] AICHELE G. Mit lichtstrahlen schmelzen schweißen löten[J]. Schw. Schn. , 2016,68(11):740-745.

[10] SCHULZE K R. Anmerkungen und fragen zum laserstrahlschweißen im vakuum [J]. Schw. Schn. ,2014,66(12):744-748.

[11] REISGEN U,OLSCHOK S,LONGERICH S. Laserstrahlschweißen unter vakuum—Ein vergleich mit dem elektronenstrahlschweißen[J]. Schw. Schn. , 2010, 62(4): 208-216.

[12] ELMER J W,VAJA J,CARLTON H D. The effect of reduced pressure on laser keyhole weld porosity and weld geometry in commercially pure titanium and nickel[J].

Welding Journal,2016, 95: 419-430.

[13] SCHILLER V S, HEISIG U, PANZER S. Elektronenstrahltechnologie[M]. Stuttgart:Wissenschaftliche Verlagsgesellschaft,1977.

[14] DIN. DIN 32533: Welding-electron beam procedure for material processing—Beam parameter product—Measurement of the beam focus diameter and the divergence angle[S]. Berlin:Beuth Verlag,2015.

[15] DVS. DVS 3223:Dynamic deflection of electron beams for material processing [S]. Berlin:Beuth Verlag,2016.

[16] WEISER J. Untersuchungen zu strahlcharakteristika und deren auswirkungen auf die schweißergebnisse beim elektronenstrahlschweißen[M]. Herzogenrath: Shaker Verlag,1994.

[17] ARATA Y. Evaluation of beam characteristics by the ab test method[R]. [S. l.]:International Inst. of Welding,1983.

[18] DILTHEY U,Goumeniouk A. Fachbeitrage-strahlausbildung beim elektronenst rahlschweißen-vermessung und mathematisches modell[J]. Sch. Schn., 2002, 54(8): 434-441.

[19] DOBNER M. Untersuchungen zum elektronenstrahlschweißen dickwandiger Bauteile[M]. Aachen:Publikationsserver der RWTH Aachen University,1997.

[20] DIN. DIN 32511:Welding—Electron beam process for material treatment-Terms for processes and equipment[S]. Berlin:Beuth Verlag,2007.

[21] VISSER A. Zur wirkungsweise des werkstoffabtrages mit elektronen-und photonenstrahlen[J]. DVS-Berichte, 1968,4:73.

[22] DVS. DVS 3209:Wirkungsgrade beim elektronenstrahl-und laserstrahlschweißen [S]. Berlin:Beuth Verlag,2007.

[23] SIEVERS R. Schmelzbadinstabilitäten beim elektronenstrahlschweißen von grobblechen[J]. Schw. Schn.,2006,58(6):288-295.

[24] SIEVERS R. Analytische betrachtungen zum strahlschweißen von feinblechen mit hohen vorschüben[J]. Schw. Schn.,2006,58(12): 654-667.

[25] SCHUBERT G. First international electron beam welding conference 'IEBW 2009' staged in Chicago[J]. Welding & Cutting,2010(3):142.

[26] UWE R,SIMON O. Elektronenstrahlschweißen in zwangspositionen[J]. Schw. Schn.,2011,63(7):365-373.

[27] DILTHEY U,BEHR W,BOEHM S,et al. Elektronenstrahlschweißen an atmosphaere mit einem rotationssymmetrischen druckstufensystem-systemaufbau und

schweißergebnisse[J]. DVS-Berichte,1998,194:282-287.

[28] RIPPER G,SCHMELZEISEN K. Elektronenstrahlschweißen an atmosphäre für die Leichtbaufertigung[J]. Schw. Schn,2003,55(10):543-544.

[29] DIN. DIN 32511: Welding—Electron beam process for material treatment—Terms for processes and equipment[S]. Berlin:Beuth Verlag,2007.

[30] DREWS P,SPIES B . Prozeßregelung der durchschweißung mit dem elektronenstrahl[J]. DVS-Berichte,1977,44:64-70.

[31] DILTHEY U, DOBNER M. Elektronenstrahlschweißen von radialen ringnäehten an bauteilen großer wanddicke[J]. DVS-Berichte,1993, 155: 127.

[32] DIN. ISO/TR 581:Weldability—Metallic materials—General principles[S]. Berlin:Beuth Verlag,581.

[33] DORN L. Untersuchungen zum korrosionsverhalten des austenitischen CrNi-Stahls X12CrNi18-8(1.4948)[J]. DVS-Berichte ,1968,4,95-113.

[34] STEIGERWALD K H, KÖNIG D. Neue ergebnisse auf den gebieten der werkstoffbearbeitung und-behandlung[J]. DVS-Berichte,1971, 21:9-14.

[36] ISO. ISO 13919: Welding—Electron and laser-beam welded joints-Guidance on quality levels for imperfections—Part 1:Steel[S]. Berlin:Beuth Verlag,1996.

[37] ISO. ISO 13919: Welding—Electron and laser-beam welded joints-Guidance on quality levels for imperfections—Part 2: Aluminium and its weldable alloys[S]. Berlin: Beuth Verlag,2001.

[38] KREYE H. Zum entstehen von erstarrungsringen in schweißnähten[J]. Schw. Schn. ,1975,27:253-257.

[39] DVS. DVS 1002-1: Schweißeigenspannungen-Einteilung, benennung, erklärung[S]. Berlin:Beuth Verlag,1983.

[40] DVS. DVS 3204:Electron beam weldability of metallic materials[S]. Berlin: Beuth Verlag,2013.

[41] CEN. EN 1011-7: Welding—Recommendations for welding of metallic materials—Part 7:Electron beam welding[S]. Berlin:Beuth Verlag,2004.

[42] ISO. ISO 15614-11:Specification and qualification of welding procedures for metallic materials—Welding procedure test—Part 11: Electron and laser beam welding[S]. Berlin:Beuth Verlag,2002.

[43] MEYER W E,SCHULTZ H. Festigkeitseigenschaften einiger elektronenstrahlgesch weißter hochwarmfester legierungen[J]. Schw. Schn. ,1967,19(3):111-116.

[44] SCHULTZ H. Festigkeitseigenschaften elektronenstrahlgeschweißter hochfester

Baustähle[J]. Schw. Schn. ,1968,20(11):591-598.

[45] THIER H. Delta-ferrit und heißrisse beim schweißen chemisch beständiger stähle[J]. DVS-Berichte ,1976,41:100-104.

[46] SCHAEFFLER A L. Constitution diagram for stainless-steel weld metal[J]. Metal Progrees, 1949,56:680.

[47] DILGER K,PRIES H,BÖRNER C. Einsatz der mehrfokustechnik beim laser und elektronenstrahlschweißen[J]. Schw. Schn. ,2013,65(7):416-421.

[48] ADAM. Elektronenstrahlschweißen[M]. Munich:Pro beam, AG & Co. KGaA, 2010.

[49] HOFFMANN R,SCHÜLLER T,SÖLCH R. Elektronenstrahlschweißen eines duplexstahls mit bandförmigem zusatzwerkstoff[J]. Schw. Schn,2001,53(3):148-155.

[50] KRASNORUTSKYI S,ZINKE M,PRIES H . Elektronenstrahlschweißen von duplexstählen ohne schweißzusatz und wärmenachbehandlung mit kombinierter mehrbadtechnik[J]. Schw. Schn,2013,65(9):608-614.

[51] RÜTHRICH K,ZENKER R,MANGLER M. Investigations relating to electron beam multipool welding of metal welds based on cast iron[C]//Anon. Proceedings of the 64th Annual Assembly and International Conference of the International Institute of Welding (IIW). [S. l. :s. n.],2011:17-22.

[52] REISGEN U. Aktuelle fügeverfahren für aluminiumwerkstoffe[J]. DVS-Berichte, 2010,266, 22-27.

[53] KRAMMER C. Aluminium taschenbuch band 1: Grundlagen und werkstoffe [M]. 16. Auflage. Berlin:Beuth Verlag, 2009.

[54] CEN. EN 573-3: Aluminium and aluminium alloys—Chemical composition and form of wrought products—Part 3: Chemical composition and form of products[S]. Berlin:Beuth Verlag,2013.

[55] PALM F. Zusatzwerkstoffe als mittel gegen die heißrissbildung beim laserstrahlschweißen von aluminiumwerkstoffen—Möglichkeiten, grenzen und perspektiven[J]. DVS-Berichte,2010,266:36-38.

[56] REISGEN U,OLSCHOK S,BACKHAUS A. Einflussfaktoren auf die aufmischung beim elektronenstrahlschweißen mit zusatzwerkstoff von dicken blechen aus aluminiumlegierungen, Teil 1.[J]. Schw. Schn,2014,66(7),366-370.

[57] REISGEN U,OLSCHOK S,BACKHAUS A. Einflussfaktoren auf die aufmischung beim elektronenstrahlschweißen mit zusatzwerkstoff von dicken blechen aus aluminiumlegierungen, Teil 2.[J]. Schw. Schn,2014,66(8),428-432.

[58] HAFERKAMP H. Laser-und elektronenstrahlschweißen von magnesiumwerkstoffen[J]. Schw. Schn,2000,52(4),235-237.

[59] DRAUGELATES U. Schweißen von magnesiumlegierungen mit dem elektronenstrahl unter atmosphärendruck[J]. Schw. Schn,2000,52(4),198-205.

[60] DVS. DVS 2713:Schweißen von titanwerkstoffen—Werkstoffe, prozesse, fertigung—Prüfung und bewertung von schweißverbindungen[S]. Berlin: Beuth Verlag,2016.

[61] PAP M,BEHR W,REISGEN U. Supraleitende elementarteilchenbeschleuniger in der grundlagenforschung[J]. DVS-Berichte 2007,244: 21.

[62] BEHR W. Electron-beam welding for big science[C]. Chicago:Electron Beam Welding Congress,2009.

[63] DILTHEY U,WOESTE K. Elektronenstrahlschweißen metallischer werkstoffverbindungen[J]. Schw. Schn,2006,58(6),296-300.

[64] RÜTHRICH K,ZENKER R. Schweißkonstruktionen aus gusseisenwerkstoffen—Der elektronenstrahl macht es möglich[D]. Freiberg:TU Freiberg,2015.

[65] FISCHER G. Entwicklungspotentiale mischverbindungen—Hybride werkstofflösungen [D]. Berlin:TU Berlin,2013.

[66] ZENKER R,BUCHWALDER A . Elektronenstrahl-randschichtbehandlung[M]. Munich:Pro beam AG & Co. KGaA,2010.

[67] CEN. ISO/TR 15608:Welding-guidelines for a metallic materials grouping system[S]. Berlin:Beuth Verlag,2013.

[68] DVS. DVS 3201:Fundamental principles for the designing of components for electron beam welding in fine and high vacuums[S]. Berlin:Beuth Verlag,2010.

[69] ISO. ISO 9692-1:Welding and allied processes—Types of joint preparation—Part 1: Manual metal arc welding, gas-shielded metal arc welding, gas welding, TIG welding and beam welding of steels[S]. Berlin:Beuth Verlag,2013.

[70] DVS. DVS 3213:Recommendations for the cleaning of the joining zone for electron beam welding[S]. Berlin:Beuth Verlag,2013.

[71] DIN. DIN 66217:Axis and motion nomenclature for numerically controlled machines[S]. Berlin:Beuth Verlag,1975.

[72] ISO. ISO 14744-1: Welding—Acceptance inspection of electron beam welding machines—Part 1: Principles and acceptance conditions[S]. Berlin:Beuth Verlag,2008.

[73] VON DOBENECK D,LÖWER T,ADAM V. Elektronenstrahlschweißen: Das verfahren und seine industrielle anwendung für höchste Produktivität[M]. [S. l.]:Verlag Moderne Industrie,2001.

[74] DILTHEY U, BEHR W. Fachbeitrage-elektronenstrahlschweissen an atmosphare[J]. Schw. Schn, 2000, 52(8): 461-465.

[75] SCHULZE K R. Universität hannover erhält laboranlage zum nonvac-elektronenstrahlschweißen[J]. Schw. Schn,2000,52(12):717.

[76] Anon. Welding Technology 6—Electron beam welding, laser beam welding-Standards, guidelines and technical bulletins[M]. 4th ed. Berlin:Beuth Verlag,2010.

[77] REINECKEN K. Darstellung von thermischen verfahren am beispiel der triebwerksteilereparatur[R]. Hamburg:Deutsche Lufthansa AG,[1992].

[78] WEIGERT J. Fertigung von faserverstärkten dieselmotorenkolben durch elektronenstrahlschweißen[J]. Schw. Schn,2006,58(5):219-220.

[79] VON DOBENECK D. Eine Schlüsseltechnologie im fahrzeugbau für straße, schiene,wasser,luft und weltraum[M]. Munich:Pro beam AG & Co. KGaA,2007.

[80] CLAUß U. A quantum jump in efficiency and in welding practice of heavily carboniferous steels[M]. Munich:Pro beam AG & Co. KGaA,2013.

[81] BERCHMANN F. Elektronenstrahlschweißen dickwandiger rohre[J]. Schw. Schn,2004,56(9):430-432.

[82] Anon. Welding technology 10-non-destructive and destructive testing of welded joints[M]. 3rd ed. Berlin:Beuth Verlag,2014.

[83] ISO. ISO 15614-11: Specification and qualification of welding procedures for metallic materials—Welding procedure test—Part 11: Electron and laser beam welding[S]. Berlin:Beuth Verlag,2002.

[84] ISO. ISO 13919-1:Welding—Electron and laser-beam welded joints—Guidance on quality levels for imperfections—Part 1: Steel[S]. Berlin:Beuth Verlag,1996.

[85] ISO. ISO 13919-2:Welding—Electron and laser-beam welded joints—Guidance on quality levels for imperfections—Part 2: Aluminium and its weldable alloys[S]. Berlin: Beuth Verlag,2001.

[86] DIN. DIN 29595:Welding in aerospace—Fusion welded metallic components—Requirements[S]. Berlin:Beuth Verlag,2007.

[87] DVS. DVS 0705:Recommendations for quality levels in according to DIN EN ISO 5817:2006-10 and DIN EN 25817:1992-09[S]. Berlin:Beuth Verlag,2012.

[88] DVS. DVS 0713:Empfehlungen zur auswahl von bewertungsgruppen nach DIN En 30042 und ISO 10042—Stumpfnähte und kehlnähte an aluminiumwerkstoffen[S]. Berlin:Beuth Verlag,1995.

[89]ISO . ISO 14744-1:Welding—Acceptance inspection of electron beam welding

machines—Part 1. Principles and acceptance conditions[S]. Berlin:Beuth Verlag,2008.

[90] ISO. ISO 14744-2: Welding—Acceptance inspection of electron beam welding machines—Part 2: Measurement of accelerating voltage characteristics[S]. Berlin: Beuth Verlag,2000.

[91] ISO. ISO 14744-3: Welding—Acceptance inspection of electron beam welding machines—Part 3: Measurement of beam current characteristics[S]. Berlin: Beuth Verlag, 2000.

[92] ISO. ISO 14744-4 : Welding—Acceptance inspection of electron beam welding machines—Part 4: Measurement of welding speed[S]. Berlin: Beuth Verlag,2000.

[93] ISO. ISO 14744-5: Welding—Acceptance inspection of electron beam welding machines—Part 5: Measurement of run-out accuracy[S]. Berlin: Beuth Verlag,2000.

[94] ISO. ISO 14744-6: Welding—Acceptance inspection of electron beam welding machines—Part 6: Measurement of stability of spot position [S]. Berlin: Beuth Verlag,2000.

[95]ISO. ISO 17662: Welding—Calibration, verification and validation of equipment used for welding, including ancillary activities[S]. Berlin: Beuth Verlag,2000.

[96] DVS. DVS 3205: Protection from X-rays in electron beam welding machines for materials processing[S]. Berlin: Beuth Verlag,2017.

[97]DVS. DVS 0921: Belastungsdiagramme für dreh-und drehkipptische[S]. Berlin: Beuth Verlag,1987.

[98]DVS. DVS 3221: Wedge specimen for the verification of electron beam welds[S]. Berlin: Beuth Verlag,2010.

[99] ISO. ISO 14732: Welding personnel—Qualification testing of welding operators and weld setters for mechanized and automatic welding of metallic materials[S]. Berlin: Beuth Verlag,2013.

[100] DVS. DVS 1199: DVS-Lehrgang zur aus-und weiterbildung für das elektronenstrahlschweißen in den stufen ingenieur, techniker und fachmann [S]. Düsseldorf: DVS-PersZert,2012.

[101] ISO. ISO 15609-3: Specification and qualification of welding procedures for metallic materials—Welding procedure specification—Part 3: Electron beam welding[S]. Berlin: Beuth Verlag,2004.

[102] ISO. ISO 15614-11: Specification and qualification of welding procedures for metallic materials—Welding procedure test—Part 11: Electron and laser beam welding[S]. Berlin: Beuth Verlag,2002.

[103] ISO. ISO 9000:Quality management systems—Fundamentals and vocabulary [S]. Berlin:Beuth Verlag,2015.

[104] DVS. DVS 3211: Kostenbetrachtungen für die prozesse des elektronen-und laserstrahlschweißens[S]. Berlin:Beuth Verlag,2012.

[105] ADAM V. Vom chirurgischen werkzeug bis zum abnahmepflichtigen eisenbahnteil-praktische beispiele für den einsatz des elektronenstrahlschweißens aus einem lohnbetrieb[J]. Schw. Schn. ,2005,57(9):502-511.

[106] ZENKER R, BUCHWALDER A. Elektronenstrahl-randschichtbehandlung [M]. Munich:Rro. beam AG&Co. KCA,2010.

[107] BÖHME T. Electron beam drilling[M]. Munich:Pro beam AG & Co. KGaA, 2013.

[108] DVS. DVS 3212 (2007-07) Case hardening with the electron beam[S]. Berlin: Beuth Verlag,2007.

[109] KRASNORUTSKYI S. Elektronenstrahlschweißen mit zusatzdraht-entwicklung der verfahrensgrundlagen zur generativen fertigung[J]. DVS-Berichte, 2014, 304: 34-40.

[110] N N. Capabilities in electron beam technology[R]. Chicago:Sciaky Inc,2007.

[111] HEINL P,ROTTMAIR A,KÖRNER C,et al. Cellular titanium by selective electron beam melting[J]. Advanced Engineering Materials,2007,9(5): 360-364.